JSP与Servlet开发技术与典型应用教程

新世纪高职高专教材编审委员会 组编
主 编 曹 静 刘 洁
副主编 杨国勋 李 唯 肖 英

第四版

大连理工大学出版社

图书在版编目(CIP)数据

JSP 与 Servlet 开发技术与典型应用教程 / 曹静，刘洁主编. -- 4 版. -- 大连 ：大连理工大学出版社，2022.1(2025.2 重印)

新世纪高职高专软件技术专业系列规划教材

ISBN 978-7-5685-3680-6

Ⅰ. ①J… Ⅱ. ①曹… ②刘… Ⅲ. ①JAVA 语言—网页—程序设计—高等职业教育—教材 Ⅳ. ①TP312.8 ②TP393.092.2

中国版本图书馆 CIP 数据核字(2022)第 021581 号

大连理工大学出版社出版

地址:大连市软件园路 80 号　邮政编码:116023

营销中心:0411-84707410 84708842　邮购及零售:0411-84706041

E-mail:dutp@dutp.cn　URL:https://www.dutp.cn

大连雪莲彩印有限公司印刷　　大连理工大学出版社发行

幅面尺寸:185mm×260mm　印张:19　字数:486 千字

2011 年 7 月第 1 版　2022 年 1 月第 4 版

2025 年 2 月第 6 次印刷

责任编辑:高智银　责任校对:李　红

封面设计:张　莹

ISBN 978-7-5685-3680-6　定　价:51.80 元

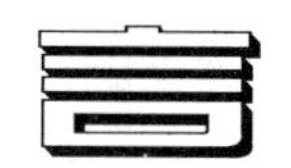

前言

《JSP与Servlet开发技术与典型应用教程》(第四版)是“十四五”职业教育国家规划教材、“十三五”职业教育国家规划教材、“十二五”职业教育国家规划教材、高职高专计算机教指委优秀教材,也是新世纪高职高专教材编审委员会组编的软件技术专业系列规划教材之一。

党的二十大报告中指出,推动战略性新兴产业融合集群发展,构建新一代信息技术、人工智能、生物技术、新能源、新材料、高端装备、绿色环保等一批新的增长引擎。加快发展数字经济,促进数字经济和实体经济深度融合,打造具有国际竞争力的数字产业集群。为实现此目标,实现高质量发展的强大助推器,培养掌握智能软件、智能制造、智能管理与服务等新一代信息技术的创新型技术技能人才显得尤为重要。

这是一本语言简洁、循序渐进、融基本概念及编程技巧于一体的教材。内容分为3个部分,分别为起步篇、跨越篇、情境案例分析篇,按照由浅入深的顺序,循序渐进地介绍了Java Web应用设计开发的相关知识。

本教材面向教学全过程设置完整的教学环节,以完成一个Java Web应用项目任务为主线,实行“项目导向、任务驱动、理论实践一体化”的教学设计,融“教、学、练、评”于一体,体现了“做中学、做中会”的教学理念。

• 产教结合,案例精巧实用,行文生动活泼,适应高职学生水平和特点。

本教材将企业需求与教学要求结合,通过行业内企业调研,了解目前Java Web应用程序设计和开发人员所应需具备的知识和技术,综合目前Java Web应用设计权威考试规定掌握的知识点,确定本教材整体的知识和技术结构。此外,汇编来自教学、科研和行业企业的典型案例,结合企业的新技术、新工艺和新方法,同时避免了繁杂的理论介绍,使用适当的文字对本任务必要的知识做简要介绍,而知识点以及技巧更多地在精心设计的案例中反复提及,读者能够在轻松愉快的氛围中更好地掌握JSP/Servlet编程技术。

• 运用“情境案例引领法”提高兴趣,加强能力培养,有效组织内容。

本教材以从实际企业提炼出的情境案例——生产性企业招聘管理系统作为教学载体,采用“项目驱动”的教学方式,边讲解

边编写程序,科学地设计学习情境。通过学习情境的构建将传统的教学内容进行重构、重组,并融入任务开发的过程,随着情境的进展,知识由易到难,能力的培养由窄到宽,课程内容和任务开发内容相一致,理论与实践一体化,具有明显工学结合特色,学习完本教材全部内容时,也就完成了一个完整的信息系统开发。

• 双证融合,四段一体,适应高职教育教学改革。

本教材将教学内容与职业标准相融合,实施"训证岗"一体化;教学实训与技能大赛相融合,实施"学训赛"一体化。通过每个任务最后的"知识拓展"设计,扩展读者的Java Web应用设计的相关知识。

• 打造"互联网+新形态一体化教材",配备丰富的教学资源。

本教材生活化、情景化、动态化、形象化,并建设有立体化配套资源,囊括了重点微课视频,作业、典型任务、真实项目和案例的源代码与数据库脚本,相关开发工具和软件,习题答案和制作优良的教学课件等多种形式的数字化教学资源,不断动态更新新技术和项目,方便读者随时进行自学及回顾理解,全力打造"互联网+新形态一体化教材"。

第四版主要增加了Servlet 4.0规范所介绍的新内容,包括对请求的异步处理、注解形式配置Servlet和过滤器等。软件版本升级至JDK 10.0.1、Servlet 4.0、JSP 2.3,并更新了本教材中所有的程序代码和配置代码,服务器升级至Tomcat 9.0,并将编辑工具MyEclipse更换为时下更常用、更热门的Eclipse。

随着Java Web快速发展,第四版在保留第三版精华内容的同时,更新了新的使用技术及热点案例,且每个任务延伸综合讲解目前Java Web应用设计权威认证考试相关内容。

本教材由武汉商学院曹静、武汉软件工程职业学院刘洁任主编;武汉软件工程职业学院杨国勋、李唯、肖英任副主编;武汉商学院施卫东,武汉软件工程职业学院罗保山、谢日星、罗炜、董宁,武汉天耀宏图科技有限公司余文富,北京小杏科技有限公司段承宇参与编写。具体编写分工为:曹静编写任务11,刘洁编写任务1、任务2、任务6、任务8、任务9,杨国勋编写任务5、任务10,李唯编写任务3、任务4,肖英编写任务7,施卫东参编任务2,罗保山参编任务3、任务4,谢日星参编任务5、任务10,罗炜参编任务7、任务8,董宁参编任务10,余文富参编任务5、任务6、任务7、任务8、任务9部分案例资源,段承宇参编贯穿全书的情境案例,全书由曹静和刘洁、杨国勋拟定编写大纲并负责统稿。在编写本教材的过程中,编者得到学院领导、同事、朋友的帮助和支持,在此表示最衷心的感谢!

在编写本教材的过程中,编者参考、引用和改编了国内外出版物中的相关资料以及网络资源,在此表示深深的谢意!相关著作权人看到本教材后,请与出版社联系,出版社将按照相关法律的规定支付稿酬。

由于时间仓促,加之编者水平有限,书中不妥或错误之处在所难免,殷切希望广大读者批评指正。同时,恳请读者一旦发现错误,请于百忙之中及时与编者联系,以便尽快更正,我们将不胜感激。E-mail:27478128@qq.com。

编　者

所有意见和建议请发往:dutpgz@163.com
欢迎访问职教数字化服务平台:https://www.dutp.cn/sve/
联系电话:0411-84706671　84707492

目　录

第三部分 情境案例分析篇(生产性企业招聘管理系统)

任务1 情境案例综述：生产性企业招聘管理系统

1.1 项目背景

基于某生产性企业的实际情况，通过企业调研、项目可行性分析等一系列过程，我们现需要开发出一套生产性企业招聘管理系统，以期实现该企业员工招聘、培训管理规范化、透明化目标。

1.2 需求分析

1.2.1 基本框架

该生产性企业招聘管理系统主要分成三个模块：人员招聘管理模块、人员培训管理模块、岗位管理模块。具体如图 1-1 所示。

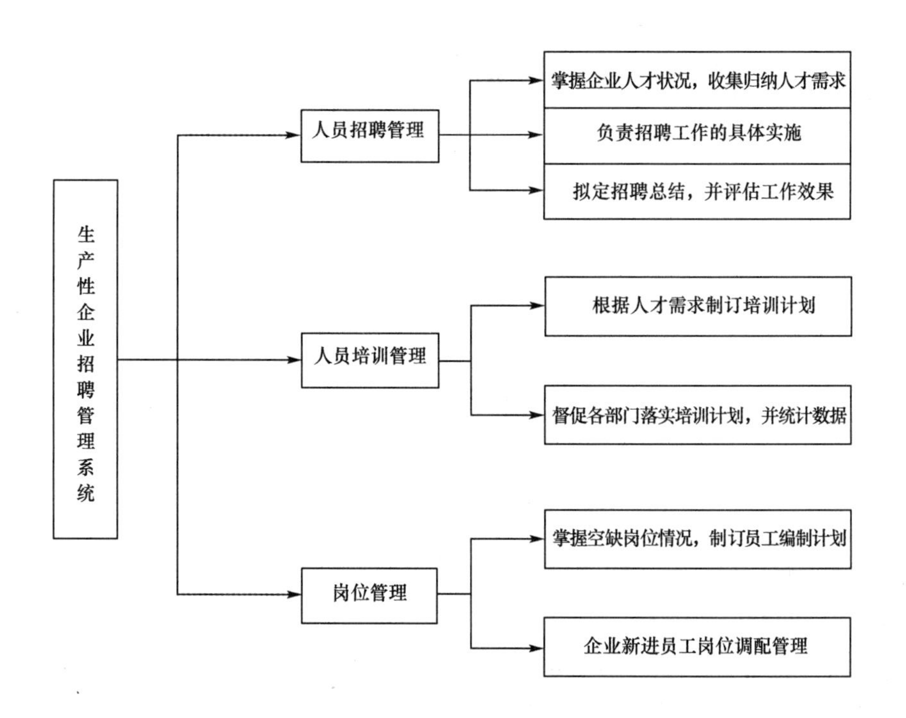

图 1-1　系统基本框架

1.2.2 系统业务流程

该生产性企业组织招聘、开展培训、制定岗位管理方案业务流程如图1-2所示。

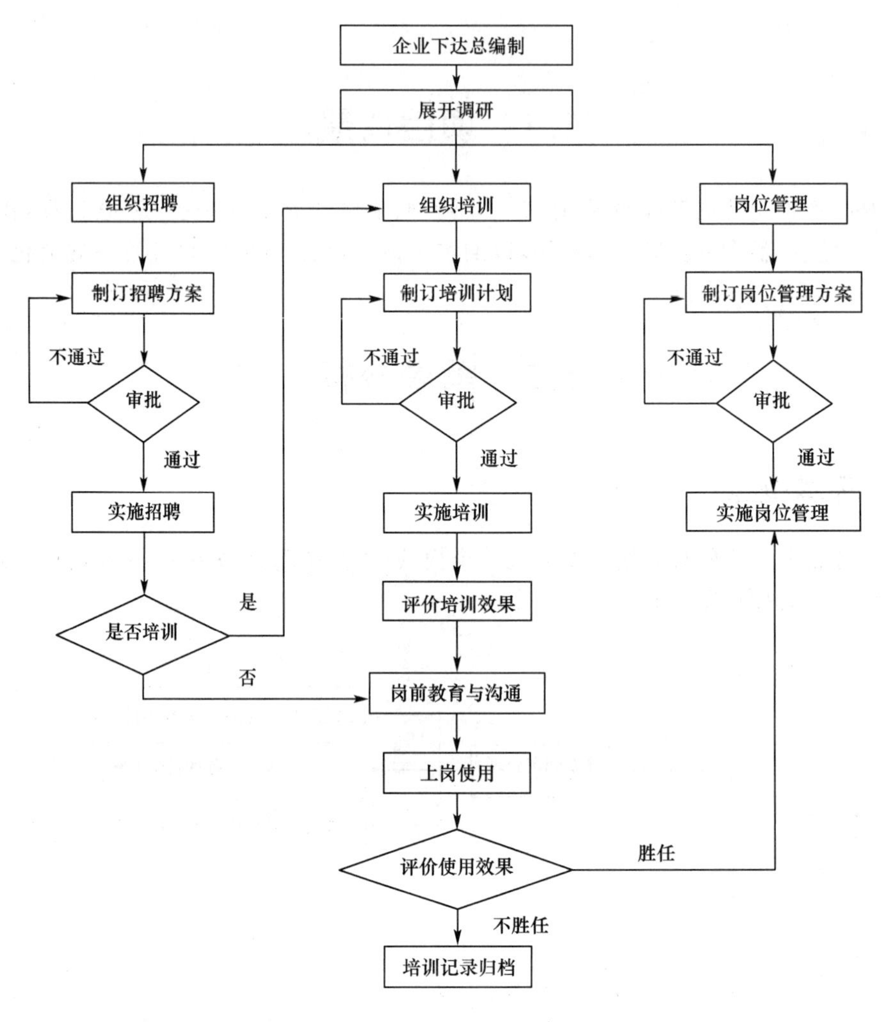

图1-2 系统业务流程

1.2.3 功能需求

1. 人员招聘管理

目标:记录人员招聘情况。

内容:企业人员招聘申请表。

主要记录要招聘员工的各方面基本情况,如姓名、性别、出生年月、身份证号码等基本信息,由求职者网上注册填写,或由人力资源部员工填写。见表1-1。

录入后可根据求职者姓名查询其基本情况,也可按照学历、专业等信息进行模糊查询。

表 1-1 企业人员招聘申请表

<table>
<tr><td>注册名</td><td colspan="4"></td><td colspan="2">密码</td><td colspan="2"></td></tr>
<tr><td>姓名</td><td></td><td>性别</td><td></td><td>出生年月</td><td></td><td>政治面貌</td><td></td><td rowspan="6">近期免冠照片</td></tr>
<tr><td>学历</td><td></td><td>毕业院校</td><td colspan="2"></td><td>所学专业</td><td colspan="2"></td></tr>
<tr><td>职称</td><td></td><td colspan="2">现从事的专业/工作</td><td colspan="4"></td></tr>
<tr><td>现工作单位/所在学校</td><td colspan="3"></td><td colspan="2">联系电话</td><td colspan="2"></td></tr>
<tr><td>通信地址</td><td colspan="3"></td><td colspan="2">邮编</td><td colspan="2"></td></tr>
<tr><td>家庭地址</td><td colspan="3"></td><td colspan="2">身份证号码</td><td colspan="3"></td></tr>
<tr><td>掌握何种外语</td><td colspan="8">（程度如何，有无证书）</td></tr>
<tr><td>计算机水平</td><td colspan="8">（程度如何，有无证书）</td></tr>
<tr><td>技能与特长</td><td colspan="8"></td></tr>
<tr><td>个人兴趣</td><td colspan="2"></td><td>身高</td><td></td><td>体重</td><td></td><td>健康状况</td><td></td></tr>
<tr><td>个人简历</td><td colspan="8"></td></tr>
<tr><td colspan="3">准备加入本企业的主要原因</td><td colspan="2"></td><td colspan="2">现收入水平</td><td colspan="2">元/年</td></tr>
<tr><td>收入期望值</td><td colspan="2">元/年</td><td colspan="3">可以开始新工作的日期</td><td colspan="3"></td></tr>
<tr><td colspan="2">期望职位、工作地点</td><td colspan="7">（是否服从分配）</td></tr>
<tr><td>对本企业的其他期望</td><td colspan="8"></td></tr>
<tr><td>备注</td><td colspan="8"></td></tr>
<tr><td colspan="9">本人自愿保证表内所填写内容真实，如有虚假，愿被取消聘用资格</td></tr>
</table>

申请人签名： 日期： 年 月 日

表中所有数据均需手工填写或选择。

系统会为每位求职者提供修改求职内容的功能，需要注册时的密码。

查询要求：应能根据姓名、学历、所学专业、职称、时间等对表进行查询及模糊查询。

2. 岗位管理

目标：企业空余缺口岗位管理情况及企业人员调配管理。

内容：企业员工内部档案接收登记表。

主要记录企业新进员工岗位调配等信息，按照时间排序。见表 1-2。

录入后可以按照时间、姓名或者单位等信息进行模糊查询。

表1-2 企业员工内部档案接收登记表

时　间	姓　名	单　位	送交人	接收人	备　注

表中所有数据均需手工填写或选择。

查询要求：应能根据时间、姓名、原单位等对表进行查询及模糊查询。

3. 员工培训管理

目标：记录企业员工培训情况。

内容：(1)企业年度培训计划表。

主要记录企业年度培训计划的培训项目、对象、地点、时间及经费等信息。见表1-3。录入后并可按照时间查询该年度的培训计划情况。

表1-3 企业年度培训计划表

序　号	培训项目	培训对象	培训地点	计划时间	预计经费	备　注

表中序号为自动生成，除此之外的所有数据均需手工填写或选择。

查询要求：应能根据时间、培训项目等对表进行查询及模糊查询。

内容：(2)企业新进员工教育培训卡。

主要记录企业新进员工学历教育信息，包括姓名、起点学历、毕业院校、所学专业、学习内容、培训形式以及学习时间等信息。见表1-4。录入后可按照主办单位、学习时间等查询企业员工学历教育培训卡情况。

表1-4 企业新进员工教育培训卡

<table>
<tr><td>姓　名</td><td></td><td>性　别</td><td></td><td>出生年月</td><td colspan="3"></td></tr>
<tr><td>起点学历</td><td></td><td>毕业院校</td><td></td><td>所学专业</td><td colspan="3"></td></tr>
<tr><td>开始时间</td><td>结束时间</td><td>主办单位</td><td>学习内容</td><td>学时(分)</td><td>培训形式</td><td>成　绩</td><td>证明人</td></tr>
<tr><td></td><td></td><td></td><td></td><td></td><td></td><td></td><td></td></tr>
<tr><td></td><td></td><td></td><td></td><td></td><td></td><td></td><td></td></tr>
<tr><td></td><td></td><td></td><td></td><td></td><td></td><td></td><td></td></tr>
</table>

表中所有数据均需手工填写或选择。

查询要求：应能根据姓名、主办单位、学习时间等对表进行查询及模糊查询。

1.2.4　系统用户角色划分

该生产性企业招聘管理系统的系统用户角色划分为管理员、求职者。见表 1-5。

表 1-5　系统用户角色划分表

部　门	角　色	角色权限	权限规划
人力资源部	管理员	维护空缺岗位基本信息 维护员工培训基本信息 维护员工招聘基本信息	(1)空缺岗位管理 (2)员工培训管理 (3)员工招聘管理
求职者	求职者	维护本人的求职基本信息	(4)个人招聘维护

1.3　总体设计

1.3.1　系统架构设计

采用 MVC(Model-View-Controller)模式,即模型-视图-控制器模式。

1. 模型:业务逻辑层。实现具体的业务逻辑、状态管理的功能。
2. 视图:表示层。即与用户实现交互的界面,通常实现数据输入和输出功能。
3. 控制器:控制层。起控制整个业务流程的作用,实现视图和模型部分的协同工作。

系统架构设计如图 1-3 所示。

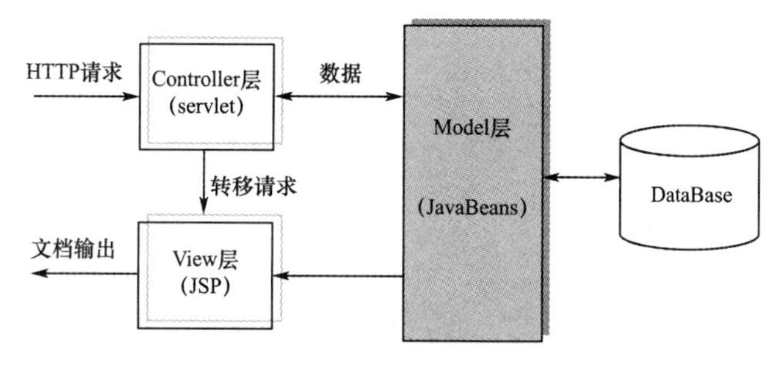

图 1-3　系统架构设计

1.3.2　硬件环境

本系统的硬件开发环境需达到如下配置:

1. CPU:Intel Q470;
2. 内存:32 GB。

1.3.3　软件环境

本系统的软件开发环境:

1. 操作系统:Windows 10;
2. 数据库:MySQL 8.0;
3. Web 服务器:Tomcat 9.0;
4. IDE:Eclipse、Hbuilder、Axure;
5. jar 包:jstl.jar,mysql-connector-java-8.0.12-bin.jar,smartupload.jar,standard.jar。

第一部分　起步篇

JSP与Servlet基础

本部分主要讲解Java Web技术的理论与应用，并结合实际开发中要解决的问题，给出具有实用价值的实例程序。主要内容包括Java Web的开发环境、服务器的体系结构及使用、JSP技术、Servlet技术。

任务2　了解Java Web应用

能力目标

Java Web 应用概述

1. 理解 B/S 模式与 C/S 模式、客户端脚本与服务器脚本。
2. 了解常见 Web 编程技术。

素质目标

1. 培养 API 文档阅读能力。
2. 培养专业资料信息检索能力。
3. 培养对新事务、新技术的兴趣。

开发一款
二手易物平台

2.1　C/S 和 B/S 体系结构

当今世界科学技术飞速发展，尤其以通信、计算机、网络为代表的互联网技术更是日新月异。各种类型的应用软件开始代替了传统的手工劳动，逐步占据我们生活工作的每个角落。它满足用户不同领域、不同问题的应用需求，拓宽计算机系统的应用领域，放大了硬件的功能，具有无限丰富和美好的开发前景。

应用软件是用户可以使用的各种程序设计语言，以及用各种程序设计语言编制的应用程序的集合。市面上有各式各样涉及生活工作各个领域的应用软件。看似想要开发一款应用软件无从下手，但多数常见的应用软件都基于以下任一种网络结构模式，而且非常广泛，在我们生活中都很常见。

2.1.1　C/S 模式

C/S(Client/Server)模式，即客户端和服务器结构。它是软件系统体系结构，通过它可以充分利用两端硬件环境的优势，将任务合理分配到 Client 端和 Server 端来实现，降低了系统的通信开销。如图 2-1 所示的 QQ 聊天软件就是基于这种模式的。

图 2-1　QQ 聊天软件

2.1.2 B/S 模式

B/S(Browser/Server)模式，即浏览器和服务器结构。它是随着 Internet 技术的兴起，对 C/S 模式的一种改进的结构。在这种结构下，用户工作界面通过 Web 浏览器来实现，极少部分事务逻辑在客户端实现，主要事务逻辑在服务器端实现。如图 2-2 所示的学习强国网站应用系统就是基于这种模式的。

图 2-2 网站应用系统

2.1.3 C/S 模式与 B/S 模式对比

C/S 模式下的应用软件一般由服务器(Server)和客户端应用程序(App)组成。数据(Data)一般存放在服务器上，应用程序一般存放在客户端计算机上。

B/S 模式下的应用软件由浏览器(Browser)和服务器(Web Server、Other Server 和 Middle Ware)组成。数据(Data)和应用程序(App)都存放在服务器上。如图 2-3 所示。

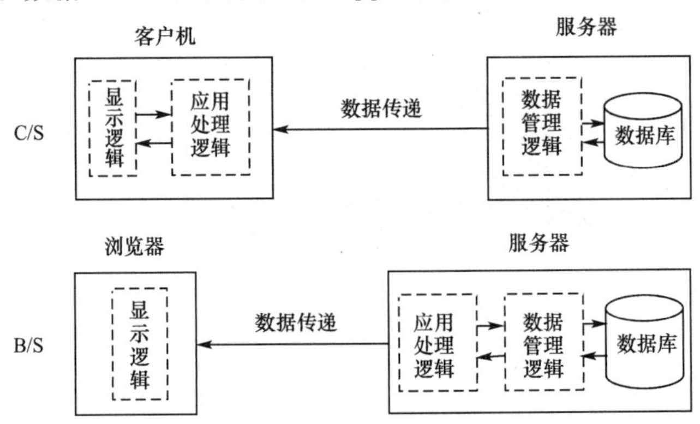

图 2-3 C/S 模式与 B/S 模式对比

应用软件的这两种开发设计模式各具不同的优缺点。

1. B/S 模式的优点和缺点

(1)B/S 模式的优点

- 具有分布性特点,可以随时随地进行查询、浏览等业务处理。
- 业务扩展简单方便,通过增加网页即可增加服务器功能。
- 维护简单方便,只需要改变网页,即可实现所有用户的同步更新。
- 开发简单,共享性强。

(2)B/S 模式的缺点

- 个性化特点明显降低,无法实现具有个性化的功能要求。
- 操作是以鼠标为最基本的操作方式,无法满足快速操作的要求。
- 页面动态刷新,响应速度明显降低。
- 功能弱化,难以实现传统模式下的特殊功能要求。

2. C/S 模式的优点和缺点

(1)C/S 模式的优点

- 客户端实现与服务器的直接相连,没有中间环节,因此响应速度快。
- 操作界面漂亮、形式多样,可以充分满足客户自身的个性化要求。
- C/S 模式下的应用软件具有较强的事务处理能力,能实现复杂的业务流程。

(2)C/S 模式的缺点

- 需要专门的客户端安装程序,分布功能弱,针对点多、面广且不具备网络条件的用户群体,不能够实现快速部署安装和配置。
- 兼容性差,对于不同的开发工具,具有较大的局限性。若采用不同工具,则需要重新改写程序。
- 开发成本较高,需要具有一定专业水准的技术人员才能完成。

基于这两种模式的特点,它们的应用领域也大不相同。

- B/S 模式下的应用软件适用于用户分散的互联网,开发的系统以网页形式居多。
- C/S 模式下的应用软件适用于单独用户或用户集中的局域网,开发的系统以桌面应用程序居多。

2.1.4　客户端脚本与服务器脚本

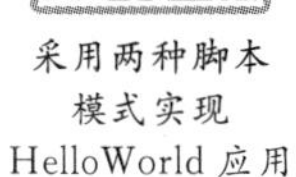

采用两种脚本模式实现 HelloWorld 应用

针对上节所提到的两种模式,限于本书的篇幅与主题,我们只详细介绍适用于用户分散的广域网、互联网的 B/S 模式开发的应用软件系统。在 B/S 模式下开发,一般会使用两种脚本语言:服务器端脚本语言及客户端脚本语言。

服务器端脚本在 Web 服务器上执行,由服务器根据脚本的执行结果生成相应的 HTML 页面,并发送到客户端浏览器中并显示。服务器端脚本的执行不受浏览器的限制,脚本在网页通过网络传送给浏览器之前被执行,Web 浏览器收到的只是标准的 HTML 文件。

如例程 2-1 所示的 JSP 文件便是一个典型的服务器端脚本,需要通过服务器端的应用软件解释运行。

例程 2-1　index. jsp

```
<%@ page contentType="text/html;charset=utf-8"%>
```

```
<html>
<body BGCOLOR=cyan>
<%
    int i;
    int sum=0;
    for(i=1; i < 10; i++) {
      sum=sum + i;
    }
%> 1到10的连续和是:<br> <%=sum%>
</body>
</html>
```

客户端脚本随着HTML页面下载到客户端,在用户本地由浏览器解释执行。客户端脚本常用于做简单的客户端验证(例如用户名非空验证)或实现网页特效等。

如例程2-2所示的HTML文件便是一个典型的客户端脚本,里面的JavaScript语句随着HTML页面下载到客户端浏览器,在用户本地执行。

例程2-2 login. html

```
<html>
<body>
输入你的姓名:
<script language="JavaScript">
function getname(str)
{
    alert("你好"+str+"!");
}
</script>
<form>
<input type="text" name="name" onblur="getname(this.value)" value="">
</form>
</body>
</html>
```

这里,程序是否在服务器端运行是重要标志。在服务器端运行的程序、网页和组件属于动态网页,即服务器脚本。它们会随不同客户、不同时间返回不同的网页,例如ASP页面、PHP页面、JSP页面、ASP. NET页面和CGI页面等。相反,运行于客户端的程序、网页和组件等属于静态网页,即客户端脚本,例如HTML页面、Flash页面、JavaScript和VBScript等,它们是永远不变的。

2.2 Web应用程序开发

Web应用程序开发主要是建立在B/S架构模式下衍生出来的一系列Web应用程序,即基于浏览器的应用程序开发,例如12306网站、淘宝网、当当网等。近些年来随着本身技术的突破以及移动设备的普及,基于Web领域的开发也出现了明确的岗位职责分工。一个Web互联网产品中,基本上会分为Web UI设计、Web前端开发以及Web后端开发。同时多端的快速发展，开发 PC 端、移动端以及当下比较火热的小程序端等多端融合也成为时下热门的问题。

Web 前端开发编程语言主要是 JavaScript，也就是上文提到的客户端脚本，以及伴随有标记性文本语言 HTML 和样式渲染方式 CSS。近年来衍生出来的一批优秀 Web 前端框架，使 Web 前端在应用构建方面的效率得到显著提升。另外随着 Node.js 的出现，越来越多的 Web 前端开发人员也开始走入后端编程领域，甚至在一些项目中扮演着 Web 全站开发的角色。Web 后端开发编程语言主要有 Java、PHP、Python 等，也就是上文提到的服务器端脚本。在下面的项目里，我们将详述服务器脚本语言，也就是人们以前常说的“动态网页技术”。

2.2.1 ASP 编程技术

ASP 是 Active Server Page 的缩写，意为“动态服务器页面”。ASP 是微软公司开发的代替 CGI 脚本程序的一种应用，它可以与数据库和其他程序进行交互，是一种简单、方便的编程工具。ASP 的网页文件的格式是.asp，现在常用于各种动态网站中。如图 2-4 所示。

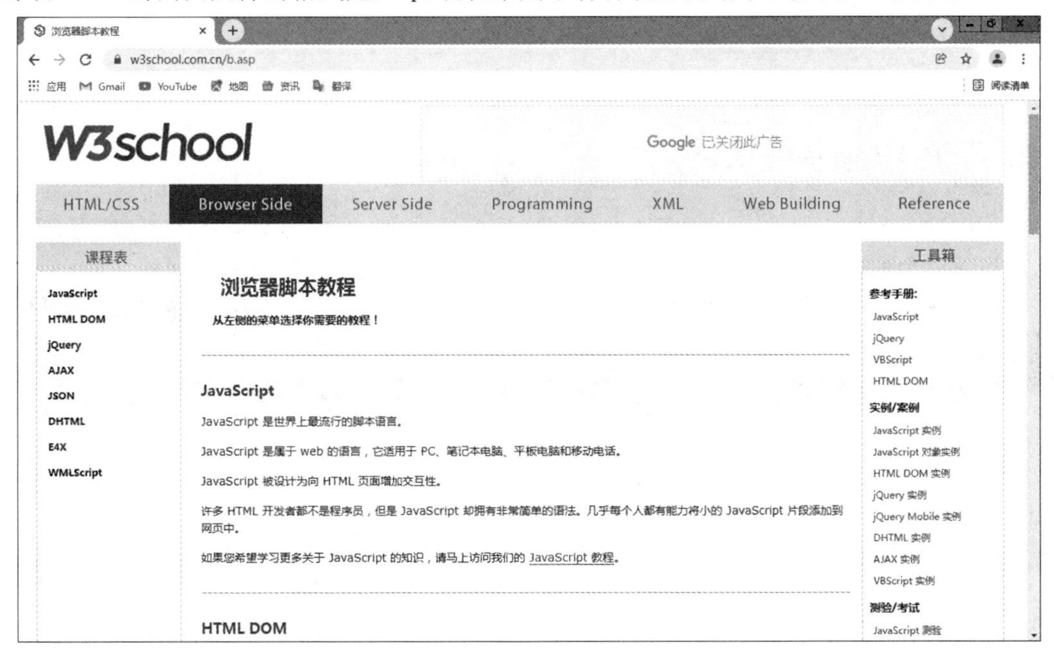

图 2-4 ASP 页面

2.2.2 ASP.NET 编程技术

ASP.NET 是从 ASP 的基础上发展来的。不像以前的 ASP 即时解释程序，而是将程序在服务器端首次运行时进行编译执行，执行效率大大地提高。

ASP.NET 可以运行在几乎全部的平台上，通用语言的基本库和消息机制，数据接口的处理都能无缝地整合到 ASP.NET 的 Web 应用中。ASP.NET 同时也是语言独立化的，开发人员可以选择一种最适合的语言来编写程序，或者把程序用多种语言来编写。现在已经支持的有 C#、VB.NET、JScript.NET、managed C++和 J#。ASP.NET 开发的系统如图 2-5 所示。

图 2-5　ASP. NET 页面

2.2.3　PHP 编程技术

PHP，它是当今 Internet 上比较火热的脚本语言之一，其语法借鉴了 C、Java、PERL 等语言，但只需很少的编程知识就能使用 PHP 建立一个真正交互的 Web 站点。如图 2-6 所示。

图 2-6　PHP 页面

PHP 原本为 Personal Home Page，是 Rasmus Lerdorf 为了维护个人网页，而用 C 语言开发的一些 CGI 工具程序集，用来取代原先使用的 Perl 程序。经过二十多年的发展，随着 PHP-CLI 相关组件的快速发展和完善，PHP 已经可以应用在 TCP/UDP 服务、高性能 Web、WebSocket 服务、物联网、实时通信、游戏、微服务等非 Web 领域的系统研发。它已经正式更名为“PHP：Hypertext Preprocessor”。

2.2.4　Python 编程技术

Python 由荷兰数学和计算机科学研究学会的吉多·范罗苏姆于 1990 年代初设计，作为一门叫作 ABC 语言的替代品。Python 提供了高效的高级数据结构，还能简单有效地面向对象编程。Python 优雅的语法和动态类型，以及解释型语言的本质，使它成为多数平台上写脚本和快速开发应用的编程语言。随着版本的不断更新和语言新功能的添加，Python 逐渐被用于独立的、大型项目的开发。2021 年 10 月，语言流行指数的编译器 Tiobe 将 Python“加冕”为最受欢迎的编程语言，20 年来首次将其置于 Java、C 和 JavaScript 之上。

2.2.5　Java Web 编程技术

Java 的 Web 编程技术经历了长时间的发展。首先出现的是 Java Applet，Applet 是一段 Java 程序，当客户发出 HTTP 请求后，Applet 随着 Web 页面一起被下载到客户端。Applet 运行于客户端的 JVM，能够提供动态的页面内容，在一定程度上扩展了服务器的功能。但是，基于安全性的考虑，Applet 被限制不能访问后台数据，很快就被淘汰出历史舞台。

运行于服务器的 Servlet 不久就出现了。Servlet 也是一段 Java 程序，它会根据用户提交的数据产生不同的响应界面，从而提供与客户的动态交互功能。Servlet 运行在服务器的 Servlet 容器中。相关的 Web 应用服务器用来提供 Servlet 容器，可以对 Servlet 这些组件进行管理。但是，Servlet 产生的动态页面容易将业务逻辑与显示逻辑混合在一起，增加开发维护难度。

于是在 Servlet 的基础上，Java Server Pages(JSP)诞生了。JSP 技术有点类似于 ASP 技术，它是在传统的网页 HTML 文件(*.htm, *.html)中插入 Java 程序段(Scriptlet)和 JSP 标记(tag)，从而形成 JSP 文件(*.jsp)。用 JSP 开发的 Web 应用是跨平台的，既能在 Linux 下运行，也能在其他操作系统上运行。Java Web 技术开发出的系统如图 2-7 所示。

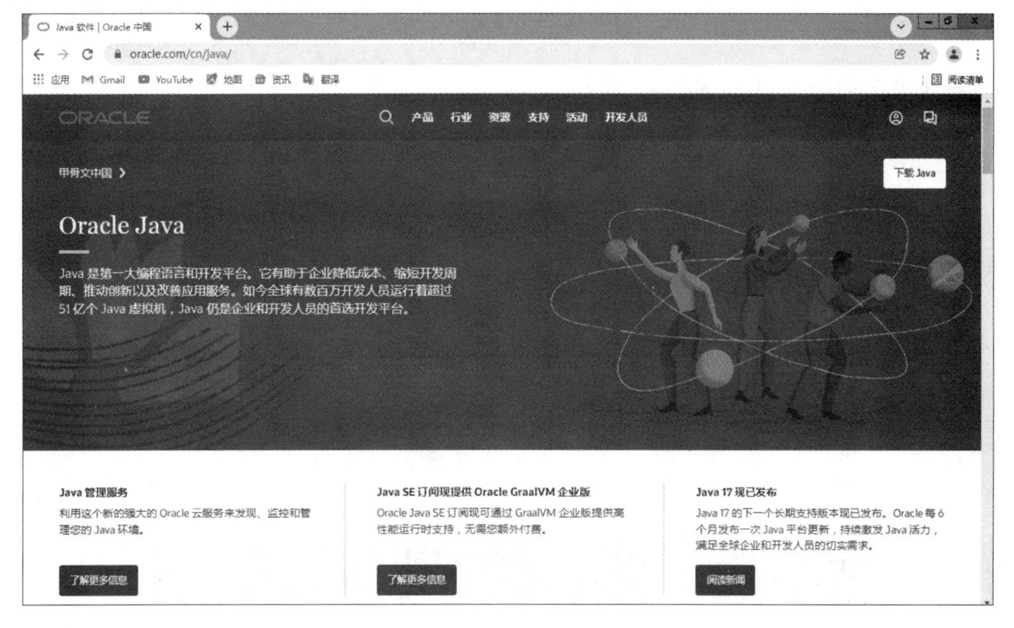

图 2-7　JSP 页面

1997 年 6 月，SUN 公司的 Pavni Diwanji 编写了 Servlet 1.0 规范。1999 年 8 月，Servlet 2.2 发布，开始成为 J2EE 的一部分。当前 Servlet 最新版是 2017 年 10 月发布的 4.0，属于 Java EE 8，在 Servlet 3.0 支持非阻塞 I/O 和 WebSocket 的基础上增加了 HTTP2 的特性。

在本书后续项目里，我们将详细讲解 Java Web 编程技术，并将其应用于应用系统的开发。

情境案例提示

本书中的项目案例——生产性企业招聘管理系统就是采用 Java Web 动态编程技术进行开发的，在这个系统中综合用到了本书中所讲述的各项目内容。由于应聘者多且分散在不同区域，整个系统采用 B/S 模式进行开发，系统的目录结构如图 2-8 所示。

整个系统采用的是 MVC 的模式，使用的数据库是 MySQL，通过 JDBC 访问数据库。系统的前台页面显示采用了 JSP 动态网页技术，请求转发用户指令时采用了 Servlet 技术，业务逻辑处理用到了 JavaBean。系统用到了过滤器进行了编码等方面的处理，在前台页面显示还用到了 JSP 表达式语言(EL)，同时在上传图片、显示验证码等地方用到了文件处理方面的内容。页面结构如图 2-9 所示，Servlet 应用控制程序结构如图 2-10 所示。

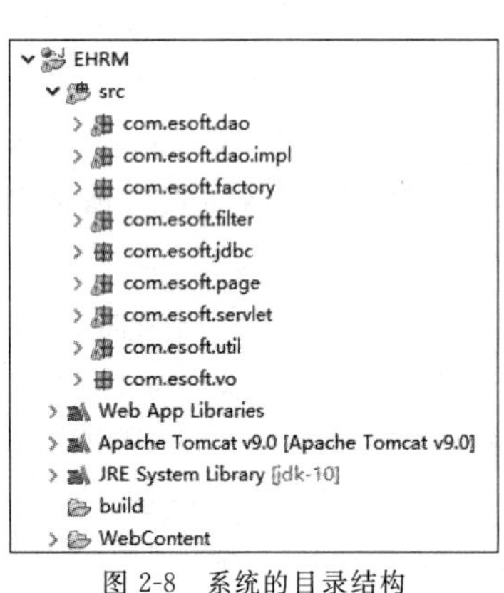

图 2-8 系统的目录结构

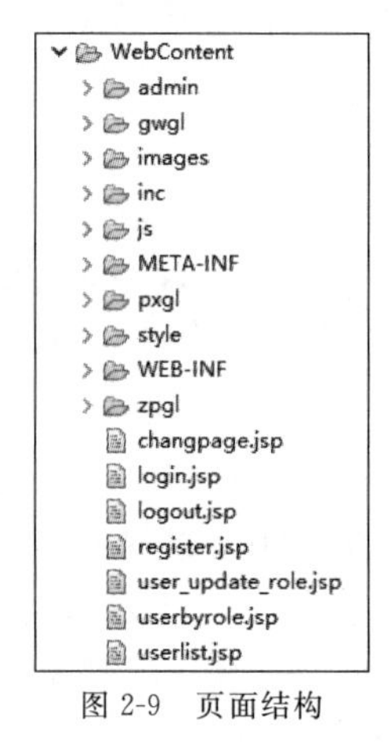

图 2-9 页面结构

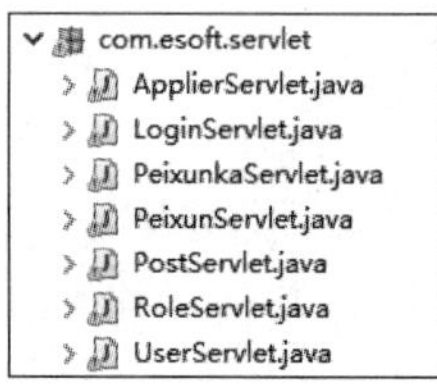

图 2-10 Servlet 应用控制程序结构

运行效果图如图 2-11 和图 2-12 所示。

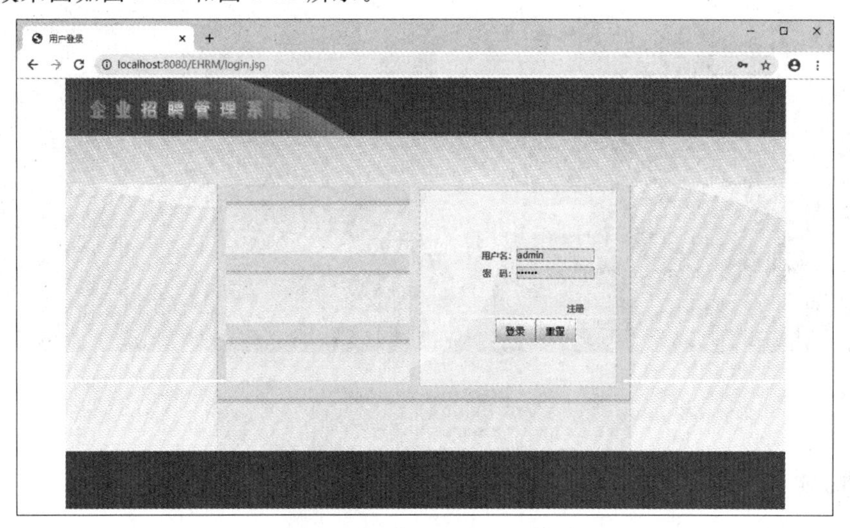

图 2-11 登录页面

图 2-12　登录成功后招聘录入页面

在后面的任务中，会选取其中的用户登录这个模块为例，详细说明每一个任务的知识在这个案例中的应用。用户登录这个模块的流程如图 2-13 所示，里面涉及 JSP、Servlet、JavaBean 和过滤器等文件，在下面的任务中会对这些文件进行介绍。

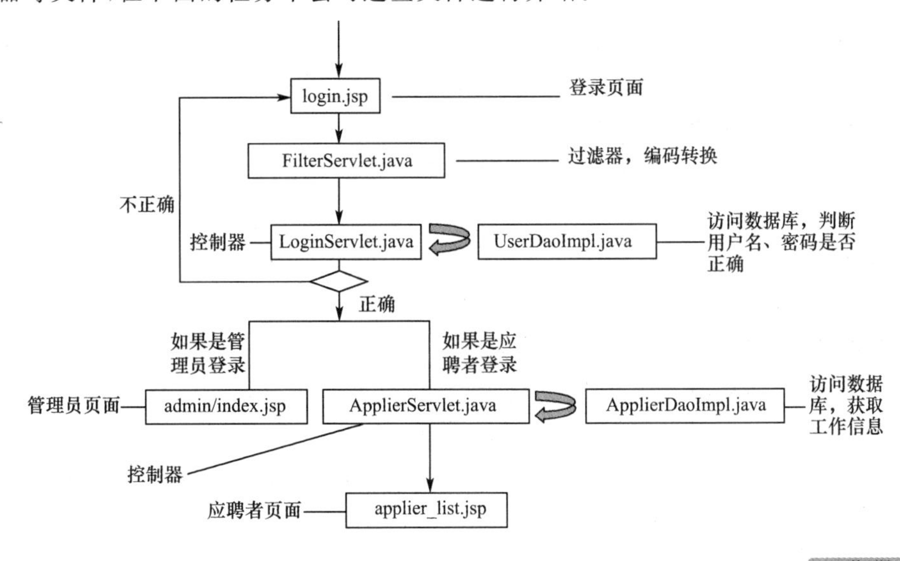

图 2-13　登录模块流程

任务小结

微 课

Java Web 应用领域的起源发展与我国“十四五”数字经济发展规划

C/S 模式和 B/S 模式是两种常见的网络结构模式。相对于 C/S 模式，B/S 模式具有开发效率高、代码重用性强、业务功能扩展简单以及维护方便等特点，因此 B/S 模式软件的应用越来越广泛。

在 B/S 模式下开发软件，一般会采取动态网页技术与静态网页技术相结合的方式进行。常用的静态网页技术有 HTML、JavaScript 和 VBScript 等，而 B/S 模式软件开发的关键在于动态网页技术的合理应用，常用的动态网页技术有 ASP、ASP. NET、PHP 和 Java Web 编程技术等。这几种动态网页技术各有利弊及适用领域，本书将详细讲解 Java Web 编程技术及其应用。

Java Web 应用领域一直是开源领域中的佼佼者，Java 先辈程序员们发布了众多开源许可的库和项目，贡献出了许多优秀的代码。读者可以利用互联网查阅各相关技术的 API 文档，细细分析与研究别人的优秀框架会对后续学习大有好处。

实战演练

[实战 2-1]尝试通过浏览器打开并运行例程 2-1、例程 2-2，看看运行效果如何。理解服务器端脚本和客户端脚本的不同。

[实战 2-2]浏览经常访问的一些网站，观察它们所用的网页技术及其所具备的常用功能。

知识拓展

我国“十四五”数字经济发展规划

作为新时代的奋斗者，如何去承担时代赋予我们的重任？首先需了解我国最新的规划政策。习近平总书记在 2021 年 10 月 18 日主持中共中央政治局第三十四次集体学习时强调，数字经济正在成为重组全球要素资源、重塑全球经济结构、改变全球竞争格局的关键力量，发展数字经济是把握新一轮科技革命和产业变革新机遇的战略选择。

2021 年 12 月 12 日，国务院印发了《“十四五”数字经济发展规划》(国发〔2021〕29 号，以下简称《规划》)，在总结“十三五”时期我国数字经济发展成效、分析存在问题和研判形势要求基础上，提出了我国数字经济发展的总体要求、主要任务、重点工程和保障措施，为“十四五”时期各地区、各部门推进数字经济发展提供了行动指南。

《“十四五”数字经济发展规划》(节选)

数字经济是继农业经济、工业经济之后的主要经济形态，是以数据资源为关键要素，以现代信息网络为主要载体，以信息通信技术融合应用、全要素数字化转型为重要推动力，促进公平与效率更加统一的新经济形态。数字经济发展速度之快、辐射范围之广、影响程度之深前所未有，正推动生产方式、生活方式和治理方式深刻变革，成为重组全球要素资源、重塑全球经济结构、改变全球竞争格局的关键力量。“十四五”时期，我国数字经济转向深化应用、规范发展、普惠共享的新阶段。为应对新形势新挑战，把握数字化发展新机遇，拓展经济发展新空间，推动我国数字经济健康发展，依据《中华人民共和国国民经济和社会发展第十四个五年规划和 2035 年远景目标纲要》，制订本规划。

一、发展现状和形势

(一)发展现状

“十三五”时期，我国深入实施数字经济发展战略，不断完善数字基础设施，加快培育新业态新模式，推进数字产业化和产业数字化取得积极成效。2020 年，我国数字经济核心产业增加值占国内生产总值(GDP)比重达到 7.8%，数字经济为经济社会持续健康发展提供了强大动力。

信息基础设施全球领先。建成全球规模最大的光纤和第四代移动通信(4G)网络，第五代移动通信(5G)网络建设和应用加速推进。宽带用户普及率明显提高，光纤用户占比超过

94%,移动宽带用户普及率达到108%,互联网协议第六版(IPv6)活跃用户数达到4.6亿。

产业数字化转型稳步推进。农业数字化全面推进。服务业数字化水平显著提高。工业数字化转型加速,工业企业生产设备数字化水平持续提升,更多企业迈上"云端"。

新业态新模式竞相发展。数字技术与各行业加速融合,电子商务蓬勃发展,移动支付广泛普及,在线学习、远程会议、网络购物、视频直播等生产生活新方式加速推广,互联网平台日益壮大。

数字政府建设成效显著。一体化政务服务和监管效能大幅度提升,"一网通办""最多跑一次""一网统管""一网协同"等服务管理新模式广泛普及,数字营商环境持续优化,在线政务服务水平跃居全球领先行列。

数字经济国际合作不断深化。《二十国集团数字经济发展与合作倡议》等在全球赢得广泛共识,信息基础设施互联互通取得明显成效,"丝路电商"合作成果丰硕,我国数字经济领域平台企业加速出海,影响力和竞争力不断提升。

与此同时,我国数字经济发展也面临一些问题和挑战:关键领域创新能力不足,产业链供应链受制于人的局面尚未根本改变;不同行业、不同区域、不同群体间数字鸿沟未有效弥合,甚至有进一步扩大趋势;数据资源规模庞大,但价值潜力还没有充分释放;数字经济治理体系需进一步完善。

……

二、总体要求

(一)指导思想

以习近平新时代中国特色社会主义思想为指导,全面贯彻党的十九大和十九届历次全会精神,立足新发展阶段,完整、准确、全面贯彻新发展理念,构建新发展格局,推动高质量发展,统筹发展和安全、统筹国内和国际,以数据为关键要素,以数字技术与实体经济深度融合为主线,加强数字基础设施建设,完善数字经济治理体系,协同推进数字产业化和产业数字化,赋能传统产业转型升级,培育新产业新业态新模式,不断做强做优做大我国数字经济,为构建数字中国提供有力支撑。

(二)基本原则

坚持创新引领、融合发展。坚持把创新作为引领发展的第一动力,突出科技自立自强的战略支撑作用,促进数字技术向经济社会和产业发展各领域广泛深入渗透,推进数字技术、应用场景和商业模式融合创新,形成以技术发展促进全要素生产率提升、以领域应用带动技术进步的发展格局。

坚持应用牵引、数据赋能。坚持以数字化发展为导向,充分发挥我国海量数据、广阔市场空间和丰富应用场景优势,充分释放数据要素价值,激活数据要素潜能,以数据流促进生产、分配、流通、消费各个环节高效贯通,推动数据技术产品、应用范式、商业模式和体制机制协同创新。

坚持公平竞争、安全有序。突出竞争政策基础地位,坚持促进发展和监管规范并重,健全完善协同监管规则制度,强化反垄断和防止资本无序扩张,推动平台经济规范健康持续发展,建立健全适应数字经济发展的市场监管、宏观调控、政策法规体系,牢牢守住安全底线。

坚持系统推进、协同高效。充分发挥市场在资源配置中的决定性作用,构建经济社会各主体多元参与、协同联动的数字经济发展新机制。结合我国产业结构和资源禀赋,发挥比较优势,系统谋划、务实推进,更好发挥政府在数字经济发展中的作用。

（三）发展目标

到 2025 年，数字经济迈向全面扩展期，数字经济核心产业增加值占 GDP 比重达到 10%，数字化创新引领发展能力大幅提升，智能化水平明显增强，数字技术与实体经济融合取得显著成效，数字经济治理体系更加完善，我国数字经济竞争力和影响力稳步提升。

——数据要素市场体系初步建立。数据资源体系基本建成，利用数据资源推动研发、生产、流通、服务、消费全价值链协同。数据要素市场化建设成效显现，数据确权、定价、交易有序开展，探索建立与数据要素价值和贡献相适应的收入分配机制，激发市场主体创新活力。

——产业数字化转型迈上新台阶。农业数字化转型快速推进，制造业数字化、网络化、智能化更加深入，生产性服务业融合发展加速普及，生活性服务业多元化拓展显著加快，产业数字化转型的支撑服务体系基本完备，在数字化转型过程中推进绿色发展。

——数字产业化水平显著提升。数字技术自主创新能力显著提升，数字化产品和服务供给质量大幅提高，产业核心竞争力明显增强，在部分领域形成全球领先优势。新产业新业态新模式持续涌现、广泛普及，对实体经济提质增效的带动作用显著增强。

——数字化公共服务更加普惠均等。数字基础设施广泛融入生产生活，对政务服务、公共服务、民生保障、社会治理的支撑作用进一步凸显。数字营商环境更加优化，电子政务服务水平进一步提升，网络化、数字化、智慧化的利企便民服务体系不断完善，数字鸿沟加速弥合。

——数字经济治理体系更加完善。协调统一的数字经济治理框架和规则体系基本建立，跨部门、跨地区的协同监管机制基本健全。政府数字化监管能力显著增强，行业和市场监管水平大幅提升。政府主导、多元参与、法治保障的数字经济治理格局基本形成，治理水平明显提升。与数字经济发展相适应的法律法规制度体系更加完善，数字经济安全体系进一步增强。

展望 2035 年，数字经济将迈向繁荣成熟期，力争形成统一公平、竞争有序、成熟完备的数字经济现代市场体系，数字经济发展基础、产业体系发展水平位居世界前列。

……

任务3 了解JSP与Servlet

能力目标

Servlet 与 JSP 的起源、发展和主要应用

1. 掌握 JDK、Tomcat 和 Eclipse 安装与配置、Tomcat 的管理程序。
2. 理解 JSP 与 Servlet 的关系、Servlet 运行机制、JSP 运行机制。
3. 了解 Tomcat 的体系结构、Servlet 的基本结构。

素质目标

1. 培养代码规范的意识。
2. 培养科学严谨的态度。
3. 培养精益求精的工匠精神。

Java Web 开发环境的部署

3.1 环境安装与配置

由 JSP 与 Servlet 等技术开发的 Java Web 应用需要在 Java Web 应用服务器上运行。目前市场主流的 Java Web 应用服务器有 WebLogic、Websphere、JBoss 和 Tomcat,前三个服务器主要应用于大型的 Java Web 应用,而对于中小型 Java Web 应用运行和相关技术的开发学习,Tomcat 则是最好的选择。安装 Tomcat 服务器前首先需要安装 Java 开发工具包 JDK,为了提高 Java Web 应用的开发效率,还需要安装集成开发环境,如 Eclipse 等。

3.1.1 JDK 的安装与配置

JDK(Java Development Kit)是 Sun Microsystems(已被 Oracle 公司并购)推出的 Java 开发者工具包。JDK 是整个 Java 技术的核心,包括了 Java 运行环境、Java 工具和 Java 基础的类库,JDK 是其他 Java 开发工具的基础。但是 JDK 未提供 Java 源代码的编写环境,所以实际的代码编写还需要在其他的文本编辑器中进行。常见的适合 Java 的文本编辑器有很多,例如 JCreator、Eclipse、Editplus 和 UltraEdit 等。

下面简单介绍一下 JDK 的下载安装和运行环境的设置。

1. 安装 JDK

首先登录 Oracle 的官方网站免费下载 JDK 的安装文件,本书以 JDK 10.0 为例。下载完成后,安装比较简单,直接双击安装程序,程序即可自动解压缩并进行安装,只需要按照向导一步一步进行即可。在安装时需记住安装的路径,在配置环境变量时将会用到这个安装路径。如 JDK 安装的目录为 D:\Java\jdk10.0.2,JRE 安装的目录为 D:\Java\jdk10.0.2\jre。

2. 配置 JDK

安装完后,需要进行相关的配置。使用 JDK 需要配置三个环境变量:java_home、classpath 和 path(不区分大小写)。

(1)java_home

java_home环境变量指向JDK的安装目录。设置java_home可以方便引用。当设置java_home后,以后只需输入%java_home%即可引用安装路径。

(2)classpath

classpath环境变量的作用是指定类搜索路径。需要把JDK安装目录下的lib子目录中的dt.jar和tools.jar设置到classpath中。如果设置了classpath,当前目录“.”也必须加入该变量中。

(3)path

path环境变量的作用是指定命令搜索路径。需要把JDK安装目录下的bin目录增加到现有的path变量中,设置好path变量后,就可以在任何目录下执行javac和java等工具。

3. 配置步骤

(1)在Windows系统下,环境变量的配置方法如下:进入“控制面板”,双击“系统”,弹出“系统属性”对话框,选择“高级”页面,然后单击【环境变量】按钮。

(2)在“环境变量”对话框的“系统变量”中新建一个名字为“java_home”的变量,它的值是“D:\Java\jdk10.0.2”,即JDK所在的路径。建立这个变量后,别的变量就可以使用%java_home%来引用它的值。

(3)在“系统变量”中找到变量classpath(如果找不到classpath,则新建它),其值为“.;%java_home%\lib\dt.jar;%java_home%\lib\tools.jar;”。

(4)在“系统变量”中找到变量Path,在其最后添加“%java_home%\bin;”。

注意: 变量classpath中的第一个值是英文句号“.”,表示当前目录。变量中的各个值之间是以英文分号“;”分隔的。

4. 测试JDK

经过以上步骤,为了检验JDK安装是否正确,可以运行一个简单的Java程序进行测试。打开记事本,在里面输入例程3-1代码。

例程3-1 HelloWorld.java

```
public class HelloWorld{
    public static void main(String args[]){
        System.out.println("Hello! World");
    }
}
```

保存这段代码。

注意: “保存类型”应该选“所有文件”,而文件名应该为HelloWorld.java,其中.java后缀表明这是一个Java源代码文件。

接下来到MS-DOS方式下的Java文件所在的目录,输入下面指令:

```
javac HelloWorld.java
```

如果正常的话,没有任何内容显示,但会在同一目录下生成一个HelloWorld.class的文件,再运行下面命令:

```
java HelloWorld
```

如果正常的话,屏幕上会显示“Hello! World”的字符,表示JDK环境安装正常。

3.1.2　Tomcat 的安装与配置

微课

Tomcat 的安装与配置

1. Tomcat 简介

Jakarta Tomcat 服务器是在 SUN 公司的 JSWDK(Java Server Web Development Kit)的基础上发展起来的一个优秀的 Servlet/JSP 容器，它可以和目前大部分的主流 HTTP 服务器(如 IIS 和 Apache 服务器)一起工作，而且运行稳定、可靠、效率高。

Tomcat 服务器除了能够运行 Servlet 和 JSP，还提供了作为 Web 服务器的一些特有的功能，而且还具备了作为商业 Java Web 应用容器的特征。如 Tomcat 管理和控制平台、安全域管理等，Tomcat 已成为目前开发 Java Web 应用的最佳选择之一。

2. 安装 Tomcat

下面以目前流行的 Tomcat-9.0.1 版本为例讲解 Tomcat 的下载和安装。首先到 Tomcat 的官方网站 tomcat.apache.org 去下载安装文件。一般 Windows 平台下面可以使用 zip 或 Windows Service Installer 这两种格式的安装文件。zip 格式的安装包在 Windows 下解压即可使用，不需要安装。Windows Service Installer 专门针对 Windows 平台，可以将 Tomcat 安装为 Windows 的服务，Tomcat-9.0.1 下载页面如图 3-1 所示。

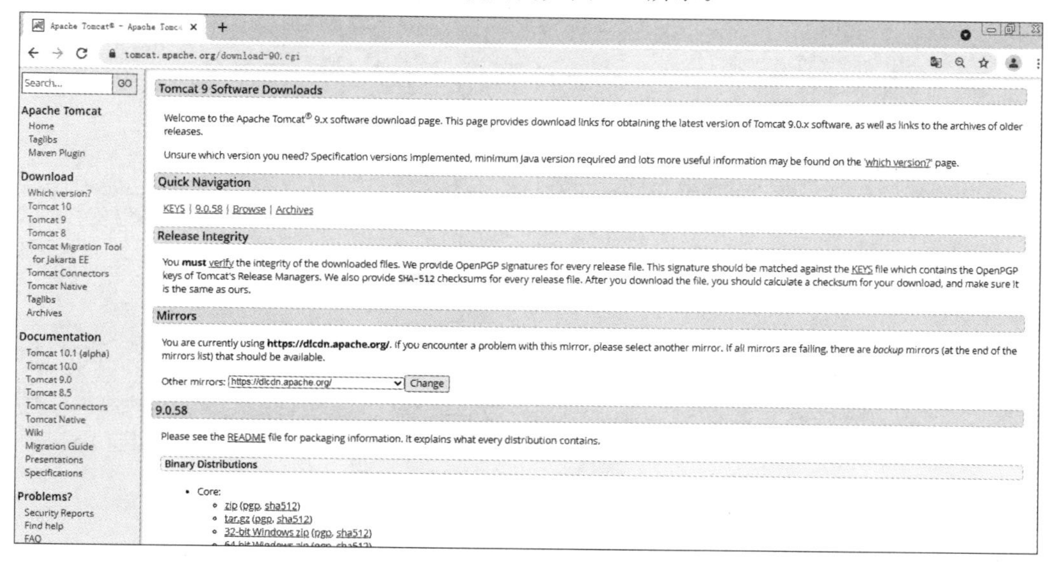

图 3-1　Tomcat 下载页面

这里以 Windows Service Installer 格式的安装文件为例。单击页面上的链接“32-bit/64-bit Windows Service Installer”，下载安装文件“apache-tomcat-9.0.1.exe”。安装过程如下：

(1)双击安装程序，阅读使用的许可协议，单击【I Agree】进入下一步，如图 3-2 所示。

(2)选择安装的组件，默认是“Normal”，如果需要示例程序，则可以选择 Examples 选项，单击【Next】进入下一步，如图 3-3 所示。

(3)进行 Tomcat 的基本设置，在这个安装界面可以设置 HTTP 协议连接端口号，默认为 8080，还可以设置 Tomcat 服务器管理员帐号，在后面进入管理程序时要用到，如图 3-4 所示。

(4)选择已安装的 JDK 的目录路径，如图 3-5 所示。

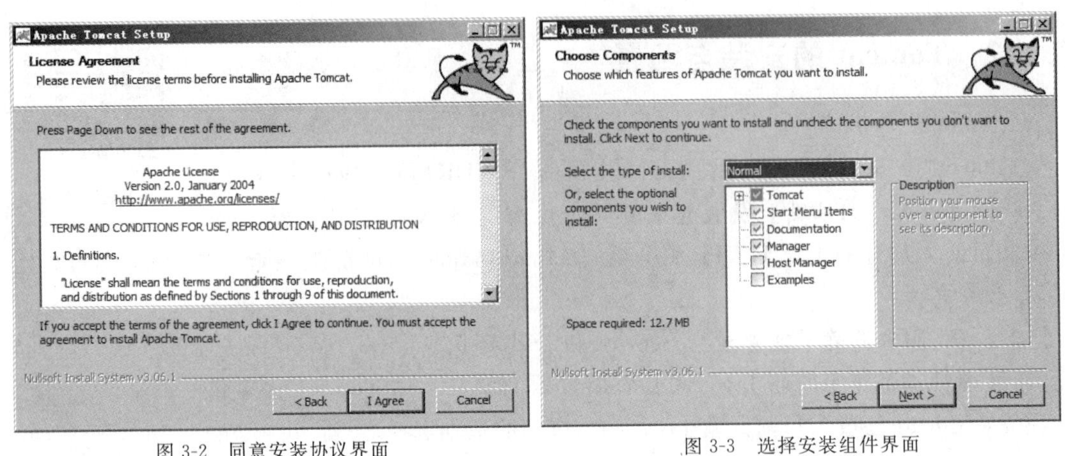

图 3-2 同意安装协议界面

图 3-3 选择安装组件界面

图 3-4 Tomcat 基本设置界面

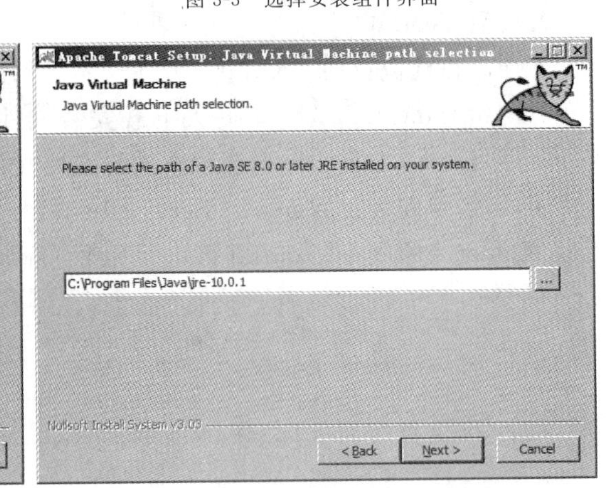

图 3-5 选择已安装的 JDK 的目录路径

(5)选择 Tomcat 的安装路径，这里设置为“C:\Program Files\Apache Software Foundation\Tomcat 9.0”，如图 3-6 所示。

(6)程序开始安装，直至安装完成，如图 3-7 所示。

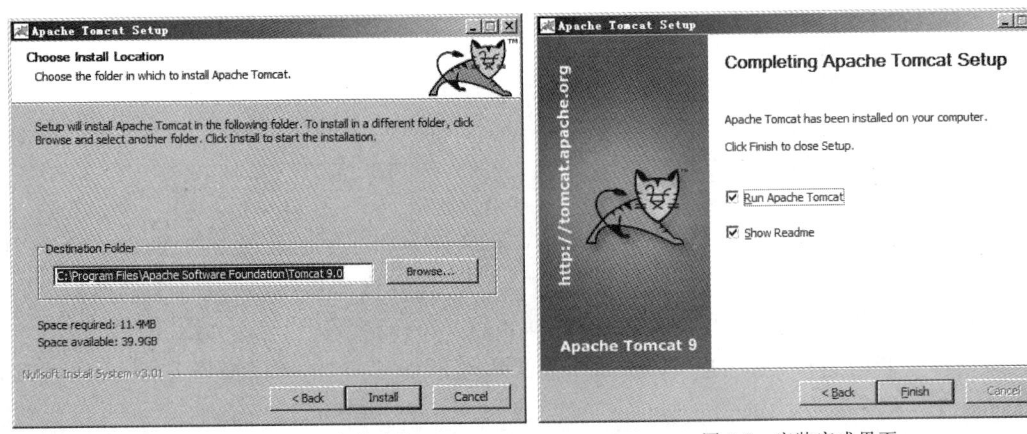

图 3-6 选择 Tomcat 的安装路径

图 3-7 安装完成界面

3. Tomcat 的目录

Tomcat 安装后主要包括以下目录：

/bin：主要存放 Windows 平台以及 Linux 平台上启动和关闭 Tomcat 的文件。

/conf:存放 Tomcat 服务器的各种配置文件,其中最重要的配置文件是 server. xml。

/logs:存放 Tomcat 的日志文件。

/webapps:当发布 Web 应用时,默认情况下把 Web 应用文件放于此文件下。

/works:Tomcat 把由 JSP 生成的 Servlet 放于此目录下。

3.1.3　Tomcat 的体系结构

1. 体系结构

Tomcat 服务器是由一系列可配置的组件构成的,其中核心组件是 Catalina Servlet 容器,它是所有其他 Tomcat 组件的顶层容器。Tomcat 各组件之间的层次结构如图 3-8 所示。

Tomcat 等应用服务器的起源、发展和主要应用

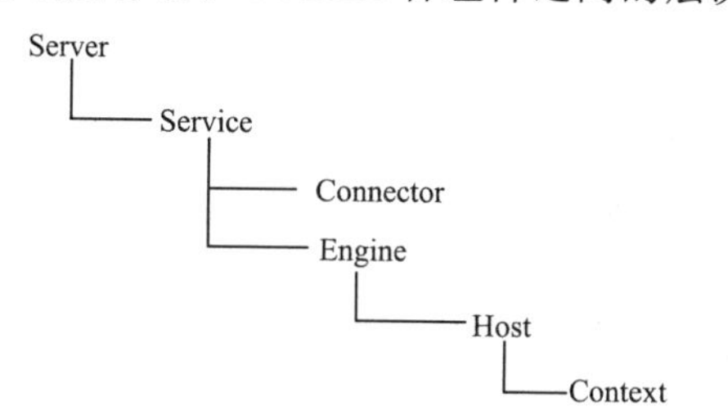

图 3-8　Tomcat 各组件之间的层次结构

Tomcat 各个组件之间的嵌套关系如图 3-9 所示。

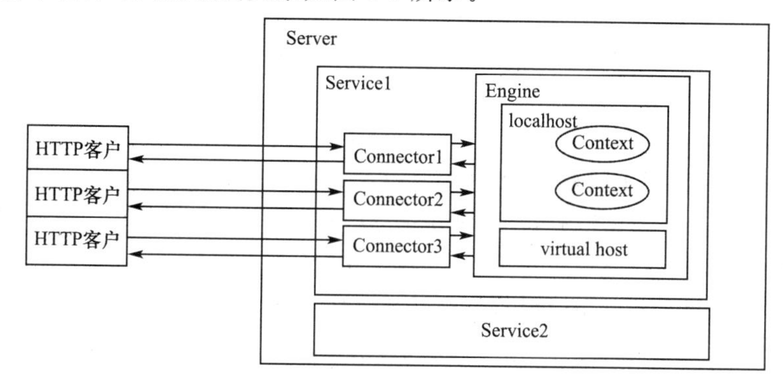

图 3-9　Tomcat 各个组件之间的嵌套关系

在 Tomcat 中,提供了各组件的接口及其实现类,如果要替换 Tomcat 中的某个组件,只需要根据该组件的接口或类的说明,重写该组件,并进行配置即可。

2. server. xml 配置文件

Tomcat 的默认端口号是 8080,如果服务器上有程序已经占用了此端口号,Tomcat 则无法启动,此时就需要修改在 conf 目录下的 server. xml 文件。server. xml 是 Tomcat 最重要的配置文件,在其中对 Tomcat 中的各个组件进行配置,打开 server. xml 文件,就可以看到元素名和元素之间的嵌套关系,与 Tomcat 服务器的组件是一一对应的,server. xml 文件的根元素就是<server>,server. xml 配置文件的结构如下:

```
<server>
    <service>
        <connector/>
        <engine>
            <host>
```

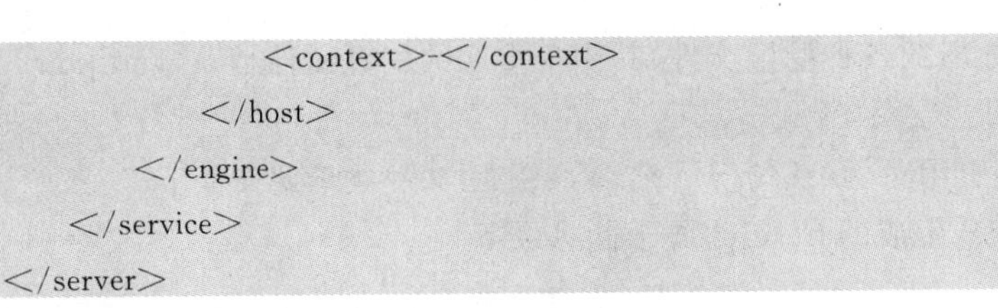

```
                <context>-</context>
            </host>
        </engine>
    </service>
</server>
```

server.xml 中常用元素及配置如下：

(1)<Server>元素

它代表整个容器，是 Tomcat 实例的顶层元素，它包含一个<Service>元素，并且它不能作为任何元素的子元素。其设置如下：

```
<Server port="8005" shutdown="SHUTDOWN" debug="0">
```

- port：指定 Tomcat 监听 shutdown 命令端口。终止服务器运行时，必须在 Tomcat 服务器所在的机器上发出 shutdown 命令。该属性是必需的。
- shutdown：指定终止 Tomcat 服务器运行时，发给 Tomcat 服务器的 shutdown 监听端口的字符串。该属性必须设置。
- debug：指定日志的级别。

(2)<Host>元素

它由 Host 接口定义。一个 Engine 元素可以包含多个<Host>元素。每个<Host>元素定义了一个虚拟主机。它包含了一个或多个 Web 应用。其设置如下：

```
<Host name="localhost" debug="0" appBase="webapps" unpackWARs="true" autoDeploy="true">
```

- name：定义虚拟主机的名字。
- debug：指定日志的级别。
- appBase：指定虚拟主机的目录，可以指定绝对目录，也可以指定相对于<CATALINA_HOME>的相对目录。如果没有此项，默认为<CATALINA_HOME>/webapps。
- unpackWARs：如果此项设置为 true，表示把 Web 应用的 WAR 文件先展开为开放目录结构后再运行。如果设为 false，将直接运行 WAR 文件。
- autoDeploy：如果此项设为 true，表示 Tomcat 服务处于运行状态时，能够监测 appBase 下的文件，如果有新的 Web 应用加入进来，会自动发布这个 Web 应用。

在<Host>元素中可以包含如下子元素：<Logger>、<Realm>、<Value>和<Context>。

(3)<Connector>元素

<Connector>元素代表与客户程序实际交互的组件，它负责接收客户请求，以及向客户返回响应结果。其设置如下：

```
<Connector port="8080" maxThreads="50" minSpareThreads="25" maxSpareThreads="75"
enableLookups="false" redirectPort="8443" acceptCount="100" debug="0"
connectionTimeout="20000" disableUploadTimeout="true"/>
```

- port：设定 TCP/IP 端口，默认值为 8080，如果把 8080 改成 80，则只要输入 http://localhost 即可，因为 TCP/IP 的默认端口是 80。
- maxThreads：设定在监听端口的线程的最大数目，这个值也决定了服务器可以同时响应客户请求的最大数目。
- enableLookups：如果设为 true，表示支持域名解析，可以把 IP 地址解析为主机名。
- redirectPort：指定转发端口。

• acceptCount：设定在监听端口队列的最大客户请求数量，默认值为 10。如果队列已满，客户必须等待。

• connectionTimeout：定义建立客户连接超时的时间。如果为－1，表示不限制建立客户连接的时间。

3.1.4　Tomcat 的管理程序

Tomcat 提供了一个管理程序 manager，用于管理部署到 Tomcat 服务器中的 Web 应用程序。manager Web 应用程序包含在 Tomcat 的安装包中。要访问 manager Web 应用程序，需要使用在安装 Tomcat 时设置的用户名和密码，也可以编辑%CATALINA_HOME%\conf\tomcat-users. xml 文件，在＜tomcat-users＞元素中设置用户名和密码。

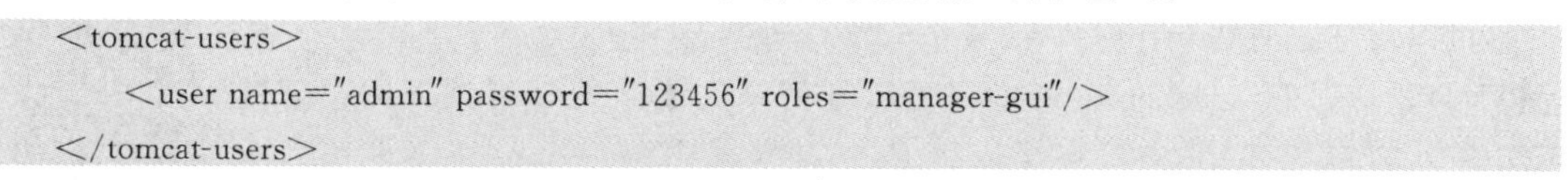

```
<tomcat-users>
    <user name="admin" password="123456" roles="manager-gui"/>
</tomcat-users>
```

1. 启动 Tomcat 服务器，打开浏览器，在地址栏中输入“http://localhost:8080/”。

2. 单击“Manager App”链接访问 manager Web 应用，将看到如图 3-10 所示界面。

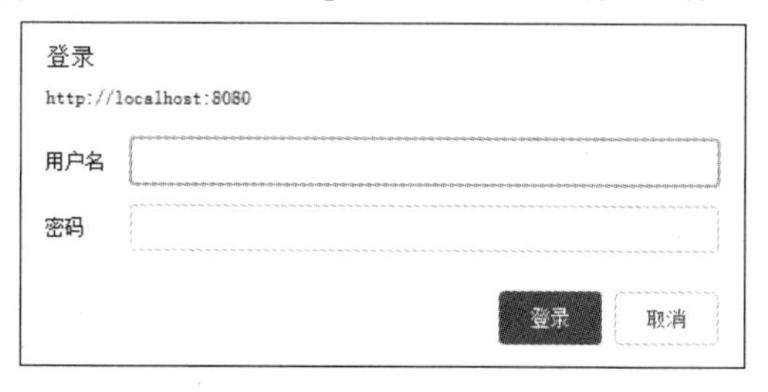

图 3-10　manager Web 应用程序的登录界面

3. 输入用户名“admin”，密码“123456”，单击【确定】按钮，将看到如图 3-11 所示页面。

4. 在这个 manager 页面中，可以部署、启动、停止、重新加载或卸载 Web 应用程序。

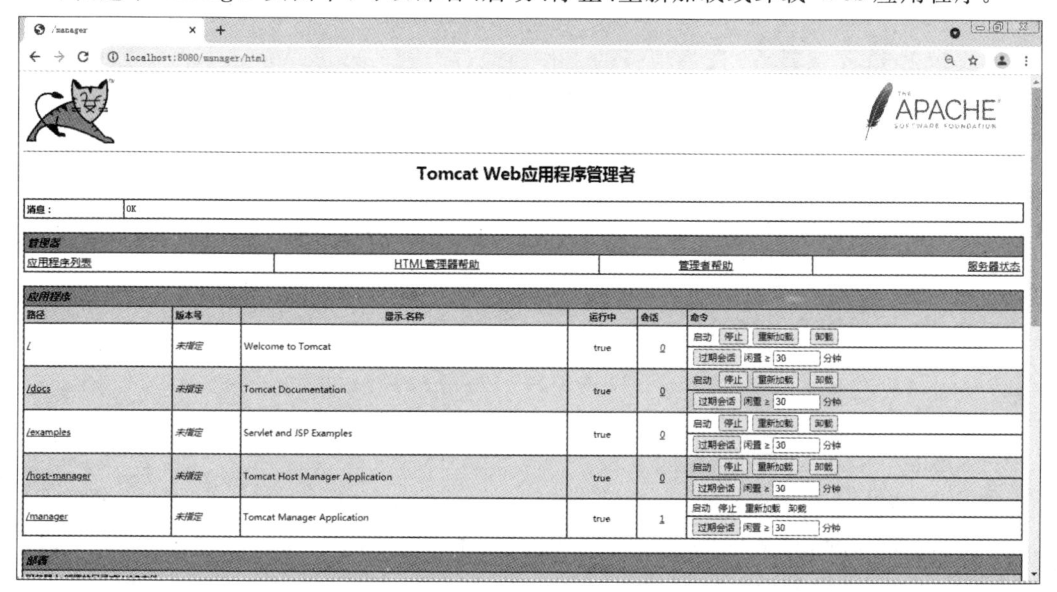

图 3-11　manager Web 主页面

3.1.5 Eclipse 的安装与配置

1. Eclipse 介绍

Eclipse 是一个开放源代码、基于 Java 的可扩展开发平台，该平台为编程人员提供了 Java 集成开发环境，由 IBM 公司于 2001 年首次推出，现在它由非营利软件供应商联盟 Eclipse 基金会(Eclipse Foundation)管理。2003 年，Eclipse 3.0 选择 OSGi 服务平台规范为运行时架构。2007 年 6 月，其稳定版 3.3 发布。2008 年 6 月，发布代号为 Ganymede 的 3.4 版。Eclipse 的本身只是一个框架平台，但是众多插件的支持使得 Eclipse 拥有其他功能相对固定的 IDE 软件很难具有的灵活性。许多软件开发商以 Eclipse 为框架开发自己的 IDE，作为一套开源工具，可用于构建 Web Services、Java EE 等各种类型的应用。

可以从官方网站 https://www.eclipse.org/downloads/下载 Eclipse 安装程序，只要遵守 Eclipse 的公共许可协议，任何个人或组织都可到该网站下载 Eclipse。Eclipse 不用安装，直接运行 Eclipse 目录下的 eclipse.exe 就可以运行，本教材使用常用的 Eclipse2019-12 版本。

Eclipse 的安装

(1)双击 Eclipse 目录下的 eclipse.exe，出现如图 3-12 所示的界面。

图 3-12 Eclipse 启动界面

(2)出现 Eclipse 启动框，选择项目的工作目录，单击【Launch】按钮会进入 Eclipse 主界面，如图 3-13 所示。

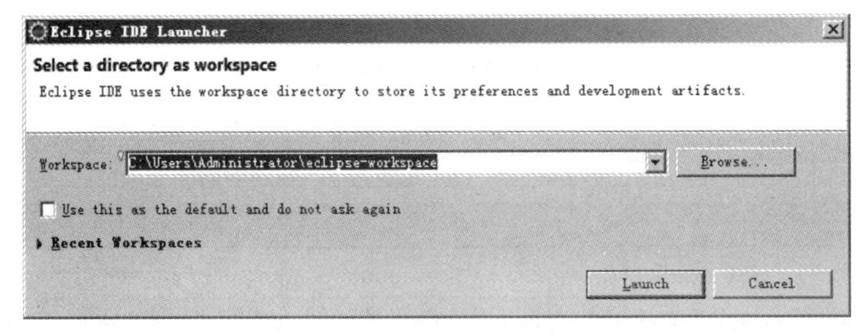

图 3-13 选择工作区路径页面

2. Eclipse 中 Tomcat 服务器配置

Eclipse 的配置

下面以前面安装的 Tomcat 9.0 为例讲解 Eclipse 中服务器的配置。在 Eclipse 的菜单栏上单击“Windows”，选择“Preference”，如图 3-14 所示，在随后出现的 Eclipse 设置界面中，选择 Servers 下的 Runtime Environment，会出现如图 3-15 所示的界面，然后单击【Add】按钮，在出现的如图 3-16 所示的界面中选择“Apache Tomcat v9.0”，然后单击【Next】按钮，选择已安装的 Tomcat 9.0 的主目录，即可完成配置，如图 3-17 所示。

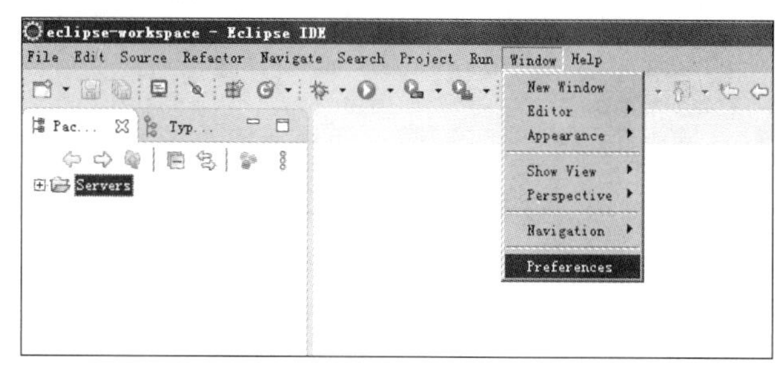

图 3-14　Preference 选项页面

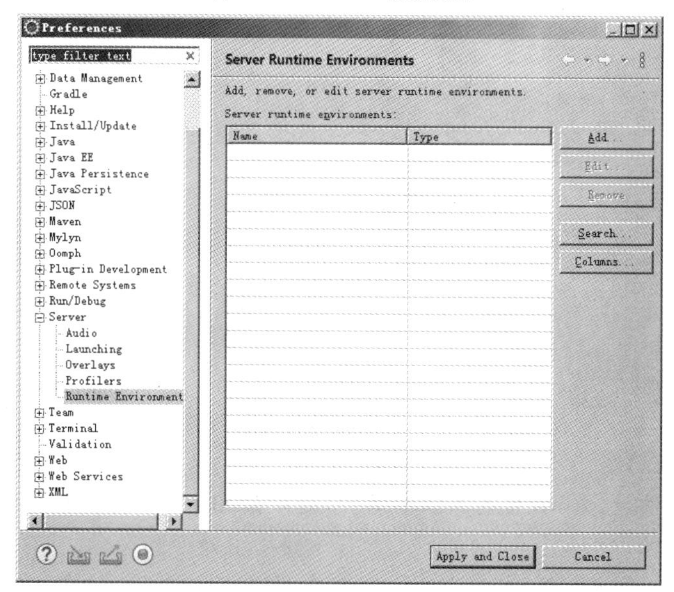

图 3-15　添加 Tomcat 页面

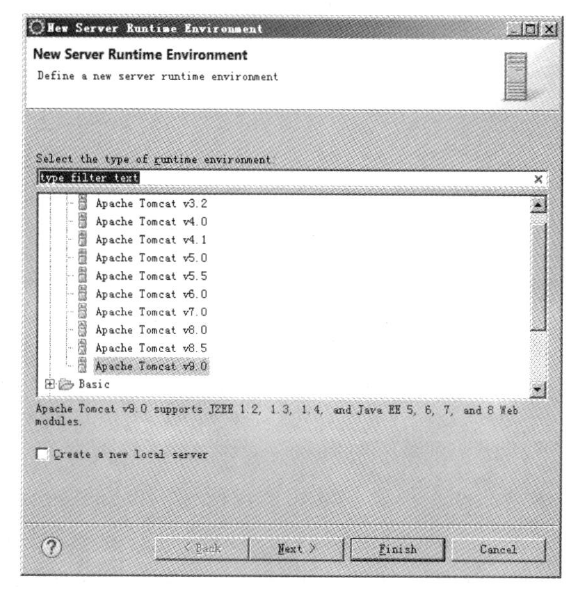

图 3-16　选择 Tomcat 版本页面

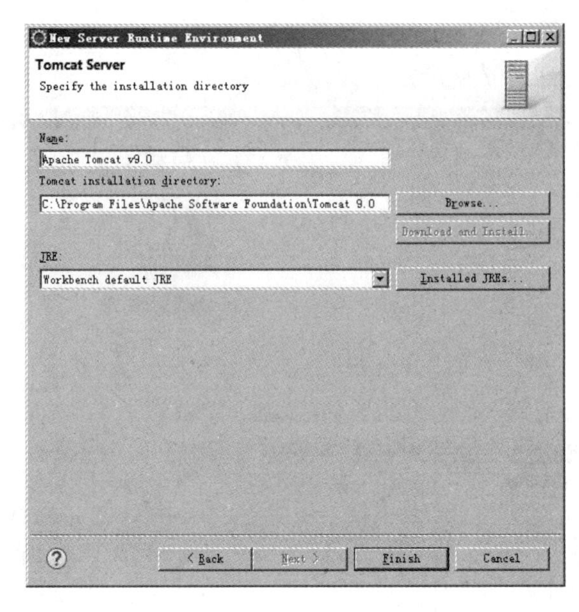

图 3-17 选择 Tomcat 安装目录页面

3.2 Servlet 介绍

3.2.1 Servlet 概述

Servlet 即 Java 服务小程序，是使用应用程序设计接口以及相关类和方法的 Java 程序。它可以作为一种插件，嵌入 Web 服务器中运行，提供诸如 HTTP、FTP 等协议服务甚至用户自己定制的协议服务。Servlet 在服务器上运行主要用于处理和客户之间的通信，当客户端传来一个 HTTP 请求时，通过调用 Servlet 方法来向客户端发送一个响应。Servlet 早于 JSP 技术，是 JSP 技术的基础。Servlet 与客户端的交互如图 3-18 所示。

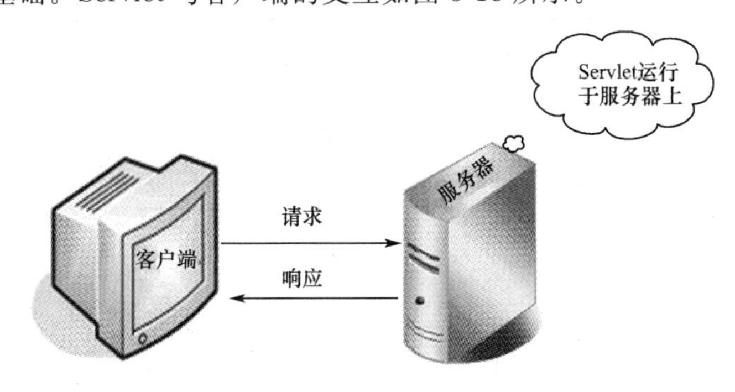

图 3-18 Servlet 与客户端的交互

Servlet 在本质上就是 Java 类，编写 Servlet 需要遵循 Java 的基本语法，而且必须遵循特殊的规范，使用 Servlet 几乎可以处理 HTTP 协议各个方面的内容。

Servlet 技术与其他的动态网页编程技术相比，有很多自己的特点。

1. Servlet 程序在加载执行之后，它的实例在一段时间内会一直驻留在服务器的内存中，若有请求，服务器会直接调用 Servlet 实例来服务。并且当多个客户请求一个 Servlet 时，服务器会为每个请求启动一个线程来处理，所以效率高。

2. Servlet 有强类型检查功能，并且利用 Java 的垃圾回收机制避免内存管理上的问题。另外，Servlet 能够安全地处理各种错误，不会因为发生程序上的逻辑错误而导致整体服务器系统的崩溃。

3. Servlet 可以转送请求给其他的服务器和 Servlet。

4. Servlet 可以使用 Java API 核心的所有功能，这些功能包括 Web 和 URL 访问、图像处理、数据压缩、多线程、JDBC、RMI 和序列化对象等。

Java Web 入门程序的编写

3.2.2　基于 Servlet 的 Java Web 应用程序体验

下面将使用 Eclipse，完成第一个基于 Servlet 的 Java Web 应用程序开发，步骤如下：

(1)打开 Eclipse，依次执行【File】|【New】|【Project】|【Web】|【Dynamic Web Project】命令项。弹出如图 3-19 所示的新建项目界面，在此可以设置要创建的项目名等信息，输入项目名"ServletDemo"，"Target runtime"选择"Apache Tomcat v9.0"，其他选项一般在这里选择默认值，单击【Finish】按钮完成相关配置。

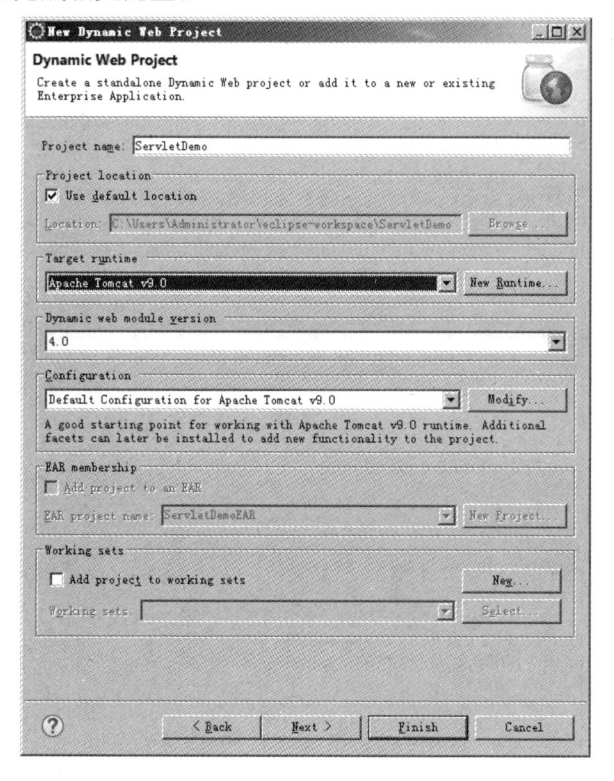

图 3-19　新建项目界面

(2)在新建的项目中的 src 目录上右击，选择【New】|【Servlet】，如图 3-20 所示，会弹出如图 3-21 所示的新建 Servlet 类选项页界面，在此可以设置类名、类所在的包及类中的方法。

(3)单击【Finish】按钮完成相关配置。

(4)在 HelloServlet.java 中改写 doGet 和 doPost 方法，完整的代码如下所示：

例程 3-2　HelloServlet.java

```
package org.servlet;
import java.io.*;
import javax.servlet.*
```

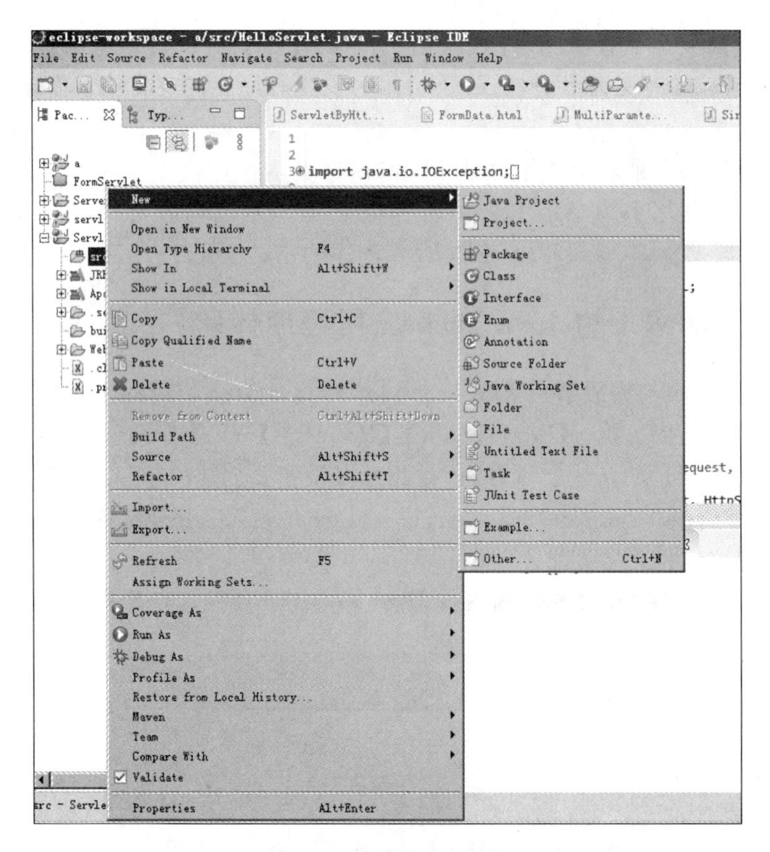

图 3-20 新建 Servlet 页面

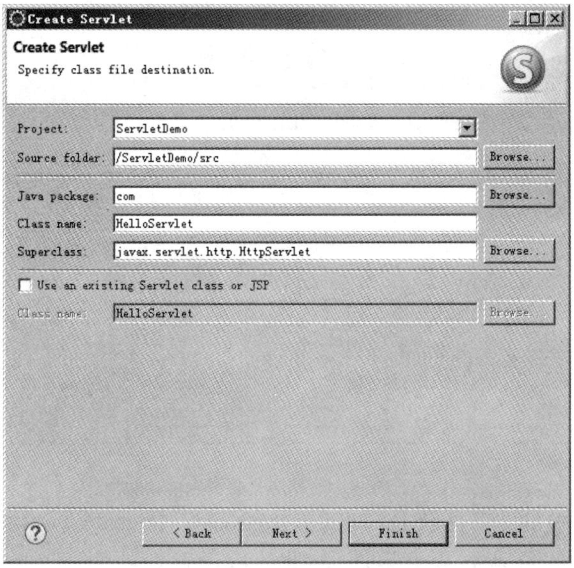

Create Servlet

Create Servlet

Specify class file destination.

Project: ServletDemo

Source folder: /ServletDemo/src Browse...

Java package: com Browse...

Class name: HelloServlet

Superclass: javax.servlet.http.HttpServlet Browse...

Use an existing Servlet class or JSP

Class name: HelloServlet Browse...

< Back Next > Finish Cancel

图 3-21 Servlet 类选项页界面

```
import javax. servlet. http. * ;
@WebServlet("/HelloServlet")
public class HelloServlet extends HttpServlet {
    public HelloServlet() {
        super();
```

```
    }
    public void destroy() {
        super.destroy(); // Just puts "destroy" string in log
    }
    public void doGet ( HttpServletRequest request, HttpServletResponse response ) throws
ServletException, IOException {
        response.getWriter().println("Hello Servlet");
    }
    public void doPost ( HttpServletRequest request, HttpServletResponse response ) throws
ServletException, IOException {
        doGet(request, response);
    }
    public void init() throws ServletException {
    }
}
```

(5)在"Server"上单击【Add and Remove】命令项，弹出如图 3-22 所示的项目部署选项界面。

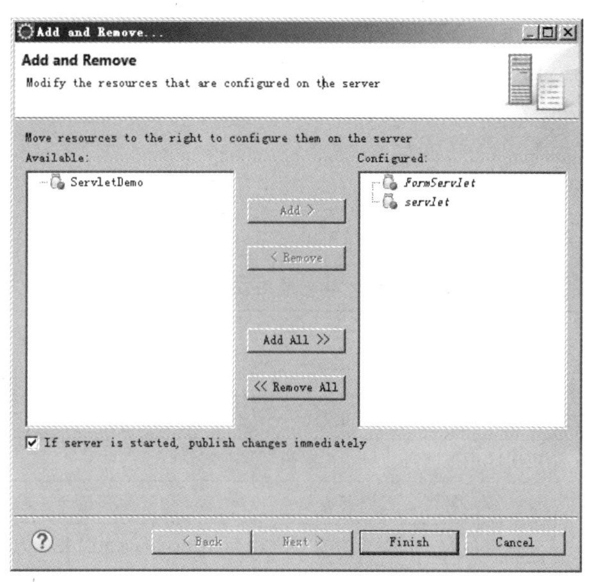

图 3-22 项目部署页面

(6)单击【Add】按钮，在弹出的对话框中选择服务器，单击【Finish】发布完成。

(7)在工具栏上单击【Run】图标，执行 Start 命令即可启动 Tomcat，如图 3-23 所示。

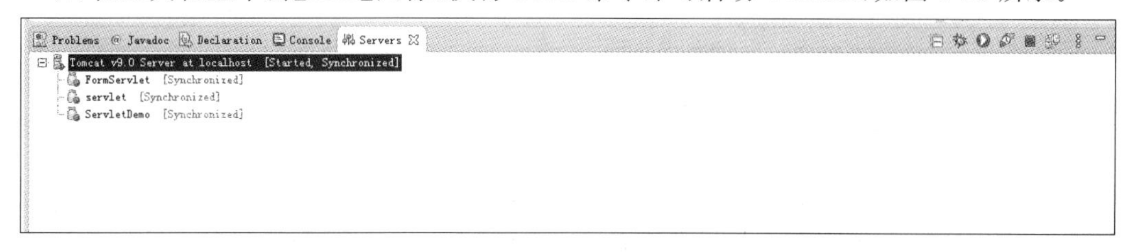

图 3-23 Tomcat 服务器启动

(8)打开 IE 浏览器，在地址栏中输入 http://localhost:8080/ServletDemo/HelloServlet,

页面上将显示如图 3-24 的内容。

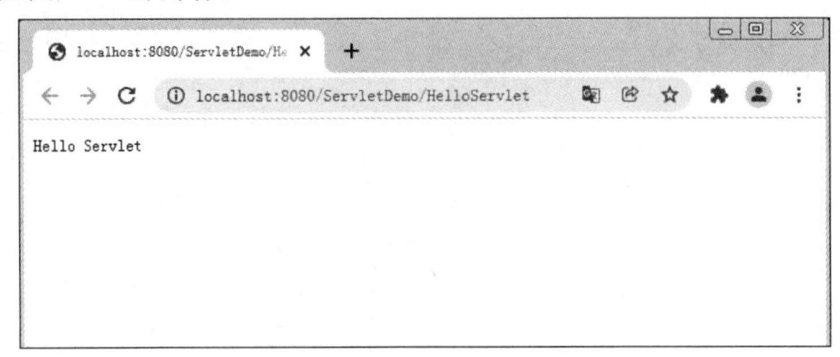

图 3-24　内容显示页面

3.2.3　web.xml 配置

web.xml 是 Web 应用的配置文件，是 Web 应用发布描述文件，是在 Servlet 规范中定义的。

(1)web.xml 文件内容

```
<?xml version="1.0" encoding="UTF-8"?>
<!DOCTYPE web-app PUBLIC "-//Sun Microsystems, Inc.//DTD Web Application 2.3//EN"
"http://java.sun.com/dtd/web-app_2_3.dtd">
<web-app>
</web-app>
```

web.xml 文件中的开头几行是固定的，它定义了该文件的字符编码、XML 的版本以及引用的 DTD 文件。web.xml 常用元素见表 3-1。

表 3-1　web.xml 常用元素

元素	描述
<display-name>	定义了 Web 应用的名字
<description>	声明 Web 应用的描述信息
<context-param>	声明应用范围内的初始化参数
<filter>	过滤器元素将名字与实现 javax.servlet.Filter 接口的类关联
<filter-mapping>	一旦命名了一个过滤器，就要利用 filter-mapping 元素把它与一个或多个 Servlet 或 JSP 页面相关联
<welcome-file-list>	指示服务器在收到引用一个目录名而不是文件名的 URL 时使用哪个文件。例如，通过配置指定当访问一个目录时打开 index.jsp 文件
<error-page>	在返回特定 HTTP 状态代码时，或者特定类型的异常被抛出时，能够指定将要显示的页面

3.2.4　Servlet 运行机制

Servlet 容器在 HTTP 通信和 Web 服务器平台之间实现了一个抽象层。Servlet 容器负责把请求传递给 Servlet，并把结果返回给客户。在使用 Servlet 的过程中，并发访问的问题由 Servlet 容器处理，当多个用户请求同一个 Servlet 的时候，Servlet 容器负责为每个用户启动一个线程，这些线程的运行和销毁由 Servlet 容器负责，而在传统的 CGI 程序中，是为每一个用户启动一个进程，因此 Servlet 的运行效率就要比 CGI 的高出很多。工作过程如图 3-25 所示。

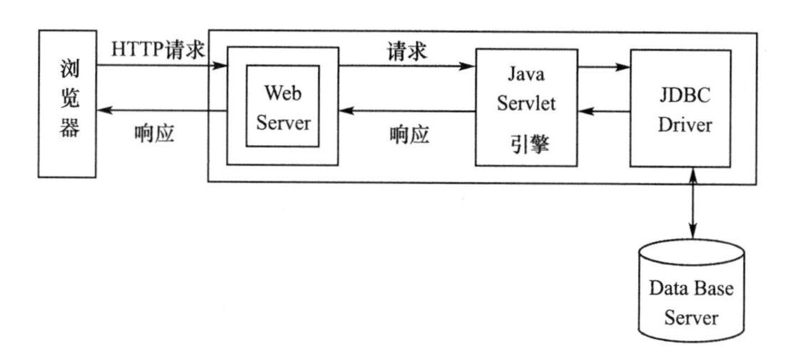

图 3-25　Servlet 工作过程

1. 浏览器向 Web 服务器发出请求。例如，使用浏览器按照 HTTP 协议键入一个 URL 地址，向 Web 服务器提出请求。

2. Web 服务器收到请求后，把发给 Servlet 的请求转交给 Servlet 引擎处理。

3. 接收到访问某个 Servlet 的 HTTP 请求之后，Servlet 引擎首先检查是否已经装载并创建了该 Servlet 的实例对象。如果没有创建，将装载并创建 Servlet 的一个实例对象，调用 Servlet 实例对象的 init()方法，以便执行 Servlet 的一些初始化工作。

4. Servlet 引擎将创建一个用于封装 HTTP 请求消息的 HttpServletRequest 对象和一个代表 HTTP 响应消息的 HttpServletResponse 对象，然后调用 Servlet 的 Service 方法并将请求和响应对象作为参数传递进去。如果 Servlet 中含有访问数据库的操作，则还要通过相关的 JDBC 驱动程序，与数据库相连，对数据库进行访问。

5. Web 服务器将页面发送回浏览器。最后 Servlet 将动态生成的标准 HTML 页面送给客户端浏览器。

在一个 Web 应用程序被停止或重新启动之前，Servlet 引擎将卸载其中运行的 Servlet，在卸载 Servlet 之前，Servlet 引擎将调用 Servlet 的 destroy()方法，以便在这个方法中执行 Servlet 的清尾工作，如释放一些被该 Servlet 占用的资源。Servlet 引擎卸载某个 Servlet 以后，该 Servlet 实例对象变成垃圾，等待 Java 虚拟机的垃圾收集器将其彻底从内存中清除。

3.3　JSP 介绍

3.3.1　JSP 概述

JSP(Java Server Pages)是基于 Java 语言的动态网页技术。由于基于 Java 技术，用 JSP 开发的 Web 应用是跨平台的，既能在 Windows 下运行，也能在其他操作系统上运行。JSP 技术在传统的 HTML 文件中插入 Java 程序段和 JSP 标签，从而形成 JSP 文件(*.jsp)。一个 JSP 文件可以包含 HTML 标记、JavaScript 代码、Java 代码和 JSP 标签等。

JSP 页面的构成如图 3-26 所示。

微课

基于 JSP 的 Java Web 应用程序体验

3.3.2　基于 JSP 的 Java Web 应用程序体验

下面将使用 Eclipse，完成一个基于 JSP 的 Java Web 应用程序开发，

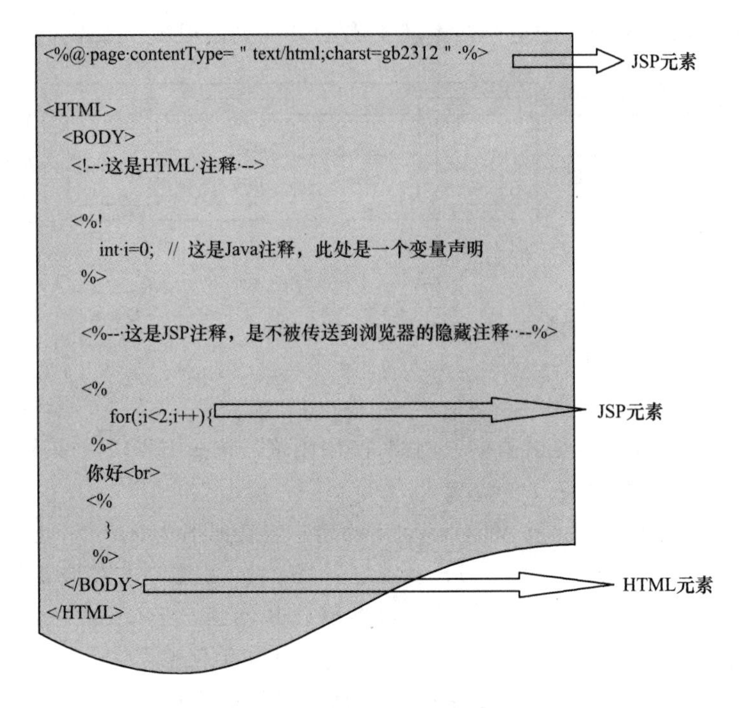

图 3-26 JSP页面的构成

具体步骤如下：

1. 打开Eclipse，在上节所建的项目ServletDemo的WebContent文件夹上右击，依次单击【New】|【JSP File】命令项。弹出如图3-27所示的新建JSP选项界面。写上JSP文件的名字“JspDemo. jsp”，单击【Finish】。

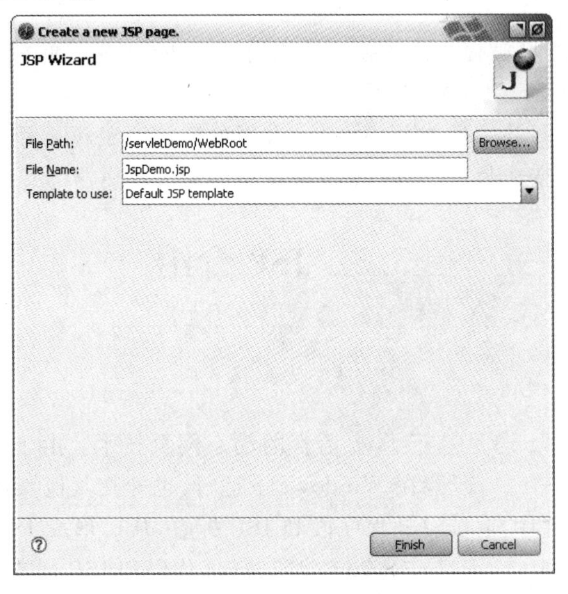

图 3-27 新建JSP选项界面

2. 对JspDemo. jsp进行改写，如下所示：

```
<%@ page language="java" contentType="text/html; charset=gbk" %>
<! DOCTYPE HTML PUBLIC "-//W3C//DTD HTML 4.01 Transitional//EN">
<html>
```

```
<head><title>JspDemo</title></head>
<body>
神舟十二号载人飞船发射圆满成功
</body>
</html>
```

3. 因为刚才对项目已经进行了部署，第一次访问这个网页时，网站服务器会将 JSP 翻译成 Servlet 代码，打开 IE 浏览器在地址栏中输入 http://localhost: 8080/ServletDemo/JspDemo.jsp，如图 3-28 所示。

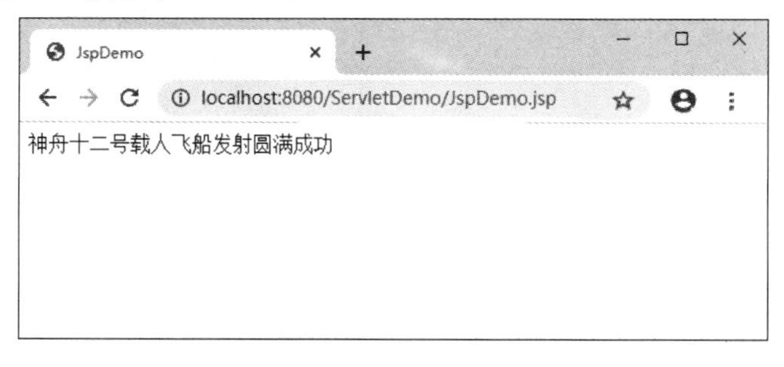

图 3-28　JSP 执行页面

3.4　JSP 与 Servlet

3.4.1　Java Web 应用程序介绍

一个 Java Web 应用程序是由一组 Servlet、JSP 页面、HTML 页面、Java 类，以及其他的资源组成的运行在 Web 服务器上的应用程序。Java Web 应用程序以一种结构化的有层次的目录形式存在。组成 Web 应用程序的这些资源文件要部署在相应的目录层次中，根目录代表了整个 Web 应用程序的根。通常将 Web 应用程序的目录放到%CATALINA_HOME%\webapps 目录下，在 webapps 目录下的每一个子目录都是一个独立的 Web 应用程序，子目录的名字就是 Web 应用程序的名字，见表 3-2。

表 3-2　Web 应用程序的目录层次结构

目　录	描　述
\ProjectName	Web 应用程序的根目录，属于此应用程序的所有文件都存放在这个目录下
\ProjectName\WEB-INF\	放置 JSP 文件，静态网页 html、htm 等
\ProjectName\WEB-INF\classes	放置 Servlet 和其他有用的类文件
\ProjectName\WEB-INF\lib	放置 Web 应用程序需要用到的 JAR 文件，这些 JAR 文件中可以包含 Servlet、Bean 和其他有用的类文件
\ProjectName\WEB-INF\web. xml	web. xml 文件包含 Web 应用程序的配置

前面在 Eclipse 中将 Java Web 应用项目 ServletDemo 发布到 Tomcat 服务器的过程，就是将项目的目录和文件按照上表的层次结构复制到 Tomcat 安装目录下的 webapps 目录中。

3.4.2　JSP 与 Servlet 的关系

JSP 和 Servlet 都是动态的 Web 技术，JSP 以 Servlet 为基础开发，它被翻译成 Servlet 再

执行，所以在底层运行机制上和 Servlet 有共同之处。

JSP 执行过程如图 3-29 所示。

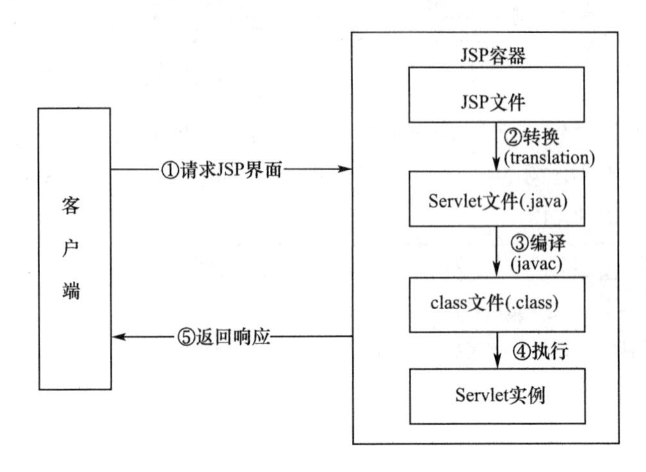

图 3-29 JSP 执行过程

1. Web 服务器(Tomcat 等)接收到用户的第一个 JSP 页面请求时，会将请求交给其内部组件 JSP 容器进行处理。JSP 容器将这个 JSP 页面转换为 Java 源代码(Servlet 类)，在转换过程中，如果发现 JSP 文件有任何的语法错误，转换过程将终止，并向服务器和客户端输出错误信息。

2. 然后 JSP 容器用 javac 编译 Java 源代码生成 class 文件，如前面例子中的 JspDemo.jsp 文件就被转换成了 JspDemo_jsp.java，并被编译为 JspDemo_jsp.class 放在了 Tomcat 安装目录下 work\Catalina\localhost\ServletDemo\org\apache\jsp 目录中。

3. 接着 JSP 容器加载 class 文件并从此创建一个新的 Servlet 对象进行实例化。

4. 然后调用 jspService()方法来处理客户端的请求。

5. 容器创建一个响应文档，将文档发送给用户，若干时间后，用户再次访问这个 JSP 时，容器会再次创建一个响应文档，直到容器卸载了这个 class 文件。

6. 当用户卸载了这个 class 文件后，再次访问时，JSP 容器并不重新转换和编译这个 JSP 文件，而是对它进行重新初始化，并创建一个响应文档，返回给客户端。

7. 如果 JSP 文件被修改了，服务器将根据设置决定是否对该文件重新编译，如果需要重新编译，则将编译结果取代内存中的 Servlet，并继续上述处理过程。

对每一个请求，JSP 容器创建一个新的线程来处理该请求。如果有多个客户端同时请求该 JSP 文件，则 JSP 容器会创建多个线程。当第一次加载 JSP 页面时，因为要将 JSP 文件转换为 Servlet 类，所以响应速度较慢。当再次请求时，JSP 容器就会直接执行第一次请求时产生的 Servlet，而不会再重新转换 JSP 文件，所以其执行速度和 Servlet 执行速度几乎相同。

虽然 JSP 最终会转换成 Servlet 进行执行，但作为不同的 Java Web 应用开发技术，它们有以下区别：

1. 编程方式不同

JSP 是为了解决 Servlet 中的编程相对困难而开发的技术，因此 JSP 在程序的编写方面比 Servlet 要容易。Servlet 严格遵循 Java 语言的编程标准，而 JSP 则遵循脚本语言的标准。JSP 是由 Servlet 技术发展起来的，具备 Servlet 的功能，但在将生成的内容与显示分离上比 Servlet 优化，更简单易用。

2. Servlet 必须在编译以后才能执行

JSP并不需要另外进行编译，JSP容器会自动完成这一工作，而Servlet在每次修改代码之后都需要编译完才能执行。

3. 运行速度不同

由于JSP容器将JSP程序编译成Servlet的时候需要一些时间，故JSP的运行速度比Servlet要慢一些。不过，如果JSP文件能毫无变化地重复使用，它在第一次以后的调用中运行速度就会和Servlet一样了，这是因为JSP容器接到请求以后会确认传递过来的JSP是否有改动，如果没有改动的话，将直接调用JSP编译过的Servlet类，并提供给客户端解释执行，如果JSP文件有所改变，JSP容器将重新将它编译成Servlet，然后再提交给客户端。

4. 应用范围不同

JSP可以同时负责Web应用的显示任务和业务逻辑，而Servlet主要用于处理后台应用。

下面的JSP代码和例程3-2中Servlet实现了相同的显示效果，但JSP的代码比Servlet简洁清晰。

例程 3-3 HelloServlet. jsp

```
<%@ page import="java. util. *" pageEncoding="ISO-8859-1"%>
<! DOCTYPE HTML PUBLIC "-//W3C//DTD HTML 4.01 Transitional//EN">
<html>
<head>
<title>Hello Servlet</title>
</head>
<body>
<% out. print("Hello Servlet"); %>
</body>
</html>
```

在开发Java Web应用实践中，主要是综合应用这两种技术从而实现这两种技术的优势互补。

常见问题释疑

1. 当一个JSP文件被编译时，会被转换为什么文件？（　　）

A. Applet

B. Servlet

C. Application

D. Mailet

答案：B

解释：Web容器（Tomcat等）接收到用户的第一个JSP页面请求时，JSP引擎将这个JSP页面转换为Servlet类。

2. 关于Servlet配置信息描述符，下列哪一项是正确的描述？（　　）

A. Servlet配置信息描述符要按照规定的顺序书写

B. Servlet配置信息描述符区分大小写

C. 如果servlet-mapping元素被定义，必须包含在Servlet元素中

D. web-app元素必须包含在Servlet元素中

答案：A

解释：Servlet 规范指定了配置信息描述符的规范，其中的元素是区分大小写的，所以 B 不正确。元素 servlet-mapping 并不是一定要被包括在 Servlet 元素之内，所以 C 也不正确。所有的元素在 web-app 内都是可选的，所以 D 不正确。

3. 通过下列哪一个元素可以为 Servlet 类和 Servlet 实例建立关联？（　　）

A. <class>

B. <webapp>

C. <servlet>

D. <codebase>

E. <servlet-class>

F. <servlet-mapping>

答案：E

解释：通过<servlet-class>元素可以为 Servlet 类和 Servlet 实例建立关联。

4. 下面哪些是标准的 Web 应用程序部署的描述？（　　）

A. Session 配置

B. MIME 类型映射

C. Web 容器的默认端口的绑定

D. ServletContext 的初始化参数

答案：A、B、D

解释：Session 配置，MIME 类型映射和 ServletContext 的初始化参数都是标准的 Web 应用程序部署的描述符，Web 容器的默认端口的绑定在 web. xml 文件中进行配置。

5. Web 应用的配置文件名和所在的路径是什么？（　　）

A. \doc-root\web. xml

B. \doc-root\WEB_INF\dd. xml

C. \doc-root\WEB_INF\web. xml

D. \doc-root\WEB-INF\lib\web. xml

答案：C

解释：Web 应用的配置文件名应该为 web. xml，而且要放在名为 WEB_INF 的目录下。

情境案例提示

本书中的项目案例——生产性企业招聘管理系统，需要搭建的软件开发环境如下：

1. 操作系统：Windows 10；

2. 数据库：MySQL 8. 0；

3. Web 服务器：Tomcat 9. 0；

4. IDE：Eclipse 2019-12；

5. JDK：JDK 10. 0。

任务小结

Java Web 应用的运行需要 JDK 和 Java Web 服务器的支持。JDK 是整个 Java 技术的核心，其中包括了 Java 运行环境、Java 工具和 Java 基础的类库，JDK 是其他 Java 开发工具的基础。Java Web 服务器负责接收用户请求，并调用部署在其上的 Java Web 应用进行处理。

本书使用的 Tomcat 是目前较流行的一种 Java Web 服务器，是 Java Web 应用的开发和调试一般使用的专业开发工具。Eclipse 是功能丰富的 Java EE 集成开发环境，包括了完备的编码、调试、测试和发布功能，其中集成了 JDK 和 Tomcat。

Servlet 与 JSP 是 Java Web 技术中的两项重要技术。Servlet 是使用应用程序设计接口以及相关类和方法的 Java 程序。它可以作为一种插件，提供诸如 HTTP、FTP 等协议服务甚至用户自己定制的协议服务，主要用于处理和客户之间的通信。JSP 是在传统的 HTML 文件中插入 Java 程序段和 JSP 标记形成 JSP 文件。JSP 是以 Servlet 为基础开发，它被翻译成 Servlet 再执行，所以在底层运行机制上和 Servlet 有共同之处。

在本任务首先需明确专业领域内工作岗位和工作内容的社会价值，自觉树立正确的技能观和远大职业理想。提高综合职业素养，做好本职工作。作为职业人，其专注、敬业、责任担当对完成好本职工作，进而促进软件行业整体的高水平、优质化发展具有重要意义。

实战演练

[实战 3-1]修改 Tomcat 的访问端口为 2022。

[实战 3-2]请编写一个 Servlet 程序和一个 JSP 程序，使两个程序在页面上显示“神舟十三号载人飞船发射圆满成功”。

知识拓展

Java Web 开发工具

Java Web 应用服务器是运行 Java 企业组件的平台，构成了应用软件的主要运行环境。除了 Tomcat 以外，当前主流的应用服务器还有 Oracle 公司的 WebLogic Server、IBM 公司的 Websphere 和 Red Hat 公司的 JBoss 等。下面就简要介绍下这几个 Java Web 应用服务器。

(1)Eclipse

Eclipse 是一个开放源代码的、基于 Java 的可扩展开发平台。就其本身而言，它只是一个框架和一组服务，用于通过插件组件构建开发环境。幸运的是，Eclipse 附带了一个标准的插件集，包括 Java 开发工具(Java Development Kit，JDK)。

(2)IntelliJ IDEA

IntelliJ IDEA 在业界被公认为是最好的 Java 开发工具之一，尤其在智能代码助手、代码自动提示、重构、J2EE 支持、各类版本工具(git、svn、github 等)、JUnit、CVS 整合、代码分析、创新的 GUI 设计等方面的功能可以说是超常的。

(3)MyEclipse

MyEclipse 是在 Eclipse 基础上加上自己的插件开发而成的功能强大的企业级集成开发环境，主要用于 Java、Java EE 以及移动应用的开发。MyEclipse 是功能丰富的 Java EE 集成开发环境，包括了完备的编码、调试、测试和发布功能，利用 MyEclipse 可以在数据库和 Java EE 的开发、发布，以及应用程序服务器的整合方面提高工作效率。

Java Web 开发工具的起源、发展和其不同的应用领域

任务4 Servlet应用

能力目标

1. 掌握 Form 数据的获取、Cookie 和 Session 的使用。
2. 理解请求和转发的区别。
3. 了解 Servlet 生命周期、HTTP 请求响应模型。

素质目标

1. 培养自主学习的习惯。
2. 培养知识迁移的能力。
3. 培养团队协作的能力。

HTTP 请求响应模型案例

4.1 HTTP 请求响应模型

当你在浏览器中输入某个网址后，浏览器就会呈现出这个网址对应的网页内容。在每天上网浏览网页重复这个过程的时候，你是否想过浏览器是怎样向 Web 服务器发出请求，而 Web 服务器接收到请求后是如何处理然后返回响应的？浏览器与 Web 服务器的通信过程是基于 HTTP 协议的，HTTP(Hyper Text Transfer Protocol)是超文本传输协议的缩写，采用的是请求/响应模型。分析 HTTP 请求响应模型的过程如下：

1. 连接至 Web 服务器

浏览器根据网址中的 Web 服务器主机名和端口号连接到 Web 服务器，例如：http://localhost:8080。

2. 发送 HTTP 请求

通过连接，客户端向 Web 服务器发送一个 HTTP 请求。一个请求由四个部分组成：请求行、请求报头、空行和请求数据。

上面 TCP/IP Monitor 监听到的 HTTP 请求如下：

```
GET /ServletDemo/HelloServlet HTTP/1.1
Accept: */*
Accept-Language: zh-cn
User-Agent: Mozilla/4.0(compatible; MSIE 8.0; Windows NT 5.1; Trident/4.0;.NET CLR 2.0.50727;.NET CLR 3.0.4506.2152;.NET CLR 3.5.30729)
Accept-Encoding: gzip, deflate
Host: localhost:8080
Connection: Keep-Alive
Cookie: JSESSIONID=23A45FD03A655170FBDA104064351831
```

(1)请求行:请求行由三个标记组成,分别为请求方法、请求 URI 和 HTTP 版本,它们用空格分隔。例如:GET /ServletDemo/HelloServlet HTTP/1.1。

HTTP 规范定义了 8 种可能的请求方法,常用的有以下几种,见表 4-1。

表 4-1 HTTP 请求方法

元素	说明
GET	检索 URI 中标识资源的一个简单请求
HEAD	与 GET 方法相同,服务器只返回状态行和头标,并不返回请求文档
POST	服务器接收被写入客户端输出流中的数据的请求

(2)请求报头:请求报头通知服务器有关客户端的功能和标识,见表 4-2。

表 4-2 请求报头

元素	说明
HOST	请求的服务器主机地址和端口号,如 localhost:8080
Accept	Accept:客户端可识别的 MIME 类型列表,如 */* 表示所有类型
User-Agent	用户代理,包含客户端软件的相关信息

(3)空行:最后一个请求报头之后是一个空行,发送回车符和退行,通知服务器不再有头标。

(4)请求数据:最常使用的是 Content-Type 和 Content-Length。

3. 服务器端接受请求并返回 HTTP 响应

Web 服务器解析请求,定位指定资源。一个响应由四个部分组成;状态行、响应报头、空行和响应数据。HTTP 请求如下:

```
HTTP/1.1 200 OK
Server: Apache-Coyote/1.1
Content-Type: text/html
Transfer-Encoding: chunked
Date: Thu, 19 Dec 2020 14:12:00 GMT
```

(1)状态行:状态行由三个元素组成:HTTP 版本、响应代码和响应描述,见表 4-3。

表 4-3 状态行

元素	说明
HTTP 版本	向客户端指明其可理解的最高版本
响应代码	指出请求的成功或失败,如果失败则指出原因
响应描述	为响应代码的可读性解释。例如:HTTP/1.1 200 OK

(2)响应报头:指出服务器的功能,标识出响应数据的细节,见表 4-4。

表 4-4 响应报头

元素	说明
Server	服务器类型信息,Apache-Coyote/1.1 表示 Tomcat 服务器
Content-Type	响应内容的类型,如 text/html 表示 HTML 文本文件
Date	响应的时间

(3)空行:最后一个响应报头标之后是一个空行,发送回车符和退行,表明服务器不再有头标。

(4)响应数据:HTML 文档和图像等,也就是 HTML 本身。内容如下:

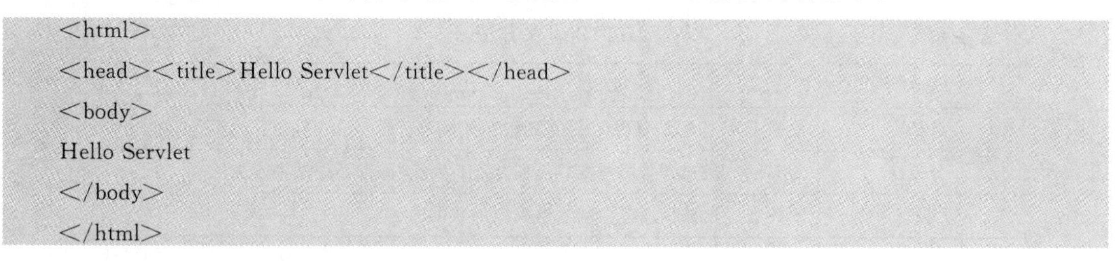

```
<html>
<head><title>Hello Servlet</title></head>
<body>
Hello Servlet
</body>
</html>
```

4. 服务器关闭连接,浏览器解析 HTTP 响应

(1)浏览器首先解析状态行,查看表明请求是否成功的状态代码。

(2)解析每一个响应报头,例如报头 Content-Type 告知以下为若干字节的 HTML。

(3)读取响应数据 HTML,根据 HTML 的语法和语义对其进行格式化,并在浏览器窗口中显示它。

(4)一个 HTML 文档可能包含其他需要被载入的资源引用,浏览器识别这些引用,对其他的资源再进行额外的请求,此过程循环多次。

微课

注解的运用

4.2　Servlet 实现

基于 HTTP 的请求响应模型,Servlet 容器在 HTTP 通信和 Web 服务器平台之间实现了一个抽象层。Servlet 容器负责把请求传递给 Servlet,并把结果响应返回给客户。而 JSP 则是以 Servlet 为基础开发,它被翻译成 Servlet 再执行。Servlet 与 JSP 在 B/S 模型上运行,如图 4-1 所示。

其中 Servlet API 提供了大量的类和接口,熟悉 Servlet API 常用的类和接口是深入掌握和运用 Servlet 技术的基础。下面结合实例对 Servlet API 中常用的类和接口进行介绍。

Servlet 实现用到的相关类和接口有 javax. servlet、javax. servlet. GenericServlet 和 javax. servlet. http. HttpServlet,它们之间的关系如图 4-2 所示。

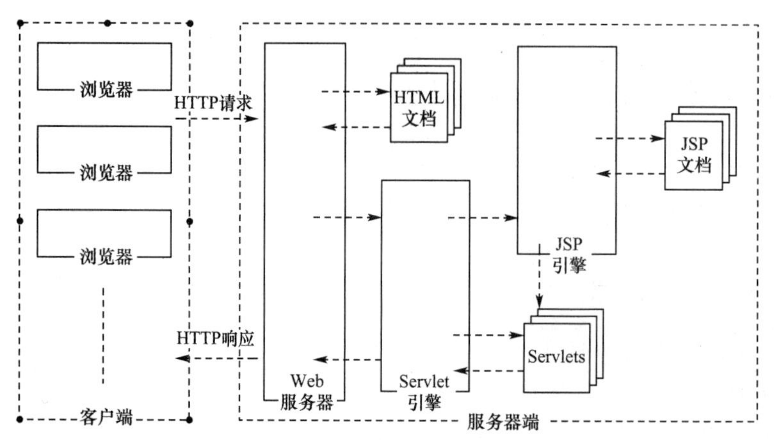

图 4-1　Servlet 与 JSP 在 B/S 模型上的运行

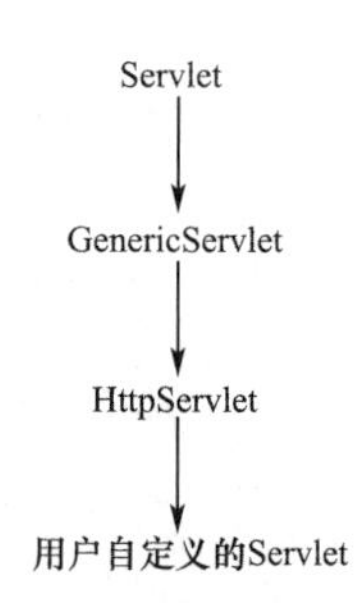

图 4-2　Servlet 实现相关的类和接口

其中 HttpServlet 类通过继承 javax. servlet. GenericServlet 实现基于 HTTP 协议的 Servlet 类，其 doGet()或 doPost()方法用于响应客户端的 GET 请求和 POST 请求。

HttpServlet 类通过调用指定 HTTP 请求方式的方法实现 service()，即对 DELETE、HEAD、GET、OPTIONS、POST、PUT 和 TRACE，分别调用 doDelete()、doHead()、doGet()、doOptions()、doPost()、doPut()和 doTrace()方法，将请求和响应对象置入其 HTTP 指定子类。

HttpServlet 类中常用的方法有：

由 Servlet 引擎调用处理一个 HTTP GET 请求。

- void doGet (HttpServletRequest request, HttpServletResponse response) throws ServletException, IOException

由 Servlet 引擎调用处理一个 HTTP POST 请求。

- void doPost (HttpServletRequest request, HttpServletResponse response) throws ServletException, IOException

下面通过例程说明如何通过继承 HttpServlet 的方式来开发 Servlet。

例程 4-1 ServletByHttpServlet. java

```
package helloServlet;
import java. io. * ;
import javax. servlet. * ;
import javax. servlet. http. * ;
import javax. servlet. annotation. WebServlet;
@WebServlet("/ServletByHttpServlet")
public class ServletByHttpServlet extends HttpServlet {
    public ServletByHttpServlet() {
        super();
    }
    public void destroy() {
        super. destroy();
    }
    public void doGet ( HttpServletRequest request, HttpServletResponse response ) throws
ServletException, IOException {
        PrintWriter out = response. getWriter();
        out. println("Hello Servlet! By extends HttpServlet. ");
    }
    public void doPost ( HttpServletRequest request, HttpServletResponse response ) throws
ServletException, IOException {
        doGet(request, response);
    }
    public void init() throws ServletException {
    }
}
```

运行效果如图 4-3 所示。

图 4-3 继承 HttpServlet 的 Servlet

在上一任务中我们知道,在使用 Servlet 开发应用系统时,需要在 web.xml 文件中为每一个 Servlet 配置相关信息。但在一个大型应用系统中,Servlet 的数量是很庞大的,如果要为每一个 Servlet 都配置 web.xml,工作量很大。JDK 1.5 版本之后,Java 语言提供了一种叫作 Annotation(注解)的新数据类型,它的出现为 XML 配置文件提供了一个完美的解决方案,让 Java Web 开发更加方便快速,也更加干净了。

Java 语言中的 Annotation 类型,提供了一个与程序元素关联任何信息或者任何元数据(metadata)的途径。Annotation 就像修饰符一样被使用,可应用在包、类型、构造方法、方法、成员变量、参数、本地变量的声明中。Annotation 是一种类似于接口的类型,能够通过 Java 反射 API 的方式提供对其信息的访问。需要注意的是,Annotation 本身不能影响程序代码的执行,Java 语言解释器在工作时将忽略这些 Annotation。Annotation 类型的定义使用 @interface。因为注解本身并不会影响代码的执行,所以我们调用 test(null)方法会发现程序仍然正常运行。想让上面的注解按期望那样起作用,则必须为此注解类型编写相应的处理器,主要需要使用到 Java 反射包(java.lang.reflect)及 Class 类。

Annotation 是与一个程序元素相关联信息或者元数据的标注,可以通过反射 API 获取到这些标注信息,可以在程序运行期间根据标识信息,对程序的执行做出相应的改变。Annotation 不影响程序的执行,但是对例如编译器警告或者像文档生成器等辅助工具产生影响。

在 Servlet 3.0 以后,web.xml 中对 Servlet 配置,可以通过@WebServlet 注解代替。在 Servlet 中,设置了@WebServlet 注解,当请求该 Servlet 时,服务器就会自动读取其中的信息,注解 @WebServlet("/ServletByHttpServlet"),则表示该 Servlet 默认的请求路径为"/ServletByHttpServlet".这里省略了 urlPatterns 属性名,完整的写法应该是"@WebServlet(urlPatterns = "/ServletByHttpServlet")"。如果在@WebServlet 中需要设置多个属性,必须给属性值加上属性名称,中间用逗号分隔开,否则会报错。若没有设置@WebServlet 的 name 属性,默认值会是 Servlet 的类完整名称。WebServlet 的属性列表见表 4-5。

表 4-5 WebServlet 的属性列表

属性名	类型	描述
name	String	指定 Servlet 的 name 属性,如果没有显式指定,则该 Servlet 的取值即类的全限定名

（续表）

属性名	类型	描述
value	String[]	该属性等价于 urlPatterns 属性。两个属性不能同时使用
urlPatterns	String[]	指定一组 Servlet 的 URL 匹配模式
loadOnStartup	int	指定 Servlet 的加载顺序
initParams	WebInitParam[]	指定一组 Servlet 初始化参数
asyncSupported	boolean	声明 Servlet 是否支持异步操作模式
description	String	该 Servlet 的描述信息
displayName	String	该 Servlet 的显示名，通常配合工具使用

通过这样的注解能简化在 XML 文件中配置 Servlet 信息，Servlet 不用再在 web. xml 文件中进行烦冗的注册，整个配置文件将会非常简洁，开发人员的工作也将大大减少。

4.3　Servlet 生命周期

Servlet 部署在 Servlet 容器中，其生命周期由容器来管理。Servlet 的生命周期开始于将它装入 Web 服务器时，结束于终止或重新装入 Servlet 时。Servlet 的生命周期通过 javax. servlet. Servlet 接口中的 init()、service()和 destroy()方法来表示。Servlet 的生命周期可以归纳为以下几个阶段，如图 4-4 所示。

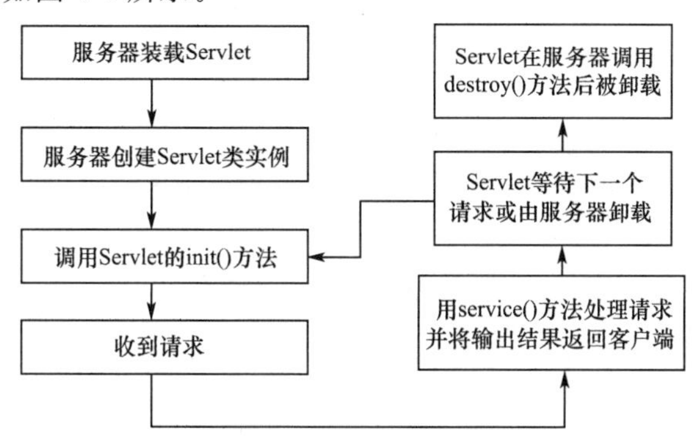

图 4-4　Servlet 的生命周期

1. 装载 Servlet，这项操作一般是动态执行的。服务器通常会提供一个管理的选项，用于在服务器启动时强制装载和初始化特定的 Servlet。

2. 创建一个 Servlet 类实例，调用 Servlet 的 init()方法。

3. 客户端的请求到达服务器。

4. 创建一个请求对象。

5. 创建一个响应对象。

6. 激活 Servlet 的 Service()方法，并传递请求和响应对象。

7. 用 Service()方法获得关于请求对象的信息、处理请求、访问其他资源、获得需要信息。

8. Service()方法使用响应对象的方法，将响应传回服务器，最终到达客户端。

9. 对于更多的客户端请求，服务器创建新的请求和响应对象，仍然激活此 Servlet 的 Service()方法，将两个对象作为参数传递给它。

10. destroy()方法用来销毁 Servlet。

4.4 Servlet 请求处理及响应生成

4.4.1 什么是 Form 表单数据?

Form 表单主要用于采集和提交用户输入的信息。使用搜索引擎或者其他网站,或许会看到一些奇怪的 URL,比如“http://www.baidu.com/s?wd=java+web”。这个 URL 中位于问号后面的部分,即“wd=java+web”,就是表单数据,这是将 Web 页面数据发送给服务器程序的最常用方法。对于 GET 请求,表单数据附加到 URL 的问号后面(如上所示);对于 POST 请求,表单数据用一个单独的行发送给服务器。下面是一个表单,以 post 的方式提交表单数据。

例程 4-2 FormData.html

```
<!DOCTYPE HTML PUBLIC "-//W3C//DTD HTML 4.01 Transitional//EN">
<html>
<head>
<meta charset="UTF-8"></head>
<title>FormData</title>
</head>
<body>
<form action="" method="post">
请输入你的姓名:<input type="text" name="name"><br>
请选择你的爱好:<input type="checkbox" name="habit" value="read">
看书<input type="checkbox" name="habit" value="movie">
电影<input type="checkbox" name="habit" value="game">
游戏<br><input type="submit" value="提交">
</form>
</body>
</html>
```

4.4.2 如何在 Servlet 中读取表单数据

如何在 Servlet 中读取表单数据

Servlet 只需要调用 HttpServletRequest 的 getParameter()方法,在调用参数中提供表单项的名字(大小写敏感)即可读取到表单数据,而且 GET 请求和 POST 请求的处理方法完全相同。对于表单数据的不同情况,有下列一些读取表单数据方式。

1. 单个值的读取

使用 getParameter(表单项),getParameter()的返回值是一个字符串。如果指定的表单项存在,但没有值,getParameter()返回空字符串;如果指定的表单项不存在,则返回 null。下面是示例代码:

下面的例程读取例程 4-2 FormData.html 中的“name”字段。

例程 4-3 SingerParamter. java

```
package formServlet;
import java.io.IOException;
import javax.servlet.*;
import javax.servlet.http.*;
import javax.servlet.annotation.WebServlet;
@WebServlet("/SingerParamter")
public class SingerParamter extends HttpServlet {
    public void doGet(HttpServletRequest request, HttpServletResponse response) throws ServletException, IOException {
        request.setCharacterEncoding("utf-8");
        response.setCharacterEncoding("utf-8");
        response.setContentType("text/html");
        PrintWriter out = response.getWriter(); out.println("<html><head><title>SingerParamter</title></head>");
        out.println("<body>" + "<LI>姓名是:" + request.getParameter("name"));
        out.println("</body></html>");
    }
    public void doPost(HttpServletRequest request, HttpServletResponse response) throws ServletException, IOException {
        this.doGet(request, response);
    }
}
```

图 4-5 是 FormData. html 输入姓名提交页面，图 4-6 是 SingerParamter 接收到后取出 "name"字段的显示页面。

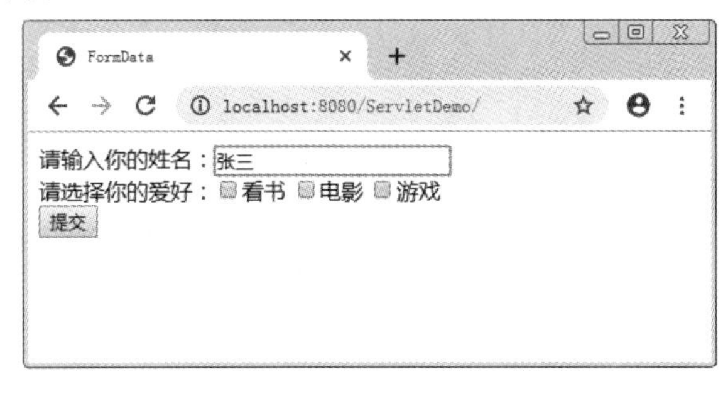

图 4-5 输入姓名提交页面

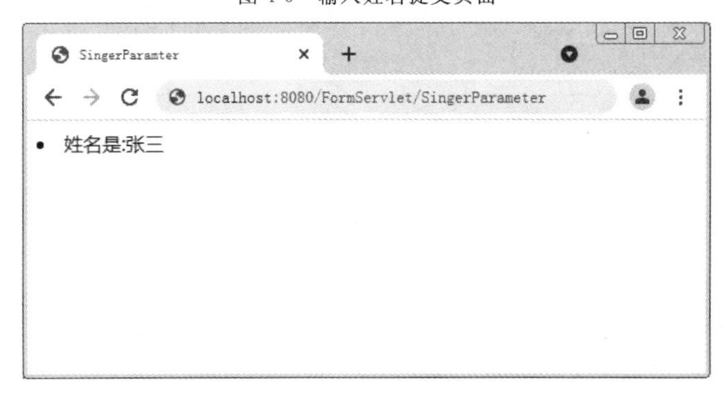

图 4-6 取出"name"字段的显示页面

2. 多个值的读取

例程4-2 FormData.html中的爱好是多选框，用户可能会选择多个选项，这个时候需要调用HttpServletRequest中的getParameterValues()方法来获取值。getParameterValues()的返回值是字符串数组。

下面的例程读取例程4-2 FormData.html中的"habit"字段。

例程4-4 MultiParamter.java

```
package formServlet;
import java.io.IOException;
import javax.servlet.*;
import javax.servlet.http.*;
import javax.servlet.annotation.WebServlet;
@WebServlet("/MultiParamter")
public class MultiParamter extends HttpServlet {
    public void doGet(HttpServletRequest request, HttpServletResponse response) throws
ServletException, IOException {
        request.setCharacterEncoding("utf-8");
        response.setCharacterEncoding("utf-8");
        String[] habits = request.getParameterValues("habit");
        String s = "";
        for (String temp : habits) {
            s=s+temp+" ";
        }
        response.setContentType("text/html");
        PrintWriter out = response.getWriter(); out.println("<html><head><title>
MultiParamter</title></head>");
        out.println("<body>" + "<LI>爱好是:" + s);
        out.println("</body></html>");
    }
    public void doPost(HttpServletRequest request, HttpServletResponse response) throws
ServletException, IOException {
        this.doGet(request, response);
    }
}
```

图4-7是FormData.html选择爱好提交页面，图4-8是MultiParamter接收到后取出"habit"字段的显示页面。

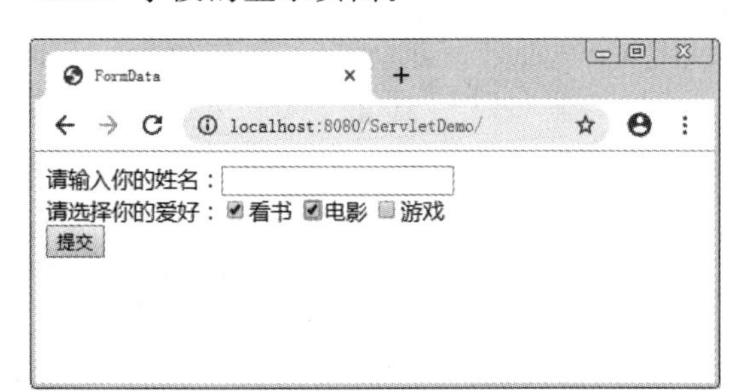

图4-7 选择爱好提交页面

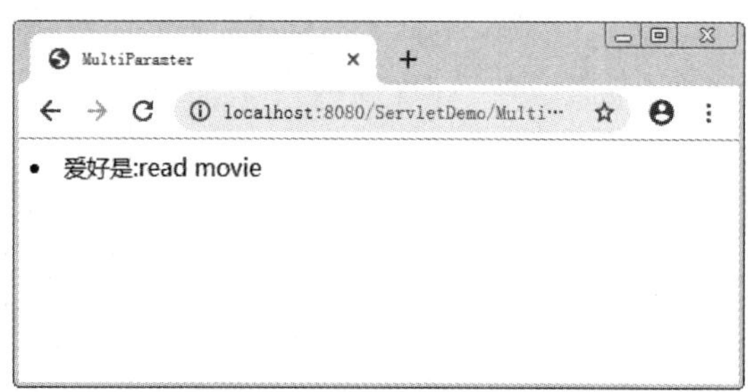

图4-8 取出"habit"字段的显示页面

3. 多字符集输入的读取

request. getParameter()使用服务器的当前字符集解释输入。要改变这种默认行为，需要使用 ServletRequest 的 setCharacterEncoding()方法，如 setCharacterEncoding(字符集名称)。

setCharacterEncoding()必须在访问任何请求参数之前调用。可以按照某个字符集读取参数，例如：

```
request.setCharacterEncoding("utf-8");
Stringname=request.getParameter("name");
```

用户登录应用程序的编写

4.5　HTTP 请求响应模型应用程序体验

本节完成一个登录验证功能。输入用户名和密码，提交后后台进行验证(在后台验证时先假设一个正确的用户名和密码)。如果验证成功，显示登录成功界面；如果验证失败，回到登录界面重新登录。在页面进行跳转时通过 sendRedirect()方式。

登录验证程序中包含的相关文件及功能见表 4-6。

表 4-6　登录验证程序中包含的相关文件及功能

文件名	功能描述
UserLogin. java	Servlet，进行用户名、密码验证，页面跳转
login. html	页面，用来输入用户名、密码
loginOk. html	页面，显示登录成功信息

例程 4-5　UserLogin. java

```
package loginServlet;
import java.io.*;
import javax.servlet.*;
import javax.servlet.http.*;
import javax.servlet.annotation.WebServlet;
@WebServlet("/UserLogin")
public class UserLogin extends HttpServlet {
    public void doGet(HttpServletRequest request, HttpServletResponse response) throws
ServletException, IOException {
        String Username = request.getParameter("uname"); //获取用户名
        String Password = request.getParameter("upass"); //获取密码
        //验证用户名、密码
        if ("eric".equals(Username) && "eric".equals(Password)) {
            response.sendRedirect("loginOk.html");//通过 sendRedirect 进行页面跳转
        }
        else {
            response.sendRedirect("login.html");
        }
    }
    public void doPost(HttpServletRequest request, HttpServletResponse response) throws
ServletException, IOException {
```

```
        doGet(request, response);
    }
}
```

例程 4-6 login.html

```
<! DOCTYPE HTML PUBLIC "-//W3C//DTD HTML 4.01 Transitional//EN">
<html>
<head><title>UserLogin</title></head>
<body>
用户登录的界面:
<form action="userLogin" method="get">
帐号:<input type=text name="uname"/><br />
密码:<input type=password name="upass"/><br />
<input type=submit value="登录"/>
<input type=responseet value="重置"/>
</form>
</body>
</html>
```

例程 4-7 loginOK.html

```
<! DOCTYPE HTML PUBLIC "-//W3C//DTD HTML 4.01 Transitional//EN">
<html><head><title>loginOk</title></head>
<body>
登录成功!
</body>
</html>
```

注意: Servlet的请求方式、request及response方法的使用、请求响应方式。

4.6 会话跟踪

在程序中,会话跟踪是很重要的事情。理论上,一个用户的所有请求操作都应该属于同一个会话,而另一个用户的所有请求操作则应该属于另一个会话。例如,用户A在超市购买的任何商品都应该放在用户A的购物车内,不论是用户A什么时间购买的,这都是属于同一个会话的,不能放入用户B或用户C的购物车内,这不属于同一个会话。

而Web应用程序是使用HTTP协议传输数据的,HTTP协议是无状态的协议,一旦数据交换完毕,客户端与服务器端的连接就会关闭,并且服务器也不自动维护客户的上下文信息。再次交换数据需要建立新的连接。这就意味着服务器无法从连接上跟踪会话,由于无上下文信息的内建支持,很多功能无法实现,例如常用的购物网站购物车功能。所以要跟踪该会话,必须引入一种机制。

Cookie和Session就是这样的一种机制,它们可以弥补HTTP协议无状态的不足,可以通过Cookie和Session来跟踪会话。

4.6.1 Cookie的使用

1. 什么是Cookie?

Cookie意为甜饼,最早是由Netscape社区发展的一种机制。目前Cookie已经成为标准,所有的主流浏览器,如IE、Netscape、Firefox、Opera等都支持Cookie。

由于HTTP是一种无状态的协议,服务器仅从网络连接上无法知道客户身份。怎么办呢?就给客户端们颁发一个通行证吧,每个人一个,无论谁访问都必须携带自己的通行证。这样服务器就能从通行证上确认客户身份,这就是Cookie的工作原理。

Cookie实际上是一小段的文本信息。客户端请求服务器,如果服务器需要记录该用户状态,就使用response向客户端浏览器颁发一个Cookie,客户端浏览器会把Cookie保存起来。当浏览器再次请求该网站时,浏览器把请求的网址连同该Cookie一同提交给服务器,服务器检查该Cookie,以此来辨认用户状态。服务器还可以根据需要修改Cookie的内容。

Cookie功能需要浏览器的支持,如果浏览器不支持Cookie,或者把Cookie禁用,Cookie功能就会失效。不同的浏览器采用不同的方式保存Cookie。IE浏览器会在系统盘的"Documents and Settings\用户名\Cookies"文件夹下以文本文件形式保存,一个文本文件保存一个Cookie。

2. 使用Cookie

Java中把Cookie封装成了javax.servlet.http.Cookie类。每个Cookie都是该Cookie类的对象。服务器通过操作Cookie类对象对客户端Cookie进行操作。通过request.getCookies()获取客户端提交的所有Cookie(以Cookie[]数组形式返回),通过response.addCookie(Cookie cookie)向客户端设置Cookie。

Cookie对象使用key-value属性对的形式保存用户状态,key表示Cookie的名字,名字必须是唯一的;value是Cookie对象中存放的数据,可以是任何对象。一个Cookie对象保存一个属性对,一个request或者response同时使用多个Cookie。下面的程序生成一个Cookie对象。

```
Cookie c=new Cookie("Name",str);
```

上面的Cookie对象中,key为Name,其值为str对象。通过response对象,可以将Cookie对象设置到客户端浏览器上。

```
response.addCookie(c);
```

下面通过一个例程说明怎么将一个名为"name"的Cookie设置到客户端。

例程4-8 SetCookie.java

```
package cookieServlet;
import java.io.*;
import javax.servlet.*;
import javax.servlet.http.*;
import javax.servlet.annotation.WebServlet;
@WebServlet("/SetCookie")
public class SetCookie extends HttpServlet {
    public void doGet(HttpServletRequest request, HttpServletResponse response)
    throws ServletException, IOException {
        response.setContentType("text/html");
```

```
            PrintWriter out=response.getWriter();
            out.println("<html><head><title>Servlet Cookies Setting</title></head>");
            out.println("<body>");
            String str="Hello JAVA WEB Program!";
            Cookie c=new Cookie("name", str);
            response.addCookie(c);
            out.println("<br>");
            out.println("Add Cookie OK!");
            out.println("</body></html>");
            out.flush();
            out.close();
        }
        public void doPost(HttpServletRequest request, HttpServletResponse response)
        throws ServletException, IOException {
            doGet(request, response);
        }
        public void init() throws ServletException {
        }
    }
```

运行效果如图 4-9 所示。

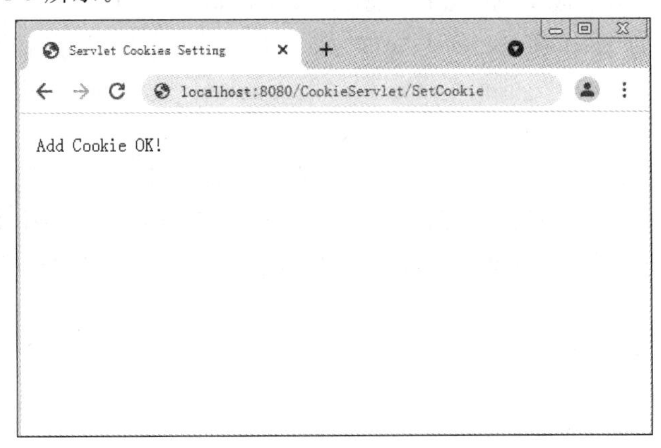

图 4-9 设置 Cookie

下面的例程是将刚才加到客户端名为“name”的 Cookie 取出并显示出来。

例程 4-9 GetCookie.java

```
package cookieServlet;
import java.io.*;
import javax.servlet.*;
import javax.servlet.http.*;
import javax.servlet.annotation.WebServlet;
@WebServlet("/SetCookie")
public class GetCookie extends HttpServlet {
    public void doGet(HttpServletRequest request, HttpServletResponse response)
    throws ServletException, IOException {
        response.setContentType("text/html");
```

```
            PrintWriter out=response.getWriter();
            out.println("<html>");
            out.println(" <head><title>Servlet Cookies Getting</title></head>");
            out.println(" <body>");
            Cookie[] alls=request.getCookies();
            for(int i=0; i < alls.length; i++) {
                if("Name".equals(alls[i].getName())) {
                    out.print(alls[i].getValue());
                }
            }
            out.println("</body></html>");
            out.flush();
            out.close();
        }
        public void doPost(HttpServletRequest request, HttpServletResponse response)
        throws ServletException, IOException {
            doGet(request, response);
        }
        public void init() throws ServletException {
        }
}
```

运行效果如图 4-10 所示。

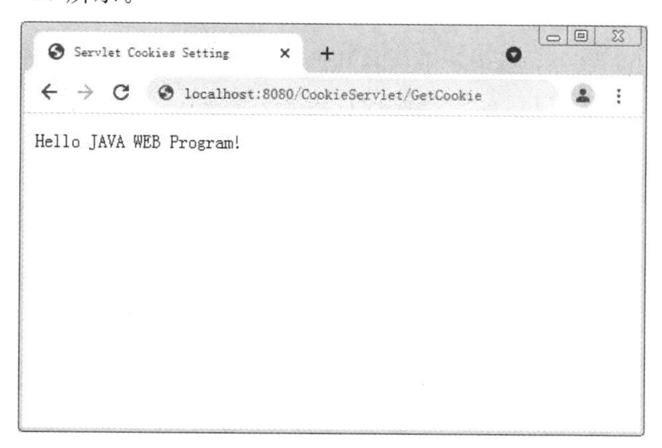

图 4-10　获取 Cookie

3. Cookie 的寿命

Cookie 是一种可以制定寿命的对象，一旦 Cookie 达到其寿命，Cookie 对象自动失效。相同名称的 Cookie 对象发送给同一个浏览器时，后面的 Cookie 对象将以前写入的 Cookie 对象覆盖。

Cookie 的 maxAge()决定着 Cookie 的有效期，单位为秒(Second)。Cookie 中通过 getMaxAge()方法与 setMaxAge(int maxAge)方法来读写 maxAge 属性。

如果 maxAge 属性为正数，则表示该 Cookie 会在 maxAge 秒之后自动失效。浏览器会将 maxAge 为正数的 Cookie 持久化，即写到对应的 Cookie 文件中。无论客户关闭了浏览器还是计算机，只要还在maxAge秒之前，登录网站时该Cookie仍然有效。下面代码中的Cookie信息将永远有效。

```
Cookie cookie=new Cookie("username", "helloweenvsfei"); //新建 Cookie
cookie.setMaxAge(Integer.MAX_VALUE);//设置生命周期为 MAX_VALUE
response.addCookie(cookie); //输出到客户端
```

如果maxAge为负数，则表示该Cookie仅在本浏览器窗口以及本窗口打开的子窗口内有效，关闭窗口后该Cookie即失效。maxAge为负数的Cookie，为临时性Cookie，不会被持久化，不会被写到Cookie文件中。Cookie信息保存在浏览器内存中，因此关闭浏览器后该Cookie就消失了。Cookie默认的maxAge值为−1。

Cookie并不提供修改、删除操作。如果要修改某个Cookie，只需要新建一个同名的Cookie，并添加到response中覆盖原来的Cookie即可。

如果maxAge为0，则表示删除该Cookie。Cookie机制没有提供删除Cookie的方法，因此通过设置该Cookie即时失效实现删除Cookie的效果。失效的Cookie会被浏览器从Cookie文件或者内存中删除，例如：

```
Cookie cookie=new Cookie("username", "helloCookie"); //新建 Cookie
cookie.setMaxAge(0);//设置生命周期为 0,不能为负数
response.addCookie(cookie); //必须执行这一句
```

注意：从客户端读取Cookie时，包括maxAge在内的其他属性都是不可读的，也不会被提交。浏览器提交Cookie时只会提交name与value属性。maxAge属性只被浏览器用来判断Cookie是否过期。

4. 设置Cookie的所有属性

除了name与value之外，Cookie还具有其他几个常用的属性。每个属性对应一个getter方法与一个setter方法。Cookie的常用属性见表4-7。

表4-7 Cookie的常用属性

属性名	描　述
String name	Cookie的名称。Cookie一旦创建，名称便不可更改
Object value	Cookie的值。如果值为Unicode字符，需要为字符编码。如果值为二进制数据，则需要使用BASE64编码
int maxAge	Cookie失效的时间，单位为秒。如果为正数，则该Cookie在maxAge秒之后失效。如果为负数，该Cookie为临时Cookie，关闭浏览器即失效，浏览器也不会以任何形式保存该Cookie。如果为0，表示删除该Cookie。默认为−1
boolean secure	Cookie是否仅被使用安全协议传输。安全协议有HTTPS和SSL等，在网络上传输数据之前先将数据加密。默认为false
String path	Cookie的使用路径。如果设置为"/CookieWeb/"，则只有contextPath为"/CookieWeb"的程序可以访问该Cookie。如果设置为"/"，则本域名下contextPath都可以访问该Cookie。注意最后一个字符必须为"/"
String domain	可以访问该Cookie的域名。如果设置为".baidu.com"，则所有以"baidu.com"结尾的域名都可以访问该Cookie。注意第一个字符必须为"."
int version	该Cookie使用的版本号。0表示遵循Netscape的Cookie规范，1表示遵循W3C的RFC 2109规范

4.6.2 Session 的使用

基于 Session 的网上购物应用程序的编写

除了使用 Cookie,Web 应用程序中还经常使用 Session 来记录客户端状态。Session 是服务器端使用的一种记录客户端状态的机制,相应地也增加了服务器的存储压力。

1. 什么是 Session?

Session 是另一种记录客户状态的机制,不同的是 Cookie 保存在客户端浏览器中,而 Session 保存在服务器上。Session 是一种连接状态变量,客户端浏览器访问服务器的时候,服务器把客户端信息以某种形式记录在服务器上。如果说 Cookie 机制是通过检查客户身上的"通行证"来确定客户身份的,那么 Session 机制就是通过检查服务器上的"客户明细表"来确认客户身份的。Session 相当于程序在服务器上建立的一份客户档案,客户来访的时候只需要查询客户档案表就可以了。

2. Session 的使用

Session 对应的类为 javax. servlet. http. HttpSession 类。每个来访者对应一个 Session 对象,所有该客户的状态信息都保存在这个 Session 对象里。Session 对象是在客户端第一次请求服务器的时候创建的。Session 也是一种 key-value 的属性对,是一种集合型变量,其中可以存储多个 key-value 类型值对,key 为字符串类型,value 可以为任何对象类型。通过 getAttribute(String key)和 setAttribute(String key,Object value)方法读写客户状态信息。Servlet 里通过 request. getSession()方法获取该客户的 Session,例如:

```
PrintWriter out=response. getWriter();
HttpSession session=request. getSession(); //获取 Session 对象
session. setAttribute("loginTime", new Date());//设置 Session 中的属性
out. println("登录时间为:"+(Date)session. getAttribute("loginTime"));//获取 Session 属性
```

Request、Cookie 和 Session 三种存放会话信息方式比较如图 4-11 所示。

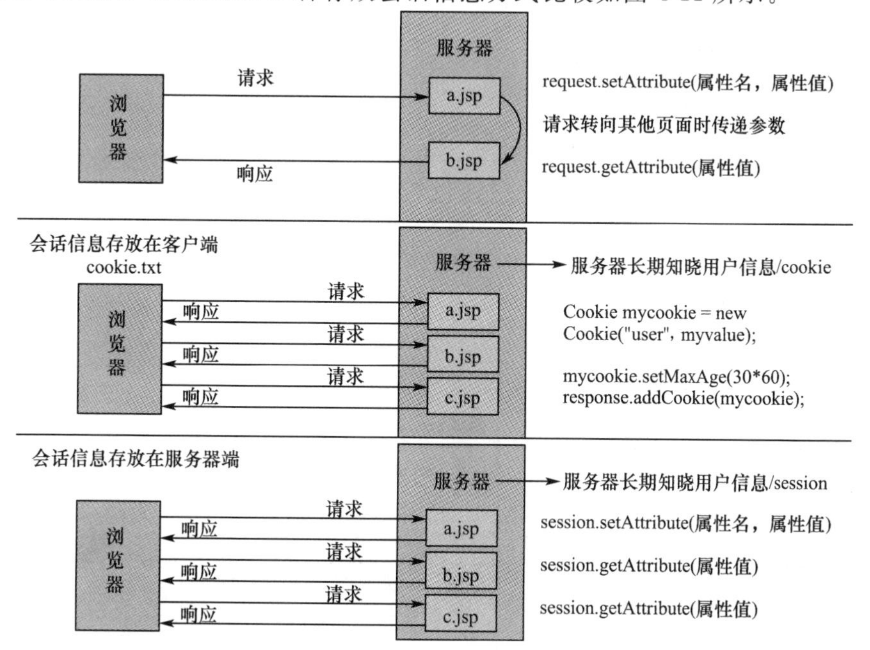

图 4-11 Request、Cookie 和 Session 三种存放会话信息方式比较

可以使用Request的getSession(boolean create)来获取Session。区别是如果该客户的Session不存在，request. getSession()方法会返回null，而getSession(true)会先创建Session再将Session返回。

当多个客户端执行程序时，服务器会保存多个客户端的Session。获取Session的时候也不需要声明获取谁的Session。Session机制决定了当前客户只会获取到自己的Session，而不会获取到别人的Session。

Session的使用比Cookie方便，但是过多的Session存储在服务器内存中，会对服务器造成压力。

3. Session的生命周期和有效期

Session保存在服务器端，服务器一般把Session放在内存里。每个用户都会有一个独立的Session。如果Session内容过于复杂，当大量客户访问服务器时可能会导致内存溢出，因此，Session里的信息应该尽量精简。

Session在用户第一次访问服务器的时候自动创建。需要注意只有访问JSP、Servlet等程序时才会创建Session，只访问HTML、IMAGE等静态资源并不会创建Session。如果还没有生成Session，也可以使用request. getSession(true)强制生成Session。

Session生成后，只要用户继续访问，服务器就会更新Session的最后访问时间，并维护该Session。用户每访问服务器一次，无论是否读写Session，服务器都认为该用户的Session活跃了一次。

由于会有越来越多的用户访问服务器，因此Session也会越来越多。为防止内存溢出，服务器会把长时间没有活跃的Session从内存中删除。这个时间就是Session的超时时间。如果超过了超时时间没访问过服务器，Session就自动失效了。

Session的超时时间为maxInactiveInterval，可以通过对应的getMaxInactiveInterval()获取，通过setMaxInactiveInterval(long interval)修改。

Session的超时时间也可以在web. xml中修改。另外，通过调用Session的invalidate()方法也可以使Session失效。

4. Session的常用方法

Session使用起来要比Cookie方便。Session的常用方法见表4-8。

表4-8　Session的常用方法

方法名	描　述
void setAttribute(String attribute, Object value)	设置Session属性。value参数可以为任何Java Object。通常为Java Bean。value信息不宜过大
String getAttribute(String attribute)	返回Session属性
Enumeration getAttributeNames()	返回Session中存在的属性名
void removeAttribute(String attribute)	移除Session属性
String getId()	返回Session的ID。该ID由服务器自动创建，不会重复
long getCreationTime()	返回Session的创建日期。返回类型为long，常被转化为Date类型，例如：Date createTime=new Date(session. getCreationTime())
long getLastAccessedTime()	返回Session的最后活跃时间。返回类型为long
int getMaxInactiveInterval()	返回Session的超时时间。单位为秒。超过该时间没有访问，服务器认为该Session失效
void setMaxInactiveInterval(int second)	设置Session的超时时间。单位为秒

（续表）

方法名	描　述
boolean isNew()	返回该 Session 是不是新创建的
void invalidate()	使该 Session 失效

Tomcat 中 Session 的默认超时时间为 20 分钟。通过 setMaxInactiveInterval(int second)修改超时时间。可以修改 web.xml 改变 Session 的默认超时时间。例如修改为 60 分钟。

```
<session-config>
    <session-timeout>60</session-timeout> <! -- 单位:分钟 -->
</session-config>
```

<session-timeout>参数的单位为分钟，而 setMaxInactiveInterval(int second)单位为秒。

下面通过一个例程使用上面的一些方法，得到一些信息，并显示出来。同时可以对 Session 的内容进行修改。

例程 4-10　SessionTest.java

```
package sessionServlet;
import java.io.*;
import java.util.*;
import javax.servlet.*;
import javax.servlet.http.*;
import javax.servlet.annotation.WebServlet;
@WebServlet("/SessionTest")
public class SessionTest extends HttpServlet {
    public void service(HttpServletRequest request, HttpServletResponse response)
    throws IOException, ServletException {
        response.setContentType("text/html; charset=utf-8");
        PrintWriter out=response.getWriter();
        out.println("<html><body>");
        out.println("<head><title>SessionTest</title>/<head>");
        out.println("<body>");
        HttpSession session=request.getSession();
        Object obj=session.getAttribute("num");
        int val=1;
        if(obj!=null) {
            String str=obj.toString();
            val=Integer.parseInt(str) + 1;
        }
        session.setAttribute("num", String.valueOf(val));
        out.println("<table><tr><td>");
        out.println("ID 编号:</td><td>");
        out.println(session.getId() + "</td></tr>");
        out.println("<tr><td>");
        out.println("创建时间:</td><td> ");
        out.println(new Date(session.getCreationTime()));
        out.println(" </td></tr> <tr><td> ");
        out.println("最后访问时间:</td><td>");
```

```
        out.println(new Date(session.getLastAccessedTime()));
        out.println(" </td></tr> <tr><td> ");
        out.println("有效时间:</td><td> ");
        out.println((session.getMaxInactiveInterval()));
        out.println("秒" + "</td></tr></table>");
        String txtNam=request.getParameter("txtnam");
        String txtVal=request.getParameter("txtval");
        if(txtNam!=null && txtVal!=null) {
            session.setAttribute(txtNam, txtVal);
        }
        Enumeration valueNames=session.getAttributeNames();
        while(valueNames.hasMoreElements()) {
            out.println("<table>");
            String valuename=(String)valueNames.nextElement();
            String value=session.getAttribute(valuename).toString();
            out.print("<tr><td>名称:</td><td>" + valuename);
            out.println("</td><td>数值:");
            out.println("</td><td><b><font size=2 color=red>");
            out.println(value + "</font></b></td></tr>");
            out.println("</table>");
        }
        out.println("<br>添加 Session 数据:");
        out.println("<form action="SessionTest" ");
        out.println("method=get>");
        out.println("名称:<input type=text size=15 name=txtnam>");
        out.println("<br>");
        out.println("数值:<input type=text size=15 name=txtval>");
        out.println("<br><br>");
        out.println("<input type=submit value=添加>");
        out.println("</form></body></html>");
    }
}
```

运行效果如图 4-12 和图 4-13 所示。

图 4-12　Session 信息显示页面

图 4-13　添加 Session 数据之后的界面

延伸阅读

三种数据共享方式的对比

在页面之间有三种数据共享方式，分别为：Cookie、Application、Session。其对比见表 4-9。

表 4-9　三种数据共享方式的对比

	Cookie	Application	Session
作用	网站服务器把少量数据储存到客户端的硬盘，并从客户端的硬盘读取数据。主要是存储数据	主要是共享数据	对象存储用户登录网站时候的信息。当用户在页面之间跳转时，存储在 Session 对象中的变量不会被清除。主要是共享数据
存储地方	储存在客户端	储存在服务器端	储存在服务器端
生命周期	它有一个有效期可以设置时间，如一个月、一年等	应用程序启动到停止	同一个会话中
有效范围	同一个计算机访问的同一个网站	在整个应用程序中	从用户打开浏览器发送第一次请求开始，一直到关闭浏览器之前
写语句	String str="你好"； Cookie c=new Cookie("greeting", str)； response.addCookie(c)；	String str="你好"； application.setAttribute("greeting", str)；	String str="你好"； session.setAttribute("greeting", str)；

读语句	Cookie cookies[ ] = request.getCookies()；
	for(int i=0; i<cookies.length; i++)
	{
	if(cookies[i].getName().equals("greeting"))
	out.print(cookies[i].getValue())；
	}
		String strBack=(String)application.getAttribute("greeting")；
		out.print(strBack)；
		注意：由于任何对象都可以添加到 Application 中，因此用此方法取回对象的时候，需要强制转化为原来的类型
			String strBack=(String) session.getAttribute("greeting")；
			out.print(strBack)；
			注意：由于任何对象都可以添加到 Session 中，因此用此方法取回对象的时候，需要强制转化为原来的类型

删除语句	Cookie mycookie=new Cookie("greeting", null)； mycookie.setMaxAge(0)； response.addCookie(mycookie)；	Application.removeAttribute("greeting")	Session.removeValue("greeting")
常见用途	定制网页，用户自动登录	聊天室和网站计数器	购物车

4.7 Servlet 异常

在 javax. servlet 包中定义了两个异常类，ServletException 和 UnavailableException。

4.7.1 ServletException 类

ServletException 类定义了一个通用的异常，可以被 init()、service()等方法抛出，这个类提供了下面四个构造方法和一个实例方法。

1. public ServletException( )

该方法构造一个新的 Servlet 异常。

2. public ServletException(java. lang. String message)

该方法用指定的消息构造一个新的 Servlet 异常。这个消息可以被写入服务器的日志中，或者显示给用户。

3. public ServletException(java. lang. String message, java. lang. Throwable rootCause)

在 Servlet 执行时，如果有一个异常阻碍了 Servlet 的正常操作，那么这个异常就是根原因异常。如果需要在一个 Servlet 异常中包含根原因的异常，可以调用这个构造方法，同时包含一个描述消息。例如：可在 ServletException 异常中嵌入一个 java. sql. SQLException 异常。

4. public ServletException(java. lang. Throwable rootCause)

该方法同上，只是没有指定描述消息的参数。

5. public java. lang. Throwable getRootCause( )

该方法返回引起这个 Servlet 异常的异常，也就是返回根原因的异常。

4.7.2 UnavailableException 类

UnavailableException 类是 ServletException 类的子类，该异常被 Servlet 抛出，用于向 Servlet 容器指示这个 Servlet 永久地或者暂时地不可用。这个类提供了下面两个构造方法和两个实例方法：

1. public UnavailableException(java. lang. String msg)

该方法用一个给定的消息构造一个新的异常，指示 Servlet 永久不可用。

2. public UnavailableException(java. lang. String msg, int seconds)

该方法用一个给定的消息构造一个新的异常，指示 Servlet 暂时不可用。其中的参数 seconds 指明在这个以秒为单位的时间内，Servlet 不可用。如果 Servlet 不能估计出多长时间后它将恢复功能，可以传递一个负数或零给 seconds 参数。

3. public int getUnavailableSeconds( )

该方法返回 Servlet 预期的暂时不可用的秒数。如果返回一个负数，表明 Servlet 永久不可用或者不能估计出 Servlet 多长时间不可用。

4. public boolean isPermanent( )

该方法返回一个布尔值，用于指示 Servlet 是不是永久不可用。返回 true，表明 Servlet 永久不可用；返回 false，表明 Servlet 可用或者暂时不可用。

4.8　请求和转发

考虑生活中的一个场景，当一个电子产品的总部售后中心接收到一个维修申请时，会根据维修申请的内容(地点、事情紧急程度)，将维修申请交由各地的维修点进行处理。在这里，售后中心充当了一个调度员的角色，他负责将各种维修请求转发给实际的维修点。这种处理模型的好处是：

1. 给人们提供了统一的维修申报方式(拨打统一的售后热线)。

2. 另一方面，售后中心可以根据申请人所处的位置、各地维修点的地理位置与人员状况，合理调度资源，安排就近的维修点及时处理问题。

3. 售后中心并不处理具体的维修申请，缩短了对维修申请的响应时间。

微课

请求和转发

在 Web 应用中，这种处理模型也得到了广泛的应用，要用到 javax. servlet. RequestDispatcher 接口。

4.8.1　RequestDispatcher 接口

RequestDispatcher 由 Servlet 容器创建，利用 RequestDispatcher 对象，可以把请求转发给其他的 Servlet 或 JSP 页面。在 RequestDispatcher 接口中定义了 forward 方法：

• public void forward(ServletRequest request, ServletResponse response) throws ServletException, java. io. IOException

该方法用于将请求从一个 Servlet 传递给服务器上的另外的 Servlet、JSP 页面或者是 HTML 文件。

4.8.2　sendRedirect()与 forward()方法的区别

它们的调用分别如下：

```
response. sendRedirect("otherpage");
request. getRequestDispatcher("otherpage"). forward(request,response);
```

两种方式的运行原理如图 4-14 所示。

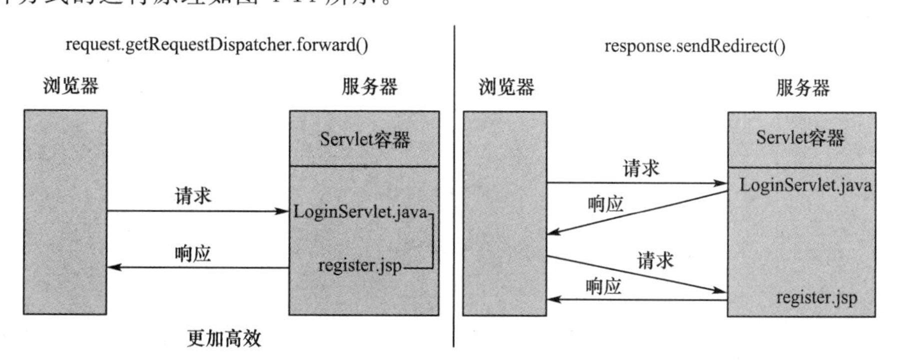

图 4-14　两种方式的运行原理

1. response. sendRedirect()

它在用户的浏览器端工作，sendRedirect()可以带参数传递，比如 servlet? name=Eric 传至下一个页面，同时它可以重定向至不同的主机上，重定向后在浏览器地址栏上会出现重定向页面的 URL。例如在 Servlet 中重定向如下：

```
public void doPost(HttpServletRequest request, HttpServletResponse response)
throws ServletException, IOException {
    response.setContentType("text/html; charset=gb2312");
    response.sendRedirect("/index.jsp");
}
```

response.sendRedirect()是完全跳转，浏览器将会得到跳转的地址，并重新发送请求链接。这样，从浏览器的地址栏中可以看到跳转后的链接地址。

2. request.getRequestDispatcher.forward()

此方法是在服务器端起作用，当使用 forward()时，Servlet Engine 传递 HTTP 请求从当前的 Servlet 到另外一个 Servlet、JSP 或普通 HTML 文件，也就是当 form 提交至 A，在 A 中用到了 forward()重定向至 B，此时 form 提交的所有信息在 B 中都可以获得，参数自动传递。

3. 比较

(1)forward()只能将请求转发给同一个 Web 应用中的组件；sendRedirect()可以定向到应用程序外的其他资源，sendRedirect()适用于不同 Web 应用之间的重定向。

(2)forward()在服务器端内部将请求转发给另一个资源，浏览器只知道发出请求并得到相应结果，并不知在服务器内部发生的转发行为。sendRedirect()对浏览器的请求直接做出响应，响应的结果告诉浏览器重新发出对另外一个 URL 的访问请求。

(3)forward()的调用者与被调用者之间共享相同的 request、response 对象，它们属于同一个访问请求过程；sendRedirect()调用者和被调用者使用各自的 request、response 对象，它们是两个独立的访问请求。

下面的例程演示了在 Servlet 中进行请求转发的方法，程序中包含的相关文件及功能见表 4-10。

表 4-10　　登录验证程序中的文件及功能

文件名	功能描述
ForwardServlet.java	Servlet，进行页面跳转
ForwardShow.java	Servlet，跳转之后的页面，用来显示提交的信息
login.html	页面，用来输入用户名和密码
web.xml	配置 Servlet 相关信息

例程 4-11　ForwardServlet.java

```
package redirectServlet;
import java.io.*;
import javax.servlet.*;
import javax.servlet.http.*;
import javax.servlet.annotation.WebServlet;
@WebServlet("/ForwardServlet")
public class ForwardServlet extends HttpServlet {
    public void doGet(HttpServletRequest request, HttpServletResponse response)
    throws ServletException, IOException {
        request.getRequestDispatcher("ForwardShow").forward(request, response);
    }
```

```
    public void doPost(HttpServletRequest request, HttpServletResponse response)
    throws ServletException, IOException {
        doGet(request, response);
    }
}
```

例程 4-12　ForwardShow. java

```
package redirectServlet;
import java.io.*;
import javax.servlet.*;
import javax.servlet.http.*;
import javax.servlet.annotation.WebServlet;
@WebServlet("/ForwardShow")
public class ForwardShow extends HttpServlet {
    public void doGet(HttpServletRequest request, HttpServletResponse response)
    throws ServletException, IOException {
        response.setCharacterEncoding("utf-8");
        request.setCharacterEncoding("utf-8");
        String username=request.getParameter("username");
        String password=request.getParameter("pwd");
        response.setContentType("text/html; charset=utf-8");
        PrintWriter out=response.getWriter();
        out.println("<html>");
        out.println("<body><head><title>forword</title></head>");
        out.println("<p>这是通过 forword 后的界面</p>");
        out.println("姓名:"+username);
        out.println("密码:"+password);
        out.println("</body>");
        out.println("</html>");
    }
    public void doPost(HttpServletRequest request, HttpServletResponse response)
    throws ServletException, IOException {
        doGet(request, response);
    }
}
```

例程 4-13　login. html

```
<!DOCTYPE HTML PUBLIC "-//W3C//DTD HTML 4.01 Transitional//EN">
<html>
<head><title>用户登录</title></head>
<body>
<form action="ForwardShow">
用户名:<input type="text" name="username"> <br>
密 码:<input type="password" name="pwd"> <br>
<input type="submit" name="loginbtn" value="确定">
</form>
```

```
</body>
</html>
```

当在请求页面上输入信息提交给 ForwardServlet 页面后，会被 ForwardServlet 转发到 ForwardShow，所以信息将会在 ForwardShow 上显示。

4.9 Servlet 上下文

1. ServletContext 接口简介

ServletContext 接口定义了运行 Servlet 的 Web 应用的 Servlet 视图。ServletContext 实例是通过 getServletContext()方法获得的。使用 ServletContext 对象，Servlet 可以记录事件日志，获取资源的 URL 地址，并且设置和保存上下文内可以访问的其他 Servlet 的属性。

ServletContext 以 Web 的已知路径为根路径。比如，假定一个 Servlet 上下文位于 http://www.sina.com.cn/news，以/news 请求路径开头的所有请求，已知为上下文路径，被路由到和该 ServletContext 关联的 Web 应用。

2. ServletContext 接口作用域

容器中部署的每一个 Web 应用都有一个 ServletContext 接口的实例对象与之关联。如果容器被分布在多个虚拟机上，一个 Web 应用将在每一个 VM 中有一个 ServletContext 实例。

3. 初始化参数

ServletContext 接口的初始化参数允许 Servlet 访问与 Web 应用相关上下文初始化参数。

- getInitParameter()
- getInitParameterNames()

可以通过初始化参数获得配置信息，例如获得管理员的 E-mail 地址。

在 web.xml 中配置初始化参数：

```
<init-param>
    <param-name>email</param-name>
    <param-value>test@163.com</param-value>
</init-param>
```

从 Servlet 中访问初始化参数：

```
ServletContext application=this.getServletContext();
out.println("your email:")
out.println(application.getInitParameter("email"));
```

4. 上下文属性

Servlet 可以通过名称将对象属性绑定到上下文。任何绑定到上下文的属性可以被同一个 Web 应用的其他 Servlet 使用。ServletContext 接口的下列方法允许访问这种功能：

- setAttribute()
- getAttribute()
- getAttributeNames()
- removeAttribute()

可以通过编程的方式绑定，也可以作为 Web 应用的全局变量被所有 Servlet 访问。

(1)设置 Context 属性

```
ServletContext application=this.getServletContext();
application.setAttribute("student1", new student("Eric"));
```

```
application.setAttribute("student2", new student("Green"));
```

(2)获取 Context 属性

```
ServletContext application=this.getServletContext();
Enumeration students=application.getAttributeNames();
    while(students.hasMoreElements()) {
    String name=(String) students.nextElement();
    Student s = (Student) students.getAttribute(name);
    application.removeAttribute(name);
}
```

5. 资源

ServletContext 接口通过下列方法提供对 Web 应用组成的静态内容文档层级的直接访问,包括 HTML、GIF 和 JPEG 文件:

- getResource()
- getResourceAsStream()

getResource 和 getResourceAsStream 方法以“/”开头的字符串为参数,它指定上下文根路径的资源相对路径,表示资源相对于 context 根的相对路径。文档结构可以存在于服务器文件系统,或是 war 包中,或是在远程服务器上,或其他位置。不可以用来获得动态资源,比如 getResource("/index.jsp"),这个方法将返回该 JSP 文件的源码,而不是动态页面。可以用 Dispatching Requests 获得动态内容。

6. 多个主机和 ServletContext

Web 服务器可能支持一个服务器上多个逻辑主机共享一个 IP 地址,这个功能有时被称为“虚拟主机”。这种情况下,每一个逻辑主机必须有它自己的 Servlet 上下文或者 Servlet 上下文组,Servlet 上下文不可以被多个虚拟主机共享。

典型模块应用

一个简单的网上购物功能实现

案例 4-1　网上购物。

网上购物是网站中一个常见的功能,本节以一个简单的网上购物功能的实现来综合运用本任务讲解的知识和技术。

网上购物程序包含的相关文件及功能描述见表 4-11。

表 4-11　网上购物程序包含的相关文件及功能描述

文件名	功能描述
Login.java	Servlet,根据当前时间的不同,进行页面跳转
ShowBuy.java	Servlet,用来显示所购买商品的信息
morningShow.html	页面,用来输入上午商品信息
afternoonShow.html	页面,用来输入下午商品信息
web.xml	配置 Servlet 相关信息

用户首先访问登录页面(Login),此页面会判断当前时间是上午还是下午,然后根据时间跳转到商品不同的购物页面(morningShow.html 和 afternoonShow.html)。在购物页面选择商品后,会提交到 ShowBuy 页面,显示所购买商品,可以回退反复选择商品,商品将会依次排列下来。

- Login.java

```
package shoppingCart;
import java.io.*;
import javax.servlet.*;
import javax.servlet.http.*;
import java.util.*;
import javax.servlet.annotation.WebServlet;
@WebServlet("/Login")
public class Login extends HttpServlet {
    public void doGet(HttpServletRequest request, HttpServletResponse response)
    throws ServletException, IOException {
        Calendar calendar=Calendar.getInstance();
        Date trialTime=new Date();
        calendar.setTime(trialTime);
        int hour=calendar.get(Calendar.HOUR_OF_DAY);
        HttpSession session=request.getSession(true);
        session.setAttribute("time", hour);
        if(hour < 12) {
            response.sendRedirect("morningShow.html");
        } else {
            response.sendRedirect("afternoonShow.html");
        }
    }
    public void doPost(HttpServletRequest request, HttpServletResponse response)
    throws ServletException, IOException {
        doGet(request, response);
    }
}
```

- afternoonShow.html

```
<!DOCTYPE HTML PUBLIC "-//W3C//DTD HTML 4.01 Transitional//EN">
<html>
<head>
<meta http-equiv="content-type" content="text/html; charset=UTF-8">
<title>Afternoon Goods</title>
</head>
<body>
<center><h1>百货商场</h1></center><hr>
<form action="ShowBuy" method="post">
选购商品<p><input type="Checkbox" name="item" value="0">
第一种:计算器</p>
<p><input type="Checkbox" name="item" value="1">
第二种:收音机</p>
<p><input type="Checkbox" name="item" value="2">
第三种:练习簿</p><HR>
```

```
<input type="Submit" name="bt_submit" value="加入购物袋">
</form>
</body>
</html>
```

• morningShow. html

```
<! DOCTYPE HTML PUBLIC "-//W3C//DTD HTML 4.01 Transitional//EN">
<html>
<head>
<meta http-equiv="content-type" content="text/html; charset=UTF-8">
<title>Morning Goods</title>
</head>
<body>
<center><h1>百货商场</h1></center><hr>
<form action="ShowBuy" method="post">
选购商品<p><input type="Checkbox" name="item" value="0">
第一种:糖果</p>
<p><input type="Checkbox" name="item" value="1">
第二种:牛奶</p>
<p><input type="Checkbox" name="item" value="2">
第三种:苹果</p><HR>
<input type="Submit" name="bt_submit" value="加入购物袋">
</form>
</body>
</html>
```

• ShowBuy. java

```
package shoppingCart;
import javax.servlet.*;
import javax.servlet.http.*;
import java.io.*;
import java.util.*;
import javax.servlet.annotation.WebServlet;
@WebServlet("/ShowBuy")
public class ShowBuy extends HttpServlet {
    public void doGet(HttpServletRequest request, HttpServletResponse response)
    throws ServletException, IOException {
        //上午、下午有不同的商品
        String[] item={"计算器","收音机","练习簿"};
        String[] item1={"糖果","牛奶","苹果"};
        //取得 Session 对象,如果 Session 不存在,为本次会话创建此对象
        HttpSession session=request.getSession(true);
        Integer time=(Integer) session.getAttribute("time");
        //获取选择的商品数目
        Integer itemCount=(Integer) session.getAttribute("itemCount");
        //如果没放入商品,则数目为 0
```

```
        if(itemCount==null) {
            itemCount=new Integer(0);
        }
        response.setContentType("text/html;charset=gb2312");
        PrintWriter out=response.getWriter();
        //取得POST上来的表单信息
        String[] itemsSelected;
        String itemName;
        itemsSelected=request.getParameterValues("item");
        //将选中的商品放入会话对象
        if(itemsSelected!=null) {
            for(int i=0; i < itemsSelected.length; i++) {
                itemName=itemsSelected[i];
                itemCount=new Integer(itemCount.intValue() + 1);
                //购买的条目
                session.setAttribute("Item" + itemCount, itemName);
                //总条目
                session.setAttribute("itemCount", itemCount);
            }
        }
        out.println("<html>");
        out.println("<head><title>购物袋的内容</title></head>");
        out.println("<body>");
        out.println("<center><h1>你放在购物袋中的商品是:</h1></center>");
        //将购物袋的内容写入页面
        for(int i=1; i < itemCount.intValue(); i++) {
            String items=(String) session.getAttribute("Item" + i);
            //取出商品名称,如果是下午,取出下午商品名称
            if(time> 12) {
                out.println(item[Integer.parseInt(items)]);
            } else {
                out.println(item1[Integer.parseInt(items)]);
            }
            out.println("<br>");
        }
        out.println("</body>");
        out.println("</html>");
        out.close();
    }
    public void doPost(HttpServletRequest request, HttpServletResponse response)
    throws ServletException, IOException {
        doGet(request, response);
    }
}
```

注意:表单的使用、session的使用、日期时间的获取、sendRedirect()方法的使用。

案例 4-2　使用 Cookie 保存用户名密码。

- index.jsp

```
<%@ page language="java" import="java.net.URLDecoder" pageEncoding="utf-8"%>
<%
    String username="";
    String password="";
    Cookie cookies[]=request.getCookies();
    if(cookies!=null)
    {
        for(int i=0;i<cookies.length;i++)
        {
            if(cookies[i].getName().equals("Name"))
            {
                username=URLDecoder.decode(cookies[i].getValue(),"utf-8");
            }
            if(cookies[i].getName().equals("Password"))
            {
                password=cookies[i].getValue();
            }
        }
    }
%>
<html>
<head><title>登录页面</title></head>
<body>
<form action="servlet/LoginServlet" method="post">
    用户名:<input type="text" name="username" value="<%out.print(username);%>">
    密 码:<input type="password" name="password" value="<%out.print(password);%>">
    Cookie:
    <select name="cookietime">
    <option value="0">不保存</option>
    <option value="1">一整天</option>
    <option value="30">一整月</option>
    <option value="365">一整年</option>
    </select>
    <input type="submit" name="login" value="登录">
    <input type="responseet" value="重置">
</form>
</body>
</html>
```

- main.jsp

```
<%@ page language="java" import="java.util.*" pageEncoding="utf-8"%>
<html>
<head>
```

```
<title>main</title>
</head>
<body>
HELLO<br>
</body>
</html>
```

- LoginServlet. java

```
package edu.liujie.loginmanager.servlet;
import java.io.*;
import java.net.URLEncoder;
import java.util.Calendar;
import java.util.Date;
import javax.servlet.*;
import javax.servlet.http.*;
@WebServlet("/LoginServlet")
public class LoginServlet extends HttpServlet {
    public LoginServlet() {
        super();
    }
    public void destroy() {
        super.destroy();
    }
    //接收表单通过get方法传递过来的参数
    public void doGet(HttpServletRequest request, HttpServletResponse response)
    throws ServletException, IOException {
        //获取参数
        request.setCharacterEncoding("utf-8");
        String cookietime=request.getParameter("cookietime");
        int cookietimes=Integer.parseInt(cookietime.trim());
        Cookie c=new Cookie("Name",URLEncoder.encode(
        request.getParameter("username"),"utf-8"));
        c.setMaxAge(cookietimes * 60 * 60 * 24);
        c.setPath("/");
        response.addCookie(c);
        Cookie a=new Cookie("Password",request.getParameter("password"));
        a.setMaxAge(cookietimes * 60 * 60 * 24);
        a.setPath("/");
        response.addCookie(a);
        //使用日历计算当前时间,设置message以便传递到首页显示
        Calendar calendar=null;
        String message=null;
        calendar=Calendar.getInstance();
        Date trialTime=new Date();
        calendar.setTime(trialTime);
```

```
        int hour=calendar.get(Calendar.HOUR_OF_DAY);
        if(hour<12){
            message="Good morning!";
        }
        else{
            message="Good afternoon!";
        }
        //根据实际情况执行跳转
        if(request.getParameter("username").equals("张三")&&request.getParameter("password").
        equals("1234"))
        {
            request.setAttribute("message", message);
            request.getRequestDispatcher("/MyJsp.jsp").forward(request,response);
        }
        else
        {
            response.sendRedirect("http://localhost:8080/LoginManager/index.jsp?message=sorry
            please register");
        }
    }
    //接收表单通过 post 方法传递过来的参数,直接调用 doGet()以免出错
    public void doPost(HttpServletRequest request, HttpServletResponse response)
    throws ServletException, IOException {
        this.doGet(request, response);
    }
    //Servlet 的初始化方法
    public void init() throws ServletException {
    }
}
```

常见问题释疑

使用 Cookie 来保存用户名密码

1. 下面哪个类定义了 getWriter 方法?(　　)

A. HttpServletRequest

B. HttpServletResponse

C. ServletConfig

D. ServletContext

答案:B

解释:类 HttpServletResponse 定义了 getWriter()方法。

2. 在 HttpServlet 类中定义的 sendError 方法等同于使用下列哪个参数调用 setStatus 方法?(　　)

A. SC_OK

B. SC_MOVED_TEMPORARILY

C. SC_NOT_FOUND

D. SC_INTERNAL_SERVER_ERROR

E. ESC_BAD_REQUEST

答案:C

解释:sendError(String URL)等同于送出 SC_NOT_FOUND(404)相应代码。

3. 下面哪个类定义了 getSession 方法?(　　)

A. HttpServletRequest

B. HttpServletResponse

C. SessionContext

D. SessionConfig

答案:A

解释:类 HttpServletRequest 定义了 getSession()方法。

4. 要在响应中发送文本输出,可以使用 HttpServletResponse 对象的哪个方法来获取相应的 Writer/Stream 对象?(　　)

A. getStream

B. getOutputStream

C. getBinaryStream

D. getWriter

答案:B

解释:方法 getOutputStream()用作得到一个输出流去送出二进制数据,方法 getWriter 用作得到一个 PrintWriter 对象,这个对象用来送出文本数据。

5. 通过 HttpServlet Request 和 Http Servlet Response,怎么去设置一个 cookie 名为"username",值为" joe"?(　　)

A. request. addCookie ("username". "joe")

B. request. setCookie ("username", "joe")

C. response. addCookie (username", "joe"))

D. request. addHeader (new Cookie ("username", "joe"))

E. request. addCookie (new Cookie ("username", "joe"))

F. response. addCookie (new Cookie ("username", "joe"))

G. response. addHeader (new Cookie ("username", "joe"))

答案:F

解释:首先,通过 new Cookie ("username", "joe")生成一个 Cookie 对象,然后通过 response. addCookie 设置 Cookie。

6. Servlet A 收到了一个请求,转发到在同一个 Web 容器中的另一个 Web 应用程序中 Servlet B。Servlet A 和 Servlet B 需要共享数据,要求数据在同一个容器内对其他的 Servlet 不可见。对象可以在 A 共享给 B 的数据存储在哪个里面?(　　)

A. HttpSession

B. ServletConfig

C. ServletContext

D. HttpServletRequest

E. HttpServletResponse

答案:D

解释:使用forwards方式跳转,传值可以使用三种方法:URL中带parameter,session,request.setAttribute。因为要求数据在同一个容器内对其他的Servlet不可见,所以选择HttpServletRequest。

7.公司的策略是禁止在任何公司数据库中存储客户的信用卡号。但是用户抱怨不想为每笔交易重新输入信用卡号。公司决定使用客户端Cookie记录用户的信用卡号120天。下列哪个代码片段创建信用卡Cookie,并将其添加到要存储在用户Web浏览器上的输出响应中?( )

A

```
Cookie c = new Cookie("creditCard", usersCard);
c.setSecure(true);
c.setAge(10368000);
response.addCookie(c);
```

B.

```
Cookie c = new Cookie("creditCard", usersCard);
c.setHttps(true);
c.setMaxAge(10368000);
response.setCookie(c);
```

C.

```
Cookie c = new Cookie("creditCard", usersCard);
c.setSecure(true);
c.setMaxAge(10368000);
response.addCookie(c);
```

D.

```
Cookie c = new Cookie("creditCard", usersCard);
c.setHttps(true);
c.setAge(10368000);
response.addCookie(c);
```

E.

```
Cookie c = new Cookie("creditCard", usersCard);
c.setSecure(true);
c.setAge(10368000);
response.setCookie(c);
```

答案:C

解释:首先新建一个名为c的Cookie对象,然后设置其Secure为true,再接着设置其生命期,最后通过addCookie()写入客户端。

8.需要从HTTP请求中检索名字为“username”的Cookie。如果此Cookie不存在,则c变量将为null。用哪些代码段来检索此Cookie对象?( )

A.

```
Cookie c = request.getCookie("username");
```

B.

```
Cookie c = null;
for ( Iterator i = request. getCookies();
i. hasNext(); ) {
    Cookie o = (Cookie) i. next();
    if ( o. getName(). equals("username") ) {
        c = o;
        break;
    }
}
```

C.

```
Cookie c = null;
for ( Enumeration e = request. getCookies();
e. hasMoreElements(); ) {
    Cookie o = (Cookie) e. nextElement();
    if ( o. getName(). equals("username") ) {
        c = o;
        break;
    }
}
```

D.

```
Cookie c = null;
Cookie[] cookies = request. getCookies();
for ( int i = 0; i < cookies. length; i++ ) {
    if ( cookies[i]. getName(). equals("username") ) {
        c = cookies[i];
        break;
    }
}
```

答案:D

解释:首先设置 Cookie c 为 null,然后查找是否有名字为"username"的 Cookie,如果找到将其值赋给 c。

情境案例提示

本书中的项目案例——生产性企业招聘管理系统,其中就用到了 Servlet,相关的程序文件功能见表 4-12。

表 4-12　　项目中 Servlet 的文件功能

文件名	功能描述
ApplierServlet. java	处理应聘信息

（续表）

文件名	功能描述
LoginServlet. java	对登录用户进行验证
PeixunkaServlet. java	处理培训记录信息
PeixunServlet. java	处理培训计划信息
PostServlet. java	对岗位信息进行管理
RoleServlet. java	对权限进行管理
UserServlet. java	对用户进行管理

其中有一个对登录用户进行验证的 Servlet(LoginServlet. java)文件，当用户进行登录验证时，登录请求会提交给此 Servlet。在此 Servlet 中，将会对用户的用户名和密码进行验证，同时会判断用户是以什么身份登录的，以跳转到不同的页面。这一部分主要涉及了本任务所讲内容。包括：

1. 通过 request. getParameter 获取页面传过来的参数。

2. 通过 request. getSession(). setAttribute("",)将用户信息放入 Session 中。

3. 通过 request. getSession(). getAttribute("")得到 Session 信息。

4. 通过 response. sendRedirect("")进行页面跳转。

5. 通过 request. getRequestDispatcher(""). forward(request, response)将携带参数进行页面重定向。

此 Servlet 的说明如下：

1. 在这个 Servlet 中，可以对登录和注册都进行处理，通过“status”这个表单值进行判断。

2. 在登录处理时，通过调用 UserDaoImpl. java 中的方法 islogin 访问数据库，判断用户名和密码是否正确。如果正确，将会对登录的角色进行判断，根据登录时选择的不同角色进入不同的页面；如果用户名或密码不正确，将返回登录页面。

3. 在注册处理时，首先检查验证码是否正确，如果不正确，写入错误提示信息。如果正确，将通过调用访问数据库的方法 isExist，判断用户是否已经存在数据库中了，如果不正确，写入错误提示信息；如果正确，通过调用访问数据库的 insert 方法将数据写入数据库，同时给出正确的提示信息。所有的处理完成后，返回登录页面。

具体的过程见下面的代码注释。

```
public void doPost(HttpServletRequest request, HttpServletResponse response)
throws ServletException, IOException {
    //在登录页面和注册页面中有隐藏的表单项，名字为“status”，通过这个值来判断请求来自哪个页面
    String status=request. getParameter("status");
    //比较 status，如果是登录页面跳转过来的，进行登录检查处理程序
    if("login". equals(status)){
        //获取用户名和密码
        String username=request. getParameter("name");
        String password=request. getParameter("password");
        User user=null;
        //调用数据库处理的 islogin 方法判断用户名和密码是否存在
        try {
            user=FactoryDao. getInstanceUserDao(). islogin(username,password);
```

```
            } catch(Exception e) {
                //TODO Auto-generated catch block
                e.printStackTrace();
            }
            //如果用户名和密码正确,则判断登录时选择的角色
            if(user!=null){
                request.getSession().setAttribute("mes_user", user);
                //判断登录的角色,如果是管理员,就跳转到管理员页面
                if("管理员".equals(user.getRole().getRolename()))
                    response.sendRedirect("admin/index.jsp");
                //判断登录的角色,如果是应聘者,就跳转到应聘者页面
                if("应聘者".equals(user.getRole().getRolename()))
                    response.sendRedirect("zpgl/ApplierServlet?status=selectalljob");
            }
            //如果用户名或密码不正确,将返回登录页面
            else{
                request.setAttribute("message","用户名或密码错误!");
                request.getRequestDispatcher("/login.jsp").forward(request, response);
            }
        }
        //比较status,如果是注册页面跳转过来的,进行注册处理程序
        if("register".equals(status)){
            String username=request.getParameter("username");
            String password=request.getParameter("password");
            String question=request.getParameter("question");
            String answer=request.getParameter("answer");
            String email=request.getParameter("email");
            String code=request.getParameter("code");
            String ccode=(String)request.getSession().getAttribute("ccode");
            //如果验证码正确,则准备访问数据库保存数据
            if(ccode.equals(code)){
                User user=new User();
                user.setUsername(username);
                user.setPassword(password);
                user.setQuestion(question);
                user.setAnswer(answer);
                user.setEmail(email);
                try {
                    //调用访问数据库的方法isExist,判断用户是否已经存在数据库中了,如果不正确,
                      写入错误提示信息
                    if(FactoryDao.getInstanceUserDao().isExist(username)){
                        request.setAttribute("message","该用户名已经存在!");
                    }else{
                        //如果正确,通过调用访问数据库的insert方法将数据写入数据库,同时给出正
                          确的提示信息
```

```
                    FactoryDao.getInstanceUserDao().insert(user);
                    request.setAttribute("message", "恭喜,注册成功!");
                }
            } catch(Exception e) {
                e.printStackTrace();
            }
        }else{
            request.setAttribute("message", "验证码错误!");
        }
        //所有的处理完成后,返回登录页面
        request.getRequestDispatcher("/login.jsp").forward(request, response);
    }
}
```

任务小结

Servlet API提供了大量的类和接口,熟悉Servlet API常用的类和接口是深入掌握和运用Servlet技术的基础。Servlet配置相关的接口javax.servlet.ServletConfig主要用于Servlet容器在Servlet初始化期间传递信息给Servlet。Servlet实现常用到的相关类有javax.servlet.http.HttpServlet。

Servlet部署在Servlet容器中,其生命周期由容器来管理,Servlet的生命周期开始于将它装入Web服务器时,结束于终止或重新装入Servlet时。

Servlet通过调用HttpServletRequest对象的相关方法读取表单数据和请求报头信息,调用HttpServletResponse对象的相关方法设置HTTP响应报头及状态代码。

HTTP协议是无状态的协议,服务器无法从连接上跟踪会话,因此在Java Web应用设计时通常使用Cookie和Session来跟踪会话,以弥补HTTP协议的不足。Cookie保存在客户端,而Session保存在服务器上。

HttpServletResponse对象的sendRedirect方法与RequestDispatcher对象的forward方法都可以实现用户请求的转发,sendRedirect方法使客户端浏览器重新跳转到其指定的URL路径,而forward方法在服务器端内部将请求转发给另一个资源。

在编程时需强调代码规范,培养科学严谨、精益求精的工匠精神。工匠精神是一种职业精神,它是职业道德、职业能力和职业品质的体现,是从业者的一种职业价值取向和行为表现。在职位岗位上要保证软件系统运行时正确、稳定,保证客户的需求被精确采集和纳入软件开发计划,保证软件运行时遇到问题能被及时解决。

实战演练

[实战4-1]修改4.5节中的HTTP请求响应模型应用程序,当登录成功,转入loginOK.html时,需要将登录者的用户名传入loginOK.html页面上并显示出来。

[实战4-2]使用Cookie完成一个基于浏览器的个性化网页设置。对于同一个页面,不同的客户端(不同的计算机)可以对其颜色、字体等进行个性化设置,设置后相互之间不影响。这样每次不同的客户端(不同的计算机)访问同一个页面看到的是自己个性化的网页。

[实战 4-3] 使用 Session 完成一个购物网站功能。在一个页面中进行购物,购物完成后跳转到另外一个页面显示所购商品的名称和数量,可以回到购物页面进行反复购物,商品数量进行累加。

[实战 4-4] 选用合适的方式(sendRedirect,forward)完成以下功能。在 A 页面输入"天问一号",提交给 B 页面,B 页面自动跳转到 C 页面,将在 A 页面上输入的数据在 C 页面上显示。

[实战 4-5] 统计 Web 站点上的一个特定页面的访问次数,在某个新闻网站详细报道了神舟十二号载人飞船发射圆满成功,希望知道这个新闻每天的阅读量并显示。选用合适的方式(Session,Cookie)完成这个功能。

知识拓展

微课

代码规范和程序员的职业素养

代码规范与程序员职业素养

一、代码规范

作为一名软件开发人员,良好的编写习惯,不但有助于代码的移植和纠错,也有助于不同技术人员之间的协作。代码规范在项目团队中有着重要作用,团队统一代码规范,有助于提升代码可读性以及工作效率,为软件过程体系优化打好基础,提高代码质量。

代码规范的意义:

- 代码规范减少了工作交接过程中的交流成本。
- 规范可以改善软件的可读性,让程序员尽快理解代码,提高工作效率。
- 良好的编码规范可以有效避免一些错误,降低开发和维护成本。

每个公司都有自己的代码规范要求,下面代码规范包括了一些比较通用的建议。

1. 命名规范

(1)名字应该能够标识事物的特性。

(2)在名字中,多个单词用大写第一个字母(其他字母小写)来分隔。

(3)方法名、参数名统一使用驼峰命名法(Camel 命名法),除首字母外,其他单词的首字母大写,其他字母小写,类名每个组合的单词都要大写。

2. 注释规范

(1)注释信息不仅要包括代码的功能,还应给出原因。

(2)除变量定义等较短语句的注释可用行尾注释外,其他注释当避免使用行尾注释。

(3)对每个类、方法都应详细说明其功能、条件、参数等。

3. Java 代码规范

(1)class 的名字由大写字母开头而其他字母都小写的单词组成;如果是由多个单词组成,则每个单词的开头字母都需大写。

(2)变量的名字用一个小写字母开头,后面的单词用大写字母开头。

(3)参数的名字和变量的命名规范一致。

二、程序员职业素养

程序员不仅需要掌握开发技能,职业素养也是非常关键的。下面是程序员所应该具备的一些职业素养。

1. 团队精神和协作能力

团队精神和协作能力是程序员应具备的基本素质,从事产品化的开发任务必须具备这种素质。

2. 文档习惯

文档是一个软件系统的生命力，需要将一定的工作时间用于写技术文档。

3. 需求理解能力

要能正确理解任务单中描述的需求，不仅仅要注意到软件的功能需求，还应注意软件的性能需求，要能正确评估自己开发的模块对整个项目的影响。

4. 测试习惯

测试是软件工程质量保证的重要环节，测试不仅要进行正常的程序调试，也要进行异常测试。

5. 学习和总结的能力

经常总结自己的技术水平，对自己的技术层面要有良好的定位，逐步提高自己。

任务5 JSP应用

能力目标

1. 掌握 JSP 脚本标签的使用方法、JSP 常用内置对象的使用方法。
2. 掌握 JSP 指令标签、JSP 动作标签。
3. 了解 JSP 页面的基本结构、页面中文乱码问题。

素质目标

1. 培养观察辨别能力。
2. 培养分析与解决问题的能力。
3. 提升代码与文档书写规范意识。
4. 培养精益细致的工匠精神。

加法口算
应用程序编写

5.1 JSP 语法

5.1.1 JSP 页面的基本结构

JSP 页面是由 HTML、JavaScript 和 CSS 等静态网页技术代码与 JSP 动态网页技术代码混合编辑而成。当有用户访问某 JSP 页面时，其中的 JSP 动态网页技术代码会被当作 Java 程序代码解释执行，并动态生成静态网页技术代码与原有的静态代码混合发送到用户的网页浏览器中进行解释执行显示。因此用户使用网页浏览器查看页面源文件时，只能看到静态网页技术代码，而看不到 JSP 动态网页技术代码。

JSP 动态网页技术代码包括 JSP 脚本标签、JSP 指令标签和 JSP 动作标签等。

5.1.2 JSP 中的注释

JSP 页面中有两种类型的注释：一种是采用 JSP 语法，其形式为＜%--注释内容--%＞；另一种采用 HTML 语法，其形式为＜! --注释内容--＞。两种注释的区别在于采用 JSP 语法的注释不会出现在客户端页面源文件中，而采用 HTML 语法的注释则会显示在客户端页面源文件中。

5.1.3 JSP 脚本标签

JSP 脚本标签通常用作对象操作和数据运算，从而动态地生成页面内容。这里有三种类型的脚本标签：声明、代码段和表达式。

1. 声明

声明是用来定义将在 JSP 页面中使用的变量和方法，在声明标签中声明的变量和方法在整个页面范围内是有效的。其语法如下：

```
<%! 声明内容%>
```

下面的三行代码演示了声明标签的具体用法，第一行代码声明了一个 int 型的变量 i，第二行代码声明了 int 型的变量 i 并对其赋初值 6，第三行代码声明并定义了一个对给定整数值求平方的方法。

```
<%! int i;%>
<%! int i=6;%>
<%! public int square(int i) { return i*i;}%>
```

2. 代码段

在 JSP 页面中，Java 代码段放在符号<%和%>之间。其语法如下：

```
<%代码段%>
```

例程 5-1 演示了代码段标签的用法，此例程判断整型变量 i 的奇偶性，并将结果输出到页面。

例程 5-1　javaCode1.jsp

```
<%! int i=7;%>
<%
    if(i % 2==0) {
        out.write("i is even!");
    } else {
        out.write("i is odd!");
    }
%>
```

运行效果如图 5-1 所示。

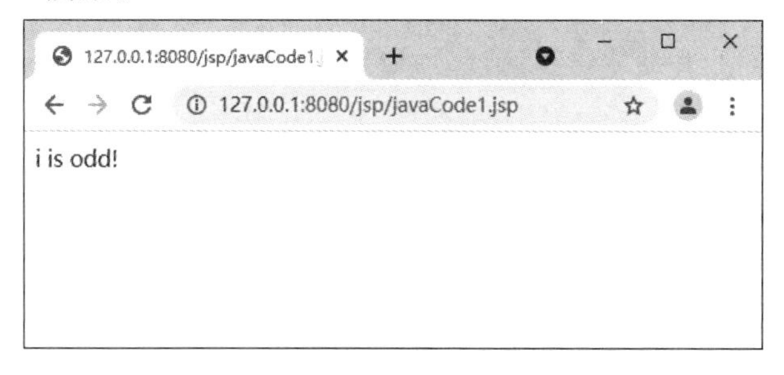

图 5-1　javaCode1.jsp 的运行效果

此例程中的 out 对象是 JSP 的内置对象，可以在 JSP 页面代码段中直接调用其相关方法。out.write()方法可以将字符串输出到页面显示。关于 JSP 内置对象，下节将有详细介绍。

一个 JSP 页面中可以有多个代码段，每个代码段的 Java 代码可以不完整，并且在每个代码段之间还可以混入 HTML 语句，编译时 JSP 容器会将这些代码段按顺序合并成一个完整的代码。例如可以将上面的例程改写为：

例程 5-2　javaCode2.jsp

```
<%! int i=6;%>
<%if(i % 2==0) {%>
<b>i is even! </b>
<%} else {%>
<b>i is odd! </b>
<%}%>
```

3. 表达式

在JSP中通过表达式标签可以直接将表达式结果显示在网页中。表达式标签的语法如下：

```
<%=表达式%>
```

例程5-3演示了表达式标签的用法。

例程5-3 expression.jsp

```
<%! int i=5;%>
<%! public int square(int i) {
    return i * i;
}%>
<%=i * square(i)%>
```

运行效果如图5-2所示。

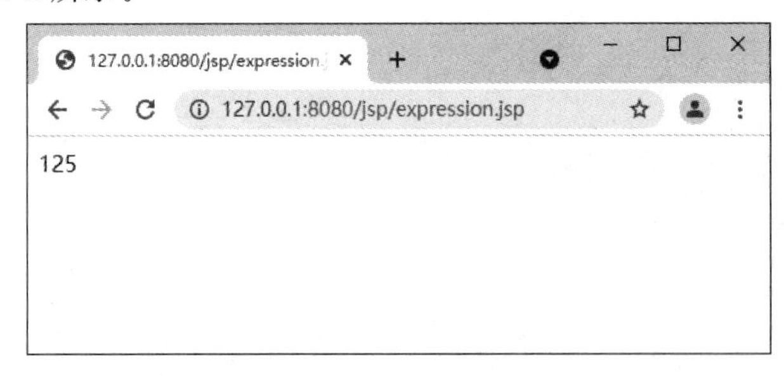

图5-2 expression.jsp的运行效果

5.1.4 JSP指令标签

JSP指令标签为JSP容器编译和执行JSP页面时提供相关信息，不会对当前输出流产生影响。其语法如下：

```
<%@ 指令名属性名="属性值"%>
```

指令名有三种：page、include和taglib。

1. page指令

page指令定义了一系列与页面相关的属性。其语法如下：

```
<%@ page page_directive_attr_list%>
page_directive_attr_list::={ language="scriptingLanguage" }
{ extends="className" }
{ import="importList" }
{ session="true|false" }
{ buffer="none|sizekb" }
{ autoFlush="true|false" }
{ isThreadSafe="true|false" }
{ info="info_text" }
{ errorPage="error_url" }
{ isErrorPage="true|false" }
{ contentType="ctinfo" }
{ pageEncoding="peinfo" }
{ isELIgnored="true|false" }
```

page 指令的相关属性说明见表 5-1。

表 5-1　　page 指令属性

属性名	说　明
language	定义页面的脚本语言类型。在 JSP 2.0 规范中，这里的属性值只能是 java
extends	定义此 JSP 页面将转换成的 Servlet 的超类
import	引入需使用的类，与 Java 语言中的 import 作用相同
session	指定页面中是否能使用内置 session 对象，缺省值为 true
buffer	指定页面输出缓冲区的大小，单位为 KB，none 表示不设置缓冲区直接输出，缺省值大于 8 KB
autoFlush	设置当缓冲区满时，是自动输出（true），还是抛出异常（false），缺省值为 true。注意不能同时设置 buffer=none，autoFlush=false
isThreadSafe	设置页面是否同时处理多个 request，缺省值为 true
info	定义页面的相关信息
errorPage	指定当前页面执行时，发生无法处理的异常后要跳转的错误信息页面 URL
isErrorPage	指定当前页面是否为错误信息页面。缺省值为 false
contentType	指定当前页面响应的 MIME 类型和字符编码，同时也可以指定当前页面的字符编码
pageEncoding	指定当前页面的字符编码
isELIgnored	设置是否忽略 EL 语句（详见任务 10）

page 指令的属性虽然有很多，但大部分可以使用缺省值而无须在 JSP 页面中进行设置，下面结合实例详细介绍三个常用的属性：import、contentType 和 pageEncoding。

（1）import 属性

在 JSP 页面中，会用到系统或用户设计的 Java 类，此时需要通过 import 属性将这个类引入页面中，其作用与 Java 语言中的关键字 import 相同。

例程 5-4　import. jsp

```
<%@ page import="java.util.Date,java.text.*"%>
<html>
<head><title>import</title></head>
<body>
<%
    Date currentTime=new Date();
    SimpleDateFormat dateFormat=new SimpleDateFormat("yyyy/MM/dd");
    SimpleDateFormat timeFormat=new SimpleDateFormat("hh:mm:ss");
    out.write("Date: " + dateFormat.format(currentTime) + "<br>");
    out.write("Time: " + timeFormat.format(currentTime));
%>
</body>
</html>
```

运行效果如图 5-3 所示。

此例程用于显示服务器当前日期和时间，在代码中使用了 Date 类和 SimpleDateFormat 类，因此要使用 import 属性导入，导入时可指定包中某一个类，如<%@ page import="java. util. Date"%>，也可使用通配符“ * ”指定包中所有的类，如<%@ page import="java. text.

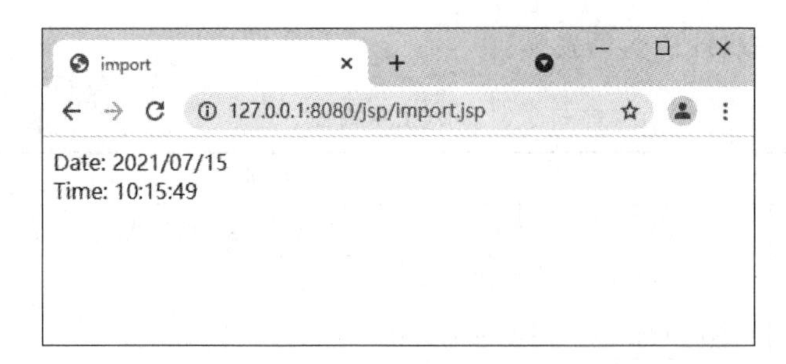

图 5-3 import.jsp 的运行效果

"%>。使用一个 import 属性也可以同时导入多个包中的类，中间使用逗号隔开，例如上面的例子也可以写为<%@ page import="java.util.Date,java.text."%>。

(2)contentType 和 pageEncoding 属性

contentType 属性指定当前页面响应的 MIME 类型和字符编码，同时也可以指定当前页面的字符编码。例如<%@ page contentType="text/html;charset=utf-8"%>表示当前的 JSP 页面被访问时将以 utf-8 编码的 HTML 页面返回给用户端。MIME(Multipurpose Internet Mail Extensions)是指多功能 Internet 邮件扩充服务，用于设定某种扩展名的文件使用哪种应用程序来打开的方式类型，当该扩展名文件被访问的时候，浏览器会自动使用指定应用程序来打开。MIME 类型和字符编码都必须符合 IANA 规范，可以通过 IANA 网站 http://www.iana.org 了解详细内容。

pageEncoding 属性指定当前页面的字符编码。在任务 3 中已经介绍过，JSP 在服务器上首先被编译成 Servlet，pageEncoding 的作用就是告诉 JSP 编译器在将 JSP 文件编译成 Servlet 时使用的编码。在这里要注意 pageEncoding 属性与 contentType 属性指定的字符编码之间的区别。使用 contentType 属性指定的字符编码是当前页面响应内容的字符编码，如果页面中没有使用 pageEncoding 属性指定当前页面的字符编码，就默认为 contentType 属性中指定的字符编码，如果 contentType 属性中也没有设置，则默认为"ISO-8859-1"。

例程 5-5 pageEncoding.jsp

```
<%@ page contentType="text/html;charset=GB2312" pageEncoding="utf-8"%>
<html><head><title>pageEncoding</title></head>
<body>
本页面的字符编码为 UTF-8，编译执行后将以 GB2312 编码的 HTML 页面响应给客户端。
</body>
</html>
```

运行效果如图 5-4 所示。

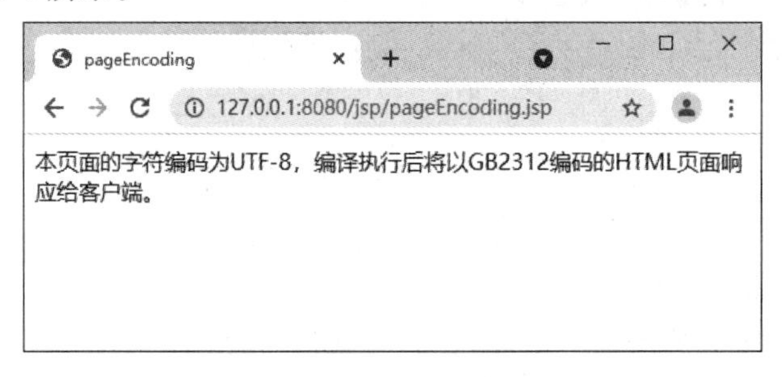

图 5-4 pageEncoding.jsp 的运行效果

此例页面中包含中文，如没有第一行代码设置当前页面的正确字符编码方式，则当前页面的字符编码默认为“ISO-8859-1”，在Eclipse保存此页面文件时就会出现问题，因为Eclipse会以页面指定的字符编码来保存页面文件，而“ISO-8859-1”字符编码中没有中文编码。因此在页面中包含中文的情况下一定要设置正确的字符编码方式，通常设置为“utf-8”或者“GB2312”。

如果上面例子的第一行修改为：

```
<%@ page contentType="text/html;charset=ISO-8859-1" pageEncoding="utf-8"%>
```

也就是当前页面编译执行后将以“ISO-8859-1”编码的HTML页面响应给客户端。修改后此页面文件在Eclipse中能正常保存，但用户通过浏览器访问此页面时，此页面中所有的中文都显示为乱码，这里也说明了pageEncoding属性和contentType属性中设置字符编码的区别。

2. include 指令

在JSP页面中通过include指令插入其他文件包含的文本或代码。其语法如下：

```
<%@ include file="relativeURLspec"%>
```

relativeURLspec表示插入文件的相对URL。类似于“http://＊＊＊/”的绝对URL不能作为file的属性值。

include指令通常用于结构化网页设计。在一个Web应用中通常会包含很多网页，为保持Web应用风格的一致性，每个网页都采用相同的网站标题和菜单等，这时需要采用结构化网页设计，也就是将每个网页中相同的部分设计成单独的文件，然后使用include指令将这些文件包含到页面中。当Web应用中的网站标题或菜单等需要修改时，就只需要修改少量文件，而无须修改每一个网页。

3. taglib 指令

在JSP页面设计时，用户可以使用扩展的标签实现相关功能，此时就需要通过taglib指令引入标签所属的标签库。这里的标签库可以是用户自定义的，也可以是JSTL，关于JSP标签库将在任务10中详细介绍。

taglib指令的语法如下：

```
<%@ taglib(uri="tagLibraryURI" | tagdir="tagDir") prefix="tagPrefix"%>
```

taglib指令的相关属性说明见表5-2。

表5-2　taglib指令属性

属性名	说　明
uri	指定标签库描述文件的位置，可以是绝对URI或相对URI
tagdir	指定标签文件所在的目录，标签文件必须安装在/WEB-INF/tags/目录或其子目录下，因此tagdir属性值必须以/WEB-INF/tags/开头
prefix	作为标签的前缀字符串，代表uri或tagdir指定的标签库。prefix的属性值可以自定义，但字符串jsp、jspx、java、javax、servlet、sun和sunw作为保留字不能被使用

5.1.5　JSP动作标签

用户可以使用JSP动作标签向当前输出流输出数据，进行页面定向，也可以通过动作标签使用、修改和创建对象。JSP规范中提供了几种标准的动作标签，这些标签都是以JSP为前缀字符串。表5-3中列举了JSP中常用的标准动作标签。

表5-3 JSP常用标准动作标签

动作标签	说明
<jsp:useBean>	在指定范围内获取或创建一个JavaBean
<jsp:setProperty>	设置JavaBean的属性值
<jsp:getProperty>	获取JavaBean的属性值
<jsp:include>	将同一个Web应用中静态或动态的资源包含到当前页面中
<jsp:forward>	将当前页面进行跳转
<jsp:param>	设置传递的参数

与JavaBean相关的<jsp:useBean>、<jsp:setProperty>和<jsp:getProperty>动作标签将在任务6介绍，这里重点介绍<jsp:include>、<jsp:param>和<jsp:forward>的使用。

1. <jsp:include>标签和<jsp:param>标签

<jsp:include>标签将同一个Web应用中静态或动态的资源包含到当前页面中。语法如下：

```
<jsp:include page="urlSpec" flush="true|false"/>
```

page属性指定包含资源的相对URL。flush属性为可选属性，当flush的值设置为true时，表示立即将缓冲区的内容输出，其缺省值为false。

在<jsp:include>标签中嵌套<jsp:param>标签还可以将参数传递给包含的资源。语法如下：

```
<jsp:include page="urlSpec" flush="true|false">
<jsp:param name="name" value="value"/>
</jsp:include>
```

<jsp:param>标签中的name属性指定参数名，value属性指定参数值。<jsp:include>标签里可嵌套多个<jsp:param>标签。

2. <jsp:forward>标签

<jsp:forward>标签能实时地从当前JSP页面跳转到同一个Web应用中的静态资源、JSP页面或Servlet，同时有效地终止当前JSP页面的执行。其语法如下：

```
<jsp:forward page="relativeURLspec"/>
```

page属性指定要跳转资源的相对URL。

在<jsp:forward>标签中嵌套<jsp:param>标签还可将参数传递给要跳转的页面。语法如下：

```
<jsp: forward page="urlSpec">
<jsp:param name="name" value="value"/>
</jsp:forward>
```

<jsp: forward>标签里可嵌套多个<jsp:param>标签。

例程5-6 forward.jsp

```
<%@ page contentType="text/html;charset=utf-8"%>
<html>
<head><title>forward</title></head>
```

```
<body>
<jsp:forward page="welcome.jsp">
<jsp:param name="username" value="Tom"/>
<jsp:param name="gender" value="male"/>
</jsp:forward>
</body>
</html>
```

例程 5-7 welcome. jsp

```
<%@ page contentType="text/html;charset=utf-8"%>
<html>
<head><title>welcome</title></head>
<body>
<%
    String gender=request.getParameter("gender");
    if(gender.equals("male")){
        gender="Mr.";
    }
    else if(gender.equals("female")){
        gender="Ms.";
    }
    else{
        gender="";
    }
%>
Welcome! <%=gender%><%=request.getParameter("username")%>
</body>
</html>
```

运行效果如图 5-5 所示。

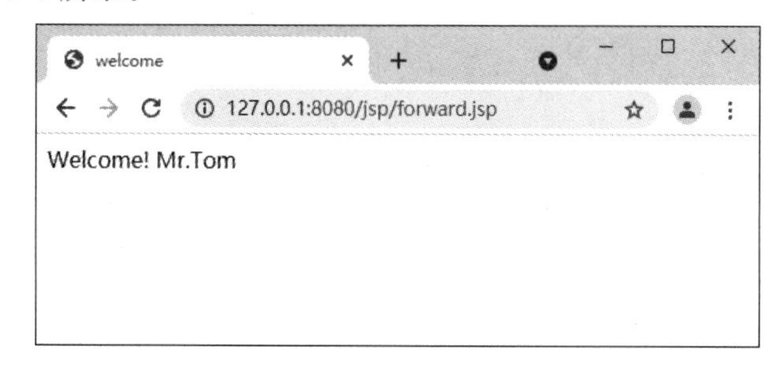

图 5-5 forward. jsp 的运行效果

在上面两个例程中，当用户访问 forward. jsp 页面时，浏览器会跳转到同一目录下的 welcome. jsp 页面，同时将值为“Tom”的参数 username 和值为“male”的参数 gender 传递给 welcome. jsp 页面，在 welcome. jsp 页面通过 request 对象的 getParameter 方法获取参数值。request 的对象也是属于 JSP 的内置对象，将在下节详细介绍。

5.2 JSP内置对象

当JSP页面处理一个用户访问请求时，可以创建或访问Java对象。通常情况下，在JSP页面中需先声明一个变量，然后将变量引用到某个实例化对象后才能使用。在JSP规范中指定了几个内置对象，可以直接使用，而不需要先进行声明和实例化。

5.2.1 request对象

用户注册应用程序编写

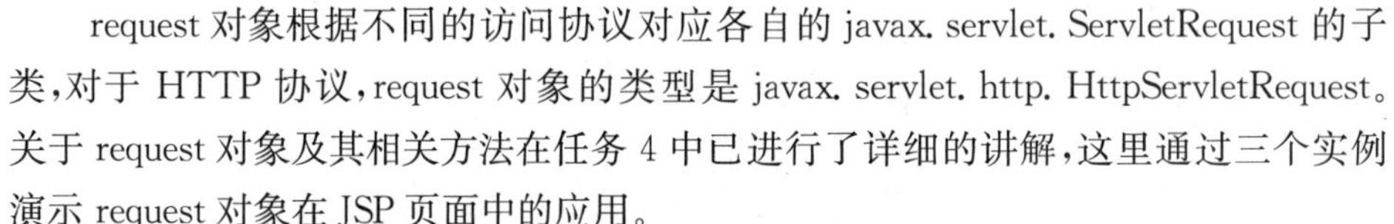
request对象根据不同的访问协议对应各自的javax. servlet. ServletRequest的子类，对于HTTP协议，request对象的类型是javax. servlet. http. HttpServletRequest。关于request对象及其相关方法在任务4中已进行了详细的讲解，这里通过三个实例演示request对象在JSP页面中的应用。

1. 接收用户表单信息

当用户填写好表单信息，单击提交按钮时，表单信息会通过HTTP协议传递到服务器端，此时Web服务器实例化一个request对象，然后把这些表单信息作为参数存放在request对象中，最后此request对象会被传递给用户数据要提交的JSP页面作为其内置对象。在JSP页面中可以使用request的getParameter方法来获取相应的参数值。

例程5-8 login. jsp

```
<%@ page contentType="text/html;charset=utf-8"%>
<html>
<head><title>用户登录</title></head>
<body>
<form action="validate.jsp">
用户名：<input type="text" name="username"><br>
密 码：<input type="text" name="pwd"><br>
<input type="submit" name="loginbtn" value="确定">
</form>
</body>
</html>
```

例程5-9 validate. jsp

```
<%@ page contentType="text/html;charset=utf-8"%>
<html>
<head><title>登录验证</title></head>
<body>
<%
    String username=request.getParameter("username");
    String password=request.getParameter("pwd");
    if (username.equals("root") && password.equals("0701")) {
        out.write("中国梦的基本内涵：国家富强、民族振兴、人民幸福");
    } else {
        out.write("用户名密码不匹配!");
    }
```

```
%>
</body>
</html>
```

例程 5-8 中的 login. jsp 页面表单中有两个文本框，让用户分别填写用户名和密码。用户填写相关信息并单击【确定】按钮后，数据将会被提交到<form>标签中 action 属性指定的 url，在这里是 validate. jsp 页面，文本框的 name 属性值作为参数名，用户填写的信息作为参数值被存放到传递给 validate. jsp 页面的 request 对象中，然后在 validate. jsp 页面使用 request 对象的 getParameter 方法获取用户填写的用户名和密码，最后根据预设值判断用户填写的用户名和密码是否匹配，从而显示响应的信息。运行效果如图 5-6 和图 5-7 所示。

图 5-6　用户登录页面

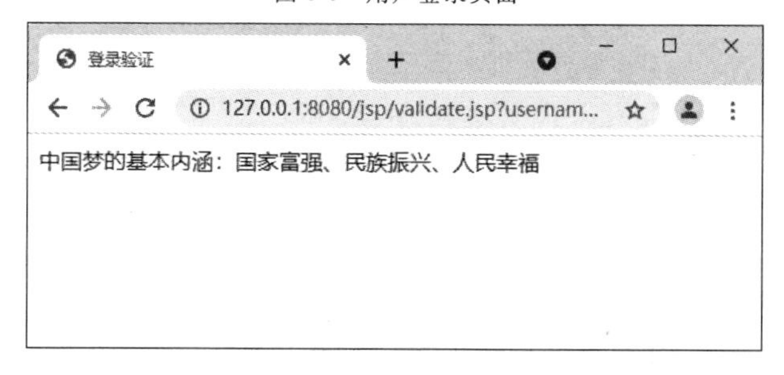

图 5-7　登录验证页面

2. 获取 request 对象中所有的参数

例程 5-10　register. jsp

```
<%@ page contentType="text/html;charset=utf-8"%>
<html>
<head><title>register</title></head>
<body>
<form action="reqParams. jsp">
name:<input type="text" name="username"><br>
gender:<input type="Radio" name="gender" value="male" checked>
male<input type="Radio" name="gender" value="female">
female<br><input type="submit" name="submitbtn" value="submit">
</form>
</body>
</html>
```

例程 5-11　reqParams. jsp

```
<%@ page contentType="text/html;charset=utf-8"%>
<%@ page import="java. util. *"%>
```

```
<html>
<head><title>reqParams</title></head>
<body>
request 对象中的参数:<br>
<%
    String paramName="";
    Enumeration paramNames=request.getParameterNames();
    while(paramNames.hasMoreElements()) {
        paramName=(String) paramNames.nextElement();
        out.write(paramName + "=" +
        request.getParameter(paramName)+ "<br>");
    }
%>
</body>
</html>
```

在 reqParams.jsp 页面中将 register.jsp 页面表单中提交过来的参数全部显示出来，其中包括一个文本框信息、一个单选框信息和一个按钮信息。运行效果如图 5-8 和图 5-9 所示。

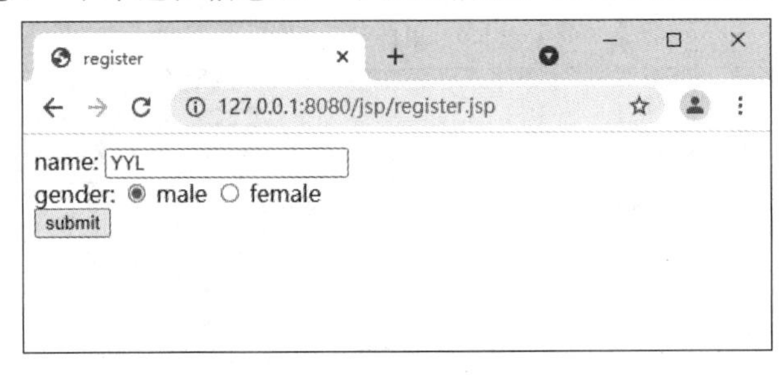

图 5-8 register.jsp 的运行效果

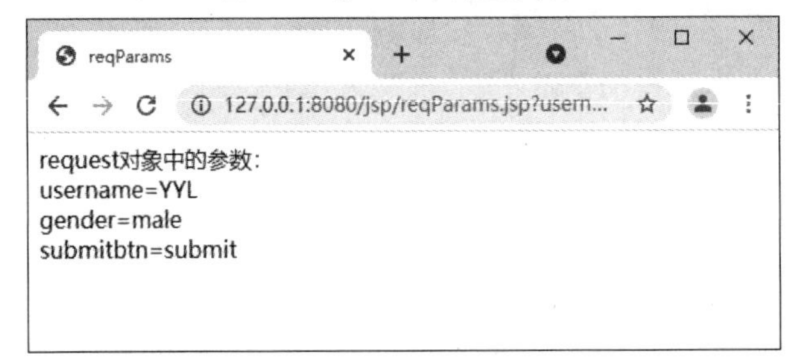

图 5-9 reqParams.jsp 的运行效果

3. 获取 HTTP 请求信息

例程 5-12 clientInfo.jsp

```
<%@ page contentType="text/html;charset=utf-8"%>
<%@ page import="java.util.*"%>
<html>
<head><title>HTTP 协议信息</title></head>
<body>
HTTP 头部信息:<br>
<%
```

```
        String headName="";
        Enumeration headNames=request. getHeaderNames();
        while(headNames. hasMoreElements()) {
            headName=(String) headNames. nextElement();
            out. write(headName + "=" + request. getHeader(headName)+ "<br>");
        }
        out. write("提交方法:" + request. getMethod() + "<br>");
        out. write("请求路径:" + request. getRequestURL() + "<br>");
        out. write("服务器名称:" + request. getServerName() + "<br>");
        out. write("服务器端口号:" + request. getServerPort() + "<br>");
        out. write("客户端 IP 地址:" + request. getRemoteAddr() +"<br>");
        out. write("客户端主机名称:" + request. getRemoteHost() + "<br>");
        out. write("协议名称:" + request. getProtocol() + "<br>");
    %>
    </body>
    </html>
```

运行效果如图 5-10 所示。

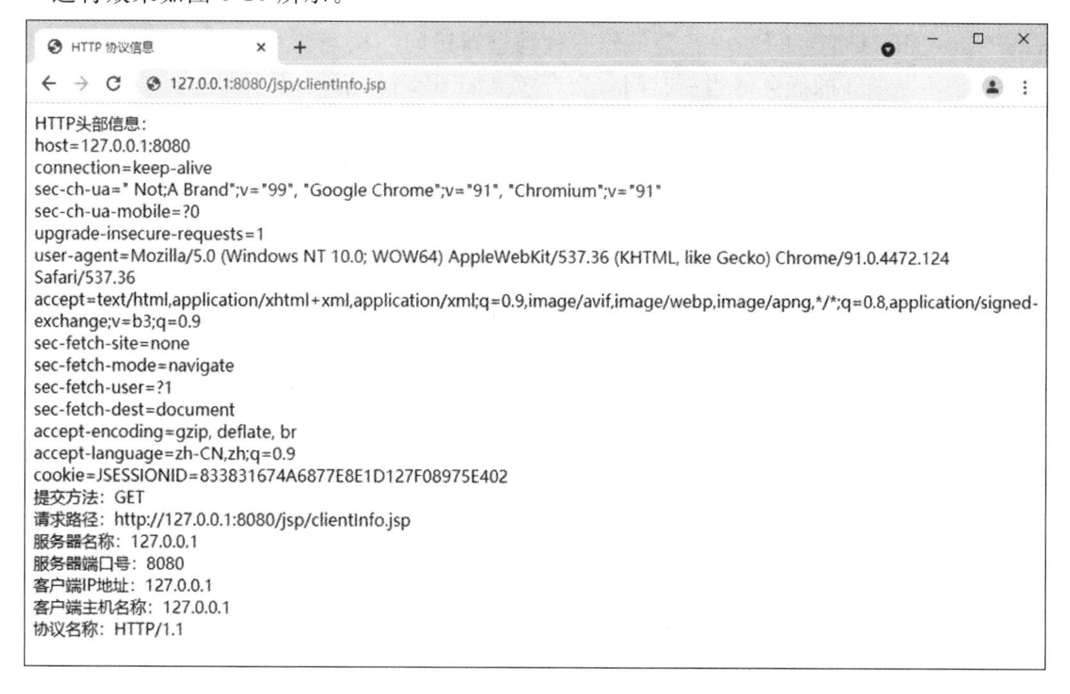

图 5-10　获取 HTTP 协议信息

5.2.2　response 对象

response 对象根据不同的访问协议对应各自的 javax. servlet. ServletResponse 的子类，对于 HTTP 协议，response 对象的类型是 javax. servlet. http. HttpServletResponse。关于 response 对象及其相关方法在任务 4 中已进行了详细的讲解，这里通过两个实例演示 response 对象在 JSP 页面中的应用。

1. 自动刷新页面

例程 5-13 time. jsp

```
<%@ page contentType="text/html;charset=utf-8"%>
<%@ page import="java. util. Date"%>
<%@ page import="java. text. *"%>
<html>
<head><title>当前时间</title></head>
<body>
<%
    response. setHeader("Refresh", "1");
    Date currentTime=new Date();
    SimpleDateFormat timeFormat=new SimpleDateFormat("hh:mm:ss");
    out. write("当前时间:" + timeFormat. format(currentTime));
%>
</body>
</html>
```

response 对象的 setHeader 方法可以设置 HTTP 头部信息，此例中设置浏览器本页面自动刷新(Refresh)时间为 1 秒，也就是每隔一秒钟重新访问一次当前页面，最终用户访问此页面看到的是不断刷新的服务器当前时间。运行效果如图 5-11 所示。

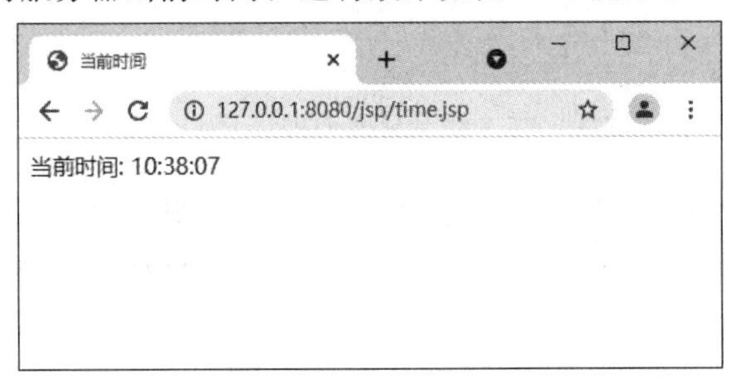

图 5-11 自动刷新页面

2. 页面跳转

response 对象的 sendRedirect(String url)方法可以使浏览器从当前页面跳转到参数指定的 URL 路径。例程 5-14 是使浏览器从当前页面跳转到上面的 time. jsp 页面中。

例程 5-14 redirect. jsp

```
<%@ page contentType="text/html;charset=utf-8"%>
<html>
<head><title>redirect</title></head>
<body>
<%
    response. sendRedirect("time. jsp");
%>
</body>
</html>
```

response 对象的 sendRedirect 方法的作用与<jsp:forward>动作标签相似，但使用 response 对象的 sendRedirect 方法进行跳转时，浏览器的地址栏上会显示跳转后页面的 URL

路径,而<jsp:forward>动作标签则会保留当前页面的 URL 路径。另外,<jsp:forward>动作标签只能访问本 Web 应用中的 URL,而 sendRedirect 方法可以访问所有有效的 URL 路径。例如可以使用 response.sendRedirect("http://www.baidu.com")访问百度网站,而使用<jsp:forward>动作标签则无法访问此 URL 路径。

5.2.3 session 对象

验证码的实现程序编写

session 对象称为会话对象,其类型为 javax.servlet.http.HttpSession,此对象是为发出请求的客户端创建,只对 HTTP 协议有效。关于 session 对象及其相关方法在任务 4 中已进行了详细的讲解,这里通过两个实例演示 session 对象在 JSP 页面中的应用。

例程 5-15 中设置 session 的有效时间为 2 秒,当用户第一次访问此页面时,session 为新建,用户在小于 2 秒的时间间隔内刷新页面时,则可以看到 session 不是新建的,因为 id 值和创建时间没有变化而 session 最近访问时间发生了变化,说明同一浏览器进程在有效时间间隔内访问 Web 服务器时,其 session 对象都是相同的。当用户在超过 2 秒的时间间隔内刷新页面时,则可以发现服务器又为客户端浏览器进程重新创建了一个 session 对象。

例程 5-15　session.jsp

```
<%@ page contentType="text/html;charset=utf-8"%>
<html>
<head><title>session 信息</title></head>
<body>
session 是否为新建:<%=session.isNew()%><br>
session ID:
<%=session.getId()%><br>
session 创建时间:<%=session.getCreationTime()%><br>
session 最近访问时间:<%=session.getLastAccessedTime()%><br>
<%
    session.setMaxInactiveInterval(2);
%>
session 有效时间:<%=session.getMaxInactiveInterval()%>
</body>
</html>
```

运行效果如图 5-12 所示。

图 5-12　session.jsp 的运行效果

利用session对象能够维持客户端与服务器端会话状态的特性可以实现很多实用的功能，例程5-16使用session统计同一客户端浏览器进程访问网页次数来实现为志愿者精神点赞的功能。

例程5-16 sessionTime.jsp

```
<%@ page contentType="text/html;charset=UTF-8"%>
<%@ page import="java.util.*"%>
<html>
<head>
<title>志愿者精神</title>
</head>
<body>
<%
    session.setMaxInactiveInterval(-1);
    Integer counter=(Integer) session.getAttribute("counter");
    if(counter==null) {
        counter=Integer.valueOf(2);
        session.setAttribute("counter", counter);
        out.write("欢迎为志愿者精神点赞!");
    } else {
        counter=(Integer) session.getAttribute("counter");
        out.write("欢迎为志愿者精神点赞! 这是您的第" +
        counter.toString() + "次点赞!");
        counter=Integer.valueOf(counter.intValue() + 1);
        session.setAttribute("counter", counter);
    }
%></br>
志愿者精神:奉献、友爱、互助、进步
</body>
</html>
```

运行效果如图5-13所示。

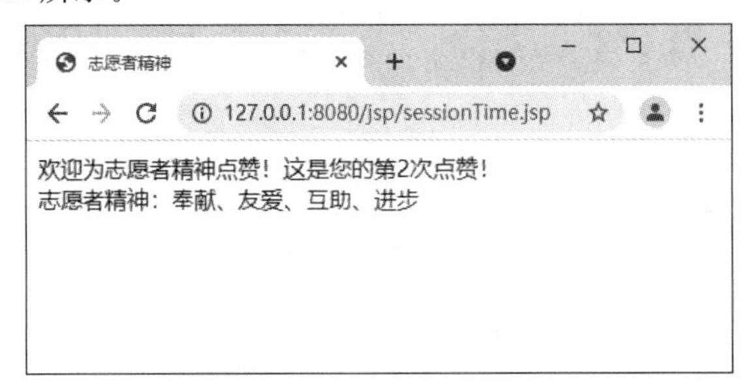

图5-13 sessionTime.jsp的运行效果

5.2.4 application对象

application对象代表Web服务器上的一个Web应用，其类型为javax.servlet.ServletContext。application对象的常用方法见表5-4。

表 5-4 **application 对象的常用方法**

方法名称	作　用
getMajorVersion()	获取当前 Web 应用 Servlet 的大版本号
getMinorVersion()	获取当前 Web 应用 Servlet 的小版本号
getRealPath(String path)	将指定的虚拟路径转换为实际路径
getServerInfo()	获取服务器信息
log(String logs)	将字符串参数写入日志文件或输出到控制台
setAttribute(String attName,Object obj)	将属性对象存放到 application 对象中
getAttribute(String attName)	获取当前 application 中指定的属性对象，返回值为 Object 类型
getAttributeNames()	获取当前 application 对象中所有的属性对象名，返回值为 Enumeration 枚举对象
getInitParameterNames()	获取 web. xml 文件中<context-param>标签配置的所有参数名，返回值为 Enumeration 枚举对象
getInitParameter(String paramName)	获取 web. xmL 文件中<context-param>标签配置的参数名为 paramName 指定的参数值

例程 5-17 演示了 application 对象部分方法的用法。

例程 5-17 appMethod. jsp

```
<%@ page contentType="text/html;charset=utf-8"%>
<html>
<head><title>appMethod</title></head>
<body>
<%=application. getMajorVersion()%><br>
<%=application. getMinorVersion()%><br>
<%=application. getRealPath("appMethod. jsp")%><br>
<%=application. getServerInfo()%><br>
<%
    application. log("hello");
%>
</body>
</html>
```

application 对象的生存时间与 Web 应用的有效时间是一样的，也就是当 Web 应用在服务器上发布运行时，其 application 对象就被实例化，直到 Web 应用停止运行时，application 对象才被销毁。application 对象的这种特性，使得其可以作为 Web 应用中所有页面共享信息的对象。

使用 application 对象还可以获取 web. xmL 文件中<context-param>标签配置的参数，如例程 5-18 所示。

例程 5-18 appParams. jsp

```
<%@ page contentType="text/html;charset=utf-8"%>
<%@ page import="java. util. *"%>
<html>
<head><title>appParams</title></head>
<body>
<%
```

```
    Enumeration pNames=application.getInitParameterNames();
    while(pNames.hasMoreElements()) {
        String pName=(String) pNames.nextElement();
        out.print(pName + ": ");
        out.print(application.getInitParameter(pName)+"<br>");
    }
%>
</body>
</html>
```

例如在 web.xml 文件中有如下代码段：

```
<context-param>
    <param-name>username</param-name>
    <param-value>tom</param-value>
    </context-param>
    <context-param>
    <param-name>password</param-name>
    <param-value>123</param-value>
</context-param>
```

则执行结果如图 5-14 所示。

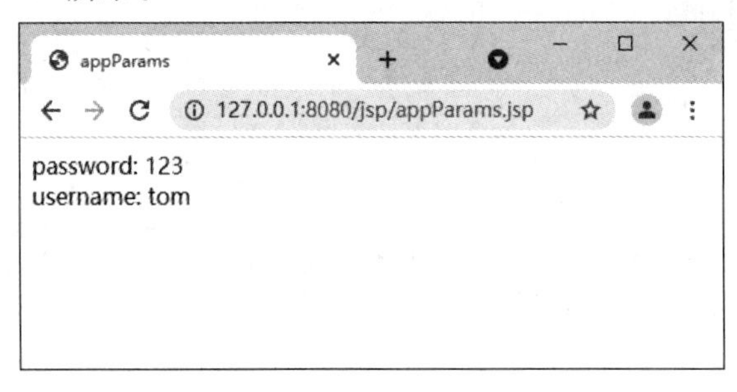

图 5-14　获取初始参数

5.2.5　out 对象

out 对象负责字符串信息的输出，其类型是 javax.servlet.jsp.JspWriter。out 对象的常用方法见表 5-5。

表 5-5　out 对象的常用方法

方法名称	作　用
write	write 方法共有五个重载方法，可以输出字符串、整数、字符数组以及子字符串等
print	print 方法的作用与 write 方法的作用类似，但可输出的类型更多，其可以输出所有的 Java 基本类型、字符串以及对象
println	println 方法与 print 方法作用一样，但会在输出的字符串后加上一个换行符"\n"，此换行符只对输出页面的源文件产生效果
flush()	将缓冲区的内容输出
close()	关闭 out 对象

例程 5-19 演示了 out 对象部分方法的用法。

例程 5-19　out.jsp

```
<%@ page contentType="text/html;charset=utf-8"%>
<html>
<head><title>out</title></head>
<body>
<%
    out.write("Hello");
    out.write("Hello", 1, 2);
    out.println(true);
    out.print(Integer.valueOf(20));
%>
</body>
</html>
```

5.2.6　config 对象

config 对象包含了当前页面的配置信息，其类型为 javax.servlet.ServletConfig。config 对象的常用方法见表 5-6。

表 5-6　**config 对象的常用方法**

方法名称	作　用
getServletContext()	获取 application 对象。获取的对象就是 JSP 内置的 application 对象
getInitParameterNames()	获取当前 JSP 页面所有初始参数名，返回值为 Enumeration 枚举对象
getInitParameter(String paraname)	获取参数名为 paramName 指定的初始参数值
getServletName()	获取 Servlet 的名字

例程 5-20 演示了 config 对象部分方法的用法。

例程 5-20　config.jsp

```
<%@ page contentType="text/html;charset=utf-8"%>
<%@ page import="java.util.*"%>
<html>
<head><title>config</title></head>
<body>
<%
    out.print("servlet name:");
    out.print(config.getServletName() + "<br>");
    Enumeration pNames=config.getInitParameterNames();
    while(pNames.hasMoreElements()) {
        String pName=(String) pNames.nextElement();
        out.print(pName + ":");
        out.print(config.getInitParameter(pName) + "<br>");
    }
%>
</body>
</html>
```

5.2.7 page对象

page对象代表本页面实现类的一个运行实例，其类型为java.lang.Object。

page对象、request对象、session对象和application对象都可以在其生存周期内以属性的形式来保存数据对象，因此也可称为作用域对象。保存在这四个对象中的属性对象，其作用域范围是不一样的。

1. page scope：属性对象在当前页面有效，页面执行完毕后，属性变量随page对象被销毁。

2. request scope：属性对象在同一个request请求内有效，例如使用<jsp:forward>动作标签从一个页面跳转到另一个页面时，这两个页面共有一个request对象，此request对象中的属性对象在两个页面都有效。

3. session scope：属性对象在一个会话过程中都是有效的。

4. application scope：属性对象在整个Web应用范围内都是有效的，可以在此Web应用中的所有页面中进行访问处理，直到Web应用停止运行。

除了page对象外，其他三个内置对象都提供相应的setAttribute和getAttribute方法来设置和获取属性对象。

5.2.8 exception对象

exception对象封装了页面执行时发生的异常信息，其类型为java.lang.Throwable。当页面执行发生异常时，相关错误信息会被封装到exception对象中抛出。缺省情况下，此exception对象会由当前页面的运行实例进行处理，并将错误信息显示出来。

例程5-21 exception1.jsp

```
<%@ page contentType="text/html;charset=utf-8"%>
<html>
<head><title>exception</title></head>
<body>
<%=Integer.valueOf("p")%>
</body>
</html>
```

例程5-21中Integer.valueOf方法输入的字符串必须是数值型的，否则在运行时会抛出数值格式异常(NumberFormatException)。如果页面设计者想自己来处理此异常，可以使用page指令的errorPage属性指定处理异常的页面，如例程5-22所示。

例程5-22 exception2.jsp

```
<%@ page contentType="text/html;charset=utf-8"%>
<%@ page errorPage="error.jsp"%>
<html>
<head><title>exception</title></head>
<body>
<%=Integer.valueOf("p")%>
</body>
</html>
```

异常处理页面必须设置page指令的isErrorPage的属性为true，才能在页面中直接使用exception对象，如例程5-23所示。

例程 5-23 error. jsp

```
<%@ page contentType="text/html;charset=utf-8"%>
<%@ page isErrorPage="true"%>
<html>
<head><title>error</title></head>
<body>
页面运行时发生异常<br><%=exception. toString()%>
</body>
</html>
```

例程 5-23 的运行效果如图 5-15 所示。

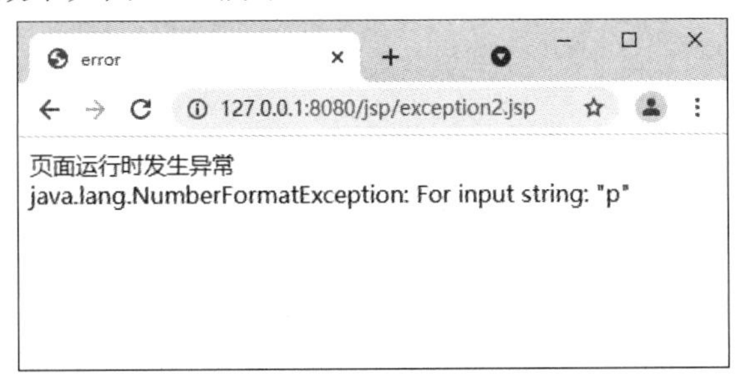

图 5-15 异常处理

游戏 18 猜
应用程序编写

5.2.9 pageContext 对象

pageContext 对象是当前页面的环境对象，其类型为 javax. servlet. jsp. PageContext，通过此对象可以获取其他的 JSP 内置对象。通过 pageContext 对象还能够设置和获取四个范围对象中的属性，其常用方法见表 5-7。

表 5-7 pageContext 对象的常用方法

方法名称	作　用
getRequest()	获取 request 对象
getResponse()	获取 response 对象
getSession()	获取 session 对象
getServletContext()	获取 application 对象
getOut()	获取 out 对象
getServletConfig()	获取 config 对象
getPage()	获取 page 对象
getException()	获取 exception 对象
setAttribute(String name,Object obj,int scope)	将属性对象存放到指定的范围对象中，通过 int 型参数 scope 指定范围对象，这里可以使用数值或使用 PageContext 的相关静态属性。 page：PageContext. PAGE_SCOPE=1 request：PageContext. REQUEST_SCOPE=2 session：PageContext. SESSION_SCOPE=3 application：PageContext. APPLICATION_SCOPE=4 此范围定义适用于下面其他方法。scope 参数可以被省略，此时代表 page 对象

（续表）

方法名称	作　用
getAttribute(String name, int scope)	在指定范围中获取属性对象
removeAttribute(String name, int scope)	在指定范围中删除属性对象
getAttributesScope(String name)	获取指定属性名的范围定义数值，返回 0 表示在四个范围对象中都不存在此属性对象
getAttributeNamesInScope(int scope)	获取指定范围内的所有属性名，返回值为 Enumeration 枚举对象

例程 5-24 演示了 pageContext 对象常用方法的用法。

例程 5-24　pageContext.jsp

```
<%@ page contentType="text/html;charset=utf-8"%>
<html>
<head><title>pageContext</title></head>
<body>
<%
    pageContext.setAttribute("pageVar", "pageValue");
    pageContext.setAttribute("reqVar", "reqValue", 2);
    session.setAttribute("sessVar", "sessValue");
%>
page scope 中的 pageVar 值：
<%=pageContext.getAttribute("pageVar")%>
<br>
request scope 中的 reqVar 值：
<%=request.getAttribute("reqVar")%><br>
page scope 中的 sessVar 值：
<%=pageContext.getAttribute("sessVar")%><br>
session scope 中的 sessVar 值：
<%=pageContext.getAttribute("sessVar",
PageContext.SESSION_SCOPE)%><br>
sessVar 的有效范围：
<%=pageContext.getAttributesScope("sessVar")%><br>
</body>
</html>
```

例程 5-24 的运行效果如图 5-16 所示。

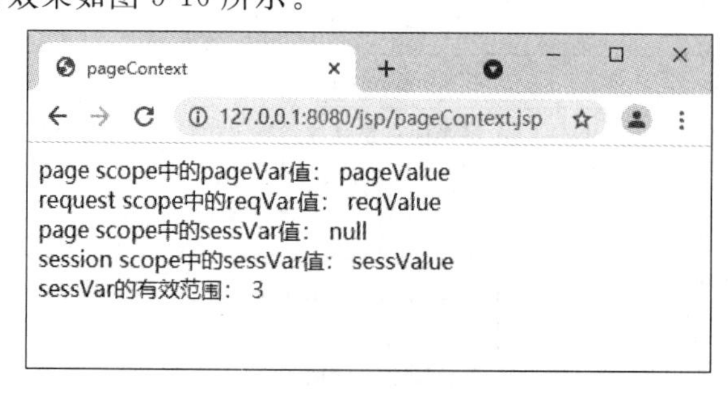

图 5-16　pageContext.jsp 运行效果

典型模块应用

网页聊天室 1

Web 直播聊天室功能实现

案例 5-1　Web 直播聊天室。

本节以一个简单的 Web 直播聊天室功能实现来综合应用本任务讲解的知识和技术。

聊天室程序包含的相关文件及功能描述见表 5-8。

表 5-8　Web 直播聊天室程序中的文件及功能描述

文件名	功能描述
login. jsp	登录页面
auth. jsp	校验跳转页面
chatframe. jsp	聊天室框架页面
chat. jsp	聊天页面
chatlist. jsp	聊天记录页面
user. jsp	用户列表页面

用户首先在登录页面(login. jsp)中输入用户名,此名会作为用户的聊天昵称。用户可以任意起名,但用户名不能为空。在登录认证页面(auth. jsp)中会进行用户名为空的校验,如果用户没有输入,或输入空字符串,则会在 request 对象中设置错误标识参数(error)并重新返回到登录页面,登录页面会根据 request 对象中是否存在错误标识参数来决定是否显示错误信息提示。

- login. jsp

```
<%@ page contentType="text/html;charset=utf-8"%>
<html>
<head><title>神州 12 号聊天室登录</title></head>
<body>
<b>神州 12 号聊天室登录</b>
<form name="login" method="Post" action="auth. jsp">
用户名:<input type="text" name="uname">
<%--判断用户是否输入用户名--%>
<%
    String error=request. getParameter("error");
    if(error!=null) {
%>
<font color="red">用户名不能为空! </font>
<%
    }
%>
<br><br><input type="submit" value="登录">
<input type="reset" value="重置">
</form>
</body>
</html>
```

登录页面如图 5-17 所示。

图 5-17 登录页面

网页聊天室 2

- auth.jsp

```
<%@ page contentType="text/html;charset=utf-8"%>
<%@ page import="java.util.*"%>
<html>
<body>
<%
    request.setCharacterEncoding("utf-8");
    String uname=request.getParameter("uname");
    //用户名不为空则添加到用户列表中,并且将用户名存放到 session 对象中,否则返回到登录界
      面,并显示错误信息
    if(uname!=null && uname.trim().length()> 0) {
        session.setAttribute("uname", uname);
        Vector users=(Vector) application.getAttribute("users");
        if(users==null) {
            users=new Vector();
        }
        users.add(uname);
        application.setAttribute("users", users);
        response.sendRedirect("chatframe.jsp");
    } else {
%>
<jsp:forward page="login.jsp">
<jsp:param name="error" value="error"/>
</jsp:forward>
<%
    }
%>
</body>
</html>
```

用户没有输入用户名而直接登录的效果如图 5-18 所示。

在登录认证页面(auth.jsp)中,如果登录页面提交的用户名不为空,则会将用户名存放到 session 对象中,同时存放到 application 对象的 Vector 类型属性 users 中,然后将页面跳转到聊天室框架页面(chatframe.jsp)。

图 5-18　用户名不能为空提示

网页聊天室 3

• chatframe. jsp

```
<%@ page contentType="text/html;charset=utf-8"%>
<%
    //从 session 对象中获取用户名，如果为空则跳转到登录页面，防止非法用户直接访问此页面
    String uname=(String) session.getAttribute("uname");
    if(uname==null) {
        response.sendRedirect("login.jsp");
    } else {
%>
<html>
    <head><title>神州 12 号聊天室</title></head>
    <frameset rows="400,100" frameborder="yes" border="1" framespacing="1">
    <frameset cols="600,160" frameborder="yes" border="1">
    <frame name="chatlist" src="chatlist.jsp">
    <frame name="user" src="user.jsp" noresize>
    </frameset>
    <frame name="chat" src="chat.jsp" noresize>
    </frameset>
</html>
<%
    }
%>
```

在聊天室框架页面中使用<frameset>标签包含聊天页面(chat. jsp)、聊天记录页面(chatlist. jsp)和用户列表页面(user. jsp)。聊天页面提供文本框让用户输入聊天内容，聊天内容将会提交给聊天记录页面处理。在聊天记录页面中将用户名和聊天内容添加到 application 对象的聊天记录属性 chatlist 中，并将所有聊天记录显示出来。用户列表页面获取并显示 application 对象中的用户列表属性 users。

• chat. jsp

```
<%@ page contentType="text/html;charset=utf-8"%>
<html>
<body>
<form method="Post" action="chatlist.jsp" target="chatlist">
<%=session.getAttribute("uname")%>
<input type="text" name="chattext">
```

```
<input type="submit" value="发送">
</form>
</body>
</html>
```

- chatlist.jsp

```
<%@ page contentType="text/html;charset=utf-8"%>
<html>
<head>
<%--让本页面每5秒刷新一次,更新聊天信息--%>
<meta http-equiv="Refresh" content="5">
</head>
<body>
<%
    request.setCharacterEncoding("utf-8"); //获取用户名
    String uname=(String) session.getAttribute("uname"); //获取聊天记录
    String chatlist=(String) application.getAttribute("chatlist");
    if(chatlist==null)chatlist=new String();
    //获取当前用户的发言
    String chattext=(String) request.getParameter("chattext");
    if(chattext!=null) {
        //添加聊天记录
        chatlist=chatlist + "<br>" + uname + ":" + chattext;
        application.setAttribute("chatlist", chatlist);
    }
    out.println(chatlist);
%>
</body>
</html>
```

- user.jsp

```
<%@ page contentType="text/html;charset=utf-8"%>
<%@ page import="java.util.*"%>
<html>
<meta http-equiv="Refresh" content="5">
<body>
在线用户<br>
<%
    Vector users=(Vector) application.getAttribute("users");
    if(users!=null) {
        for(int i=0; i< users.size(); i++) {
            out.println(users.get(i) + "<br>");
        }
    }
%>
</body>
</html>
```

聊天室程序运行效果如图 5-19 所示。

图 5-19 聊天室页面

Web 页面进度条功能实现

Web 页面进度条功能如何实现

案例 5-2 JSP 进度条。

- progressbar.jsp

```
<%@ page contentType="text/html;charset=GB2312"%>
<html>
<head>
<title>JSP 进度条</title>
</head>
<body>
<h1 align="center">
JSP 进度条
</h1>
<table width="60%" align="center" border=1>
<tr>
<%
    String str=request.getParameter("count");
    int count=0;
    if(str!=null)
        count=Integer.parseInt(str);
    for(int i=1; i<=count; i++) {
%>
<td width="10%" bgcolor="red">
 
</td>
<%
    }
%>
<%
    for(int j=10; j>count; j--) {
%>
<td width="10%">
 
</td>
```

```
<%
    }
%>
</tr>
</table>
<h3 align="center">
已完成<%=count * 10%>%
</h3>
</body>
<%
    count++;
    if(count <=10) {
        //每隔1秒钟刷新1次
        String content=1 + ";URL=progressbar.jsp?count=" + count;
        response.setHeader("Refresh", content);
    }
%>
</html>
```

运行效果如图5-20所示。

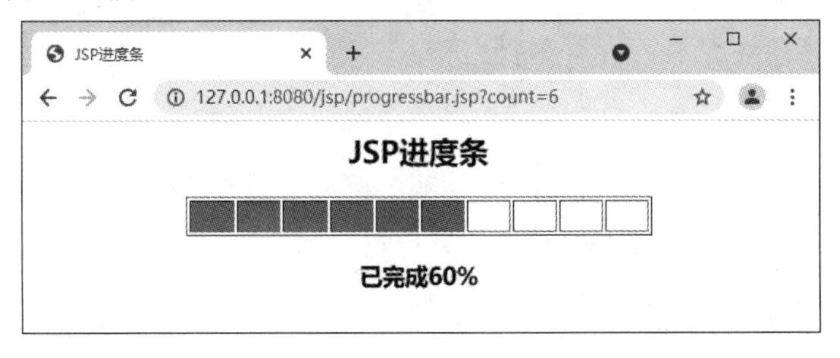

图5-20 JSP进度条运行效果

认证考试问题释疑

1. 对于下列代码段，以下描述正确的是(　　)。

```
<html><body>
<%! int i=2022 %>
The value of i is <%= i %>
</body></html>
```

A. 页面会显示“The value of i is 2022”

B. 执行表达式时会抛出运行异常

C. 没有编译错误和运行错误，也不会显示任何内容

D. 会出现编译错误

答案：D

解释：因为变量声明<%! int i=2022 %>最后漏掉了分号，所以会出现编译错误。正确的写法应该是<%! int i=2022; %>。

2. 在默认情况下，以下哪个 JSP 内置对象无法在 JSP 页面中使用？（　　）

A. application　　B. session　　C. exception　　D. config

答案：C

解释：内置对象 application 和 config 总能直接在 JSP 页面中使用。session 对象是当 page 指令的 session 属性设置为 true 时，才能在 JSP 页面中使用。默认情况下 session 属性值为 true，因此 session 对象在默认情况下也能在 JSP 页面中使用。exception 对象是当 page 指令的 isErrorPage 属性设置为 true 时，也就是在异常处理页面中才能使用，默认情况下 exception 对象无法在 JSP 页面中使用。

3. 以下哪个 JSP 内置对象能获取 web. xml 文件中<context-param>标签定义的参数？（　　）

A. config　　B. request　　C. session　　D. application

答案：D

解释：只有 application 对象才能获取 web. xml 文件中<context-param>标签定义的参数。

4. 通过以下哪两个 JSP 内置对象设置的属性可以被 Web 应用的所有会话连接访问到？（　　）

A. application　　B. session　　C. request　　D. page

E. pageContext

答案：A，E

解释：将属性存储到 JSP 内置对象 application 中，就可以被 Web 应用的所有会话连接访问到，所以 A 是正确答案。另外通过 pageContext 对象的 setAtrribute 方法也可以将属性存储到 application 对象中，例如 pageContext. setAttribute("name", object, PageContext. APPLICATION_SCOPE)，所以 E 也是正确答案。

5. 以下哪个标签在 JSP 页面中可以直接将表达式结果输出？（　　）

A. <%@　　%>

B. <%!　　%>

C. <%=　　%>

D. <%--　　--%>

答案：C

解释：选项 A 是 JSP 指令标签，其为 JSP 容器编译和执行 JSP 页面时提供相关信息，不会对当前输出流产生影响。选项 B 是声明标签，选项 D 是注释标签，都不会计算表达式的值并输出。只有选项 C 表达式标签在 JSP 页面中可以直接将表达式结果输出。

6. 以下哪项正确声明了当前页面是异常处理页面？（　　）

A. <%@ page pageType="errorPage" %>

B. <%@ page isErrorPage="true" %>

C. <%@ page errorPage="true" %>

D. None of the above

答案：B

解释：异常处理页面须设置 page 指令的 isErrorPage 的属性为 true，因此 B 为正确选项。

7. 下列代码的显示结果是什么？（　　）

```
<html><body>
The value is <%=""%>
</body></html>
```

A. 编译出错

B. 运行出错

C. The value is

D. The value is null

答案：C

解释：表达式标签<%=""%>会输出空字符串，因此C是正确选项。

8. JSP内置对象config是以下哪种类型？（　　）

A. javax. servlet. PageConfig

B. javax. servlet. jsp. PageConfig

C. javax. servlet. ServletConfig

D. javax. servlet. ServletContext

答案：C

解释：config对象包含了当前页面的配置信息，其类型为javax. servlet. ServletConfig。

9. 关于下列代码，以下哪种说法是正确的？（　　）

```
<%@ page language="java" %>
<html><body>
out. print("Hello ");
</body></html>
```

A. 页面会显示Hello

B. 编译出错

C. 运行出错

D. 页面会显示out. print("Hello ");

答案：D

解释：题目中的out. print("Hello ");没有被包含在脚本标签<% %>中，因此JSP容器在编译执行此JSP页面时会认为此代码段为普通的HTML字符串而直接输出。

10. 以下哪个选项不是JSP内置对象？（　　）

A. out　　B. session　　C. request　　D. response

E. httpsession

答案：E

解释：在JSP中没有提供名为httpsession的内置对象。

情境案例提示

在本书中的项目案例——生产性企业招聘管理系统中，其中就用到了JSP，相关的程序文件功能见表5-9。

表 5-9　　项目中 JSP 的文件功能

模　块	文件名	功能描述
admin(管理员模块)	bottom. jsp	底部页面
	center. jsp	中央页面
	index. jsp	主页面
	left. jsp	左边页面
	right. jsp	右边页面
	top. jsp	顶部页面
gwgl(岗位管理)	accept_add. jsp	增加借调信息
	accept_list. jsp	借调信息列表
	accept_update. jsp	更新借调信息
	post_list. jsp	岗位信息列表
pxgl(培训管理)	pxjh_add. jsp	增加培训计划
	pxjh_list. jsp	培训计划列表
	pxjh_update. jsp	更新培训计划
	select_peixunka. jsp	员工培训卡管理
zpgl(招聘管理)	applier_add. jsp	增加应聘者信息
	applier_list. jsp	应聘者信息列表
	applier_update. jsp	更新应聘者信息
	applieredit. jsp	编辑应聘者信息
	apply. jsp	申请职位
	upload. jsp	上传图片
	login. jsp	登录页面
	logout. jsp	退出登录
	user_update_role. jsp	更新用户角色
	userlist. jsp	用户基本信息列表

其中有很多地方需要对查询记录进行分页显示，本系统设计了一个通用的分页导航页面(pageman. jsp)和 Java 类 PageBean 来实现分页显示功能。

PageBean. java 主要包含如下的成员变量：

```
curPage;            //当前第几页
maxPage;            //一共多少页
maxRowCount;        //一共多少行
rowsPerPage;        //每页多少行
list;               //查询的结果集
```

pageman. jsp 的说明如下：

1. 这是一个通用的分页导航页面，所以这个 JSP 页面可以包含在任何需要分页导航的页面中。

2. 此 JSP 页面和 PageBean 配合使用，通过 PageBean 获取各种参数，完成对数据的分页显示功能。

3. 通过 JavaScript 将页面的参数信息进行提交。

具体的过程见下面的代码注释。

```
<script type="text/javascript">
<! --JavaScript 方法，提交到相应的 Servlet 对象中进行数据查询 -->
    function Jumping(){
        document. PageForm. submit();
        return;
    }
    <! --JavaScript 方法，设置 curPage 值并提交到相应的 Servlet 对象中进行数据查询 -->
    function gotoPage(pagenumb){
        document. PageForm. curPage. value=pagenumb;
        document. PageForm. submit();
        return;
    }
</script>
//获取 request 中的 pagebean 信息
<%
    PageBean pagebean=(PageBean) request. getAttribute("pagebean");
%>
//将 pagebean 中的各种参数信息进行显示
每页<%=pagebean. rowsPerPage%>条，共<%=pagebean. maxRowCount%>条，当前第<%=
pagebean. curPage%>页，
共<%=pagebean. maxPage%>页
<br>
<%
    if(pagebean. curPage==1) {
    out. print(" 首页   上一页");
    } else {
%>
//设置各种页面的跳转，通过 JavaScript 提交
<a href="javascript:gotoPage(1)">首页</a>
<a href="javascript:gotoPage(<%=pagebean. curPage - 1%>)">上一页</a>
<%
    }
%>
<%
    if(pagebean. curPage==pagebean. maxPage) {
        out. print(" 下一页   尾页");
    } else {
%>
//设置各种页面的跳转，通过 JavaScript 提交
<a href="javascript:gotoPage(<%=pagebean. curPage + 1%>)">下一页</a>
<a href="javascript:gotoPage(<%=pagebean. maxPage%>)">尾页</a>
<%
```

```
    }
%>
转到第  
<select name="curPage" onchange="Jumping()">
<%
    for(int i=1; i <=pagebean.maxPage; i++) {
%>
<option value="<%=i%>"
<%
    if(i==pagebean.curPage)
        out.print("selected");
%>>
<%=i%></option>
<%
    }
%>
</select>
页<br>
```

任务小结

JSP动态网页技术代码包括JSP脚本标签、JSP指令标签和JSP动作标签等。JSP脚本标签通常用作对象操作和数据运算,从而动态地生成页面内容。脚本标签包括声明、代码段和表达式。JSP指令标签为JSP容器编译和执行JSP页面时提供相关信息,不会对当前输出流产生影响。用户可以使用JSP动作标签向当前输出流输出数据,进行页面定向,也可以通过动作标签使用、修改和创建对象。JSP规范中提供了几种标准的动作标签,这些标签都是以JSP为前缀字符串。

在JSP规范中指定了request、response、session、application、out、config、page、exception和pageContext等内置对象,这些对象在JSP页面设计中可以直接使用,而不需要先进行声明和实例化。

在本任务的学习过程中,需注意三种不同的脚本标签的用法,提升自己的观察辨别能力;JSP页面程序通常是Java代码、HTML、Javascript和CSS代码混合在一起,代码编写起来更容易出错,因此需要注意代码书写的规范性,实现复杂功能的代码要进行注释,提升代码与文档书写规范意识;编写运行JSP页面程序与原来编写运行Java程序有较大的差异,因此需要更加认真仔细,着重培养自己精益细致的工匠精神,出现了错误要认真分析原因,培养分析与解决问题的能力。

实战演练

[实战5-1] 为本任务典型模块应用案例Web直播聊天室增加一个聊天室密码校验功能,即在登录页面添加一个聊天室密码输入框,用户登录时应填写正确的聊天室密码——“654321”,否则会出现密码错误提示。

[实战5-2] 为本任务典型模块应用案例Web直播聊天室增加一个新用户欢迎功能,即当一个新用户成功登录后,聊天记录中会显示欢迎该用户进入聊天室的信息。

[实战5-3] 为本任务典型模块应用案例Web直播聊天室增加一个用户退出功能，即在聊天页面添加一个退出聊天室的超链接，当有用户单击此超链接退出时，在聊天记录中显示该用户退出聊天室的信息，同时在用户列表中删除该用户。

微课

中文乱码问题如何解决？

知识拓展

中文乱码问题如何解决？

在JSP页面设计中，最常见的一个问题就是中文乱码问题。JSP中文乱码问题又可分为JSP页面中文显示乱码与表单提交参数中文乱码。JSP页面中文显示乱码问题原因分析与解决方法已在上文page指令的contentType和pageEncoding属性中介绍过，这里重点介绍表单提交参数中文乱码问题。

表单提交参数中文乱码问题大部分是由Web服务器的内部编码格式造成的，例如Tomcat的内部编码格式为"ISO-8859-1"，此时提交到Tomcat服务器的参数会默认以"ISO-8859-1"的编码方式存放到request对象中，那么JSP页面从request对象中获取的就是"ISO-8859-1"编码的字符串，如果此字符串为中文，显示出来的就会是乱码。如在下面的inputzh.jsp页面姓名文本框中输入中文，提交后就会在welcomezh.jsp中显示为乱码。

- inputzh.jsp

```
<%@ page contentType="text/html;charset=utf-8"%>
<html>
<head><title>姓名输入</title></head>
<body>
<form action="welcomezh.jsp" method="Post">
姓名:<input type="text" name="username">
<br><input type="submit" name="loginbtn" value="提交">
</form>
</body>
</html>
```

- welcomezh.jsp

```
<%@ page contentType="text/html;charset=utf-8"%>
<html>
<head><title>欢迎光临</title></head>
<body>
<%
    String name=request.getParameter("username");
    out.println(name + ",欢迎光临!");
%>
</body>
</html>
```

运行效果如图5-21和图5-22所示。

要解决这个问题有两种方法，第一种方法是将字符串按照"ISO-8859-1"方式解码成字节数组，然后将此字节数组按照"utf-8"方式编码成字符串。如果采取这种方法，则welcomezh.jsp中的代码段改为：

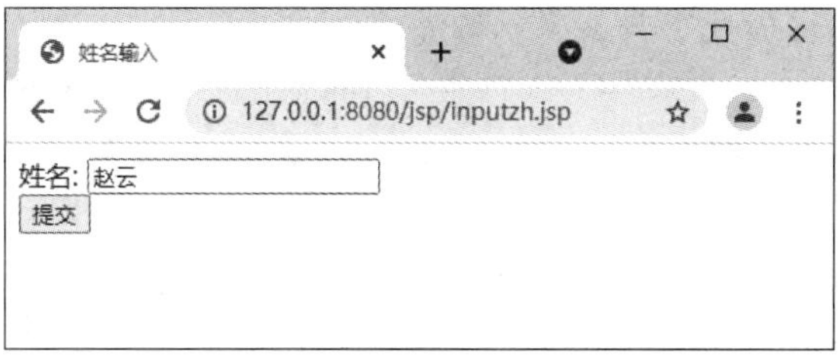

图 5-21 输入中文姓名

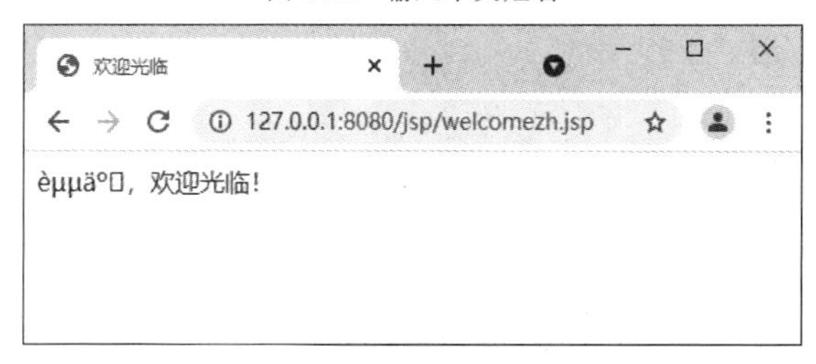

图 5-22 中文显示为乱码

```
<%
    String name=request.getParameter("username");
    name=new String(name.getBytes("ISO-8859-1"),"utf-8");
    out.println(name+",欢迎光临!");
%>
```

修改后的运行如图 5-23 所示。

图 5-23 中文正常显示

第二种方法是在使用 request 的 getParameter 方法之前先使用 setCharacterEncoding 方法设置服务器获取用户提交参数时的编码方式。如果采取这种方法，则 welcomezh.jsp 中的代码段改为：

```
<%
    request.setCharacterEncoding("utf-8");
    String name=request.getParameter("username");
    out.println(name+",欢迎光临!");
%>
```

相对于第一种方法，第二种方法更加方便，因为第一种方法需要对每一个参数值都进行编码转换，比较烦琐，而采取第二种方法只需要在获取参数值之前进行编码设置就可以了，如果使用后面介绍的 Servlet 过滤器则更加方便。但第二种方法在默认情况下，对于 form 采用 Get 方法提交的参数，即<form action="welcomezh.jsp" method="Get">是无效的。这是因为采用 Get 方法提交的参数是包含在 URI 路径中，此时需要在 Tomcat 配置文件 server.xml 中 port 属性值为 8080 的 Connector 标签中添加属性 useBodyEncodingForURI="true"，此属性设置URI是否按照页面方式进行编码。例如：

```
<Connector port="8080" protocol="HTTP/1.1" connectionTimeout="20000" redirectPort="8443" useBodyEncodingForURI="true"/>
```

也可以添加属性URIEncoding，此属性直接指定URI的编码方式，而不需要在JSP页面中调用request的setCharacterEncoding方法，例如：

```
<Connector port="8080" protocol="HTTP/1.1" connectionTimeout="20000" redirectPort="8443" URIEncoding="utf-8"/>
```

第二部分　跨越篇

JSP/Servlet应用

本部分综合前5个任务的知识，讲解JSP/Servlet的高级应用，并结合实际开发中要解决的问题，给出具有实用价值的实例程序。主要内容包括JavaBean的使用、JSP的两种开发模式、Servlet过滤器、Servlet监听器、数据库访问技术、Java Web应用中的文件操作、EL与JSTL。

任务6 Java Web的开发模式

能力目标

1. 掌握 Java Web 的两种开发模式、JavaBean 的应用。
2. 理解共享 JavaBean 的四种方式、MVC 模式。
3. 了解 JavaBean 的涵义、Java Web 应用中优化编程的方式。

素质目标

1. 培养面对变化能持续成长的内驱力。
2. 培养工程规范意识和高效协作团队精神。
3. 学会运用扬长避短兼容并收海纳百川的设计思维看待不同的开发模式。
4. 培养复用性、模块化思维能力。

6.1 JavaBean 的使用

JavaBean 的使用

6.1.1 什么是 JavaBean 组件？

“什么是 JavaBean?”，打开百度搜索，会得到这样的解释：“bean，名词，中文释义：豆，产豆形种子的植物”。那 JavaBean 呢，可理解为一段特殊的 Java 程序片。其实 JavaBean 本质上不过是一个按照某种标准格式编写的可独立重复使用的 Java 类。

JavaBean 在 Java Web 应用中是一种组件技术。它将内部的动作封装起来，使调用者看不到其运行机制，仅能通过它提供的最小限度的属性接口来完成操作。

例如，在银行日常业务模拟系统中，Account 这个 JavaBean 类把账户金额和交易情况等属性封装在 Bean 的内部，系统的其他部分没有办法直接获取或改变这些关键数据，只有通过调用 Bean 的方法才能做到。如调用查看余额的方法来获知账户的金额，调用存取款的方法来改变金额。这些方法设置了严格的访问权限，可以保证只有被授权的才可以执行这些操作，影响当前类的状态，保证数据的安全和系统的严密。

JavaBean 在 JSP 页面中，既可以像使用普通类一样实例化，调用它的方法；也可以利用 JSP 技术中提供的动作标签来访问 JavaBean，调用它的方法。

一个标准的 JavaBean 组件具有以下几个特性：

- 它是一个公开的(public)类。
- 它必须拥有一个零参数的，即默认构造函数。
- 它不应该有公开的实例变量。
- 它提供 setXxx()和 getXxx()方法来对属性进行操作，其中 Xxx 是首字母大写的私有变量名称。

• 对于boolean类型的属性，可以使用is代替get，例如isXxx()。

下面通过一个例程说明什么是一个JavaBean组件程序。

例程6-1 ItemOrder.java

```
/*商品订单bean——商品订单所有属性及方法*/
package edu.shop.entity;
public class ItemOrder {
    private Item item;
    private int numitems;
    public ItemOrder() {
    }
    public ItemOrder(Item item) {
        setItem(item);
        setNumitems(1);
    }
    //获取所买商品
    public Item getItem() {
        return item;
    }
    //设置所买商品
    public void setItem(Item item) {
        this.item=item;
    }
    //获取所买商品数量
    public int getNumitems() {
        return numitems;
    }
    //设置所买商品数量
    public void setNumitems(int numitems) {
        this.numitems=numitems;
    }
    //获取所买商品的单位价格
    public double getCost() {
        return getItem().getCost();
    }
    //获取所买商品的总价格
    public double getTotalCost() {
        return getNumitems() * getCost();
    }
    //取消商品订购
    public void cancelOrder() {
        setNumitems(0);
    }
    //默认商品购买增长方式
    public void incrementNumItems() {
```

```
            setNumitems(getNumitems() + 1);
        }
    }
```

这个 ItemOrder 的 JavaBean 类，拥有两个私有属性 item 和 numitems，且具有两个构造函数，其中一个为默认构造函数，每个属性均有 set 和 get 方法，且有四个公共方法可对 ItemOrder 类进行操作，进而改变 ItemOrder 对象的数据状态。但这个 ItemOrder 类是不能够独立运行的，除了依靠 Item 类支持，还需要由其他的程序调用才可以使用。具体调用方法见 6.1.3 小节。

6.1.2 使用 JavaBean 的原因

在互联网、企业网及各种网络迅速发展的形势下，Java 语言逐渐席卷风靡全球，深受程序员的喜欢和爱戴，其主要因为 Java 有其特有的优点"封装、复用"，即将数据类型的(类的)接口从数据类型的(类的)实现中分离。这一特性可保护数据的完整性，提高应用程序的可维护性，增强代码程序的可重用性。

然而，在 Java Web 应用中，如果我们单纯使用前面所讲的 JSP 与 Servlet 技术进行项目开发的话，那么每个所编写的 JSP 页面中都混合了大量的 HTML 代码、JavaScript 代码和 Java 代码，页面的显示逻辑和业务逻辑混杂在一起，不仅可读性很差，维护难度也随之增加，同时也违背了 Java 其主要特性"封装、复用"。

为了使我们的程序更加易于管理、易于维护，一个很自然的想法就是编写一个类来封装页面的业务逻辑。在页面中只需调用这个类即可。在 JSP 技术中，实现这个任务的组件就是 JavaBean。

其实，为优化程序代码，提高其重复利用性，除了运用 Servlet/JSP 等各项技术外，还需要掌握 Java 的各种设计模式，使用 JavaBean 组件就是其中一种。如图 6-1 所示。

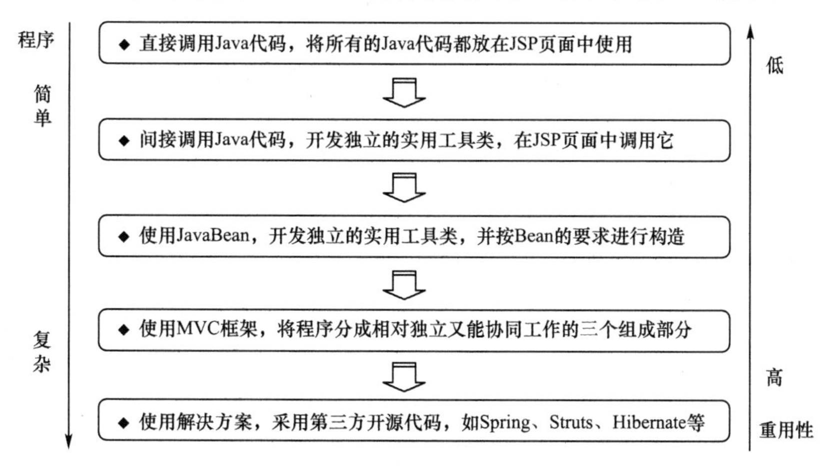

图 6-1　Java Web 应用优化编程的方式

6.1.3 JavaBean 的种类

JavaBean 按其功能分类有两种：

1. 可视化 Bean(Visual Bean)

JavaBean 应用于传统可视化领域，如 AWT(窗口工具集)下的应用 Button、TextField 等。

Bean 通过属性接口接收数据并将显示数据信息。这种 Bean 是可以显示出来的，例如以下的代码片段：

```
Label ID=new Label("ID:", Label.CENTER);
Label pw=new Label("PW:", Label.CENTER);
TextField txtID=new TextField(20);
TextField txtPW=new TextField(20);
```

显示效果如图 6-2 所示。

图 6-2 可视化 Bean 组件

2. 非可视化 Bean(Invisible Bean)

还有一种 Bean 并不可见，它在程序内部起作用。这种 Bean 在服务器端的应用表现出强大的优势。每个 JavaBean 都具有其特定功能，不管任何项目，当需要这个功能的时候就可以调用相应的 JavaBean。非可视化 Bean 又可以分为下面两种。

(1)数据 Bean(DataBean)

DataBean 主要用于存储必要数据的 Bean，如例程 6-2 所示。

例程 6-2 Item.java

```
/*商品对象类，封装了商品所有属性及方法*/
package edu.shop.entity;
public class Item {
    private String itemid;
    private String description;
    private double cost;
    public double getCost() {
        return cost;
    }
    public void setCost(double cost) {
        this.cost=cost;
    }
    public String getItemid() {
        return itemid;
    }
    public void setItemid(String itemid) {
        this.itemid=itemid;
    }
    public String getDescription() {
        return description;
    }
    public void setDescription(String description) {
        this.description=description;
    }
}
```

另外，还可以根据在 JSP 程序里面输入 DataBean 的数据来源，分为 ParameterBean（参数 Bean）、DatabaseBean（数据库 Bean）。ParameterBean 是存储用户提交数据的 Bean，而 DatabaseBean 是存储在数据库当中的数据 Bean，但通常我们在编程中并未做如此详细的划分。

（2）功能 Bean（ActionBean）

ActionBean 是运用 DataBean 上存储的数据进行特定作业的 Bean，如例程 6-3 所示。

例程 6-3　UserDoreg. java

```
package business;
public class UserDoreg {
    private String username;
    private String password;
    public UserDoreg() {
    }
    //设置用户名
    public void setUsername(String username) {
        this. username=username;
    }
    //设置密码
    public void setPassword(String password) {
        this. password=password;
    }
    //获取用户名
    public String getUsername() {
        return this. username;
    }
    //获取密码
    public String getPassword() {
        return this. password;
    }
    //注册
    public String doreg() {
        String backmess="";
        if(this. username. equals("leslie")) {
            backmess="对不起！输入的用户名已存在！输入:" + this. username;
        } else {
            backmess="注册成功!";
        }
        return backmess;
    }
}
```

在 JSP 中主要使用非可视化 Bean。同时，对于非可视化 Bean，我们不必去设计它的外观，主要关心的是它的属性和方法。

6.1.4 在 JSP 中使用 Bean

在 JSP 中使用 Bean 有两种方式：

1. 在 JSP 页面的代码段中将 JavaBean 作为一个普通的 Java 类进行使用，有 Java 语法基础的读者应该比较熟悉，如例程 6-4、例程 6-5 所示。

例程 6-4 FormatDate. java

```
package bean;
import java.text.SimpleDateFormat;
import java.util.Date;
public class FormatDate {
    private Date nowtime;
    private String dateStyle="yyyy-MM-dd hh:mm:ss";
    private SimpleDateFormat format=new SimpleDateFormat(dateStyle);
    //获取格式化后的当前时间
    public String getNowtime()
    {
        nowtime=new Date();
        String strnowtime=format.format(nowtime);
        return strnowtime;
    }
}
```

例程 6-5 formatDate. jsp

```
<%@ page import="bean.FormatDate" pageEncoding="utf-8"%>
<html>
<head><title>显示当前时间</title></head>
<body>
<%
    FormatDate formatdate=new FormatDate();
    String nowtime=formatdate.getNowtime();
%>
当前时间为:<%=nowtime%>
</body>
</html>
```

运行效果如图 6-3 所示。

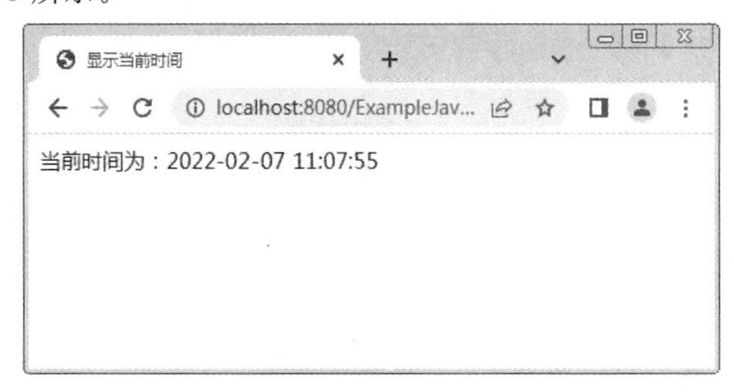

图 6-3 当前时间显示效果

2.通过 JSP 动作标签使用 JavaBean，关于 JSP 动作标签在任务 5 已有所介绍，与使用 JavaBean 相关的标签有<jsp:useBean>、<jsp:setProperty>和<jsp:getProperty>。

(1)<jsp:useBean>标签，格式如下：

```
<jsp:useBean id="**" class="**" scope="**"/>
```

<jsp:useBean>标签在指定范围内获取或创建一个 JavaBean。

属性 id 设定 bean 对象的变量名称。属性 class 设定 bean 对象对应的类，使用此标签会调用 JavaBean 不带参数的构造方法，且此方法的访问控制符为 public，否则执行此标签时会抛出异常。

属性 scope 设定 bean 的应用范围，其值有四种：page、request、session 和 application，默认为 page。

- scope 取值 page：JSP 引擎分配给每个客户的 bean 是互不相同的，它们占有不同的内存空间，该 bean 的有效范围是当前页面，当客户离开这个页面时，JSP 引擎取消分配给该客户的 bean。
- scope 取值 session：JSP 引擎分配给每个客户的 bean 是互不相同的，该 bean 的有效范围是客户的会话期间。如果客户在某个页面更改了这个 bean 的属性，其他页面的这个 bean 的属性也将发生同样的变化。
- scope 取值 request：JSP 引擎分配给每个客户的 bean 是互不相同的，该 bean 的有效范围是 request 期间。JSP 引擎对请求做出响应之后，取消分配给客户的这个 bean。
- scope 取值 application：所有客户共享这个 bean，如果一个客户更改了这个 bean 的属性，所有客户的这个 bean 的属性也将发生同样的变化。这个 bean 直到服务器关闭才被取消。

(2)<jsp:setProperty>标签，格式如下：

```
<jsp:setProperty name="**" property="**" value='**'/>
```

<jsp:setProperty>标签用来设置 JavaBean 的属性值，属性 name 指定 bean 对象的变量名，属性 property 为要设置的对象属性名，属性 value 为设定的属性值。使用此标签会调用指定属性的 set 方法，因此在 JavaBean 类定义中必须有此属性的 set 方法，且此方法的访问控制符为 public，否则执行此标签时会抛出异常。

(3)<jsp:getProperty>标签，格式如下：

```
<jsp:getProperty name="**" property="**"/>
```

<jsp:getProperty>标签用来获取 JavaBean 的属性值，属性 name 指定 bean 对象的变量名，属性 property 为要获取的对象属性名。使用此标签会调用指定属性的 get 方法，因此在 JavaBean 类定义中必须有此属性的 get 方法，且此方法的访问控制符为 public，否则执行此标签时会抛出异常。

下面通过一个例子来说明这几个标签的用法。

例程 6-6　Counter.java

```
package bean;
public class Counter {
    private int count;
    public int getCount() {
        count++;
        return count;
    }
    public void setCount(int count) {
```

```
        this.count=count;
    }
}
```

Counter类中有一个int型的属性count,调用getCount方法时count值会加1并返回。在beanPropertyDemo.jsp中对此JavaBean进行调用。

例程 6-7 beanPropertyDemo.jsp

```
<%@ page language="java" contentType="text/html;charset=UTF-8"%>
<html>
<head><title>JavaBean演示</title></head>
<body>
<jsp:useBean id="counter1" class="bean.Counter" scope="application"/>
<jsp:getProperty name="counter1" property="count"/><br>
<jsp:useBean id="counter2" class="bean.Counter"/>
<jsp:getProperty name="counter2" property="count"/>
<br>
<jsp:setProperty name="counter2" property="count" value='7' />
<jsp:getProperty name="counter2" property="count"/>
</body>
</html>
```

例程6-7中变量counter1引用Counter对象的应用范围为application,因此这个对象在整个Web应用中都有效,无论是刷新页面还是重新开启浏览器进程访问此页面,访问的都是同一个Counter对象,每访问页面调用getCount方法一次,count的值就加1,因此刷新页面时可以看到第一个数字是递增的。变量counter2引用Counter对象的应用范围为page,因此这个对象只在当前页面有效,当页面进行刷新时,都会创建一个新的对象,因此页面刷新时,第二和第三个数字不会发生变化。运行效果如图6-4所示。

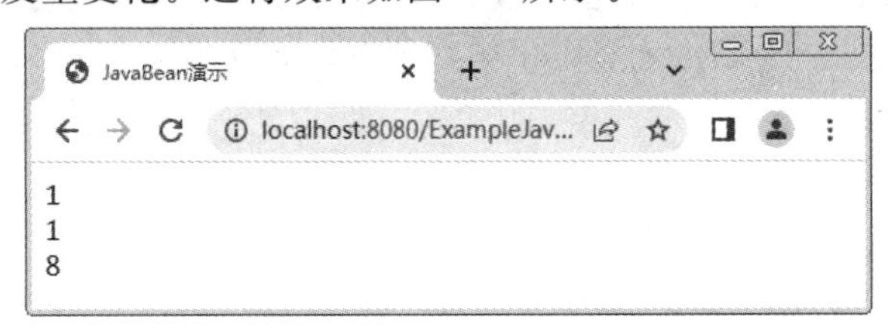

图 6-4 beanPropertyDemo.jsp的运行效果

上面的程序中,如果Counter对象被存放在request对象属性中,那么在整个request请求过程中,Counter对象始终存在。如果scope属性取值为session时,Counter对象被保存到session对象中,在整个会话过程中,Counter对象是唯一的。当会话结束后,Counter对象被销毁。

另外,JavaBean在JSP中还有一个很重要的机制:自省机制,即当服务器接收到请求时,它能根据请求的参数名称,自动设定与JavaBean相同属性名称的值。

下面通过一个注册页面来说明JavaBean的自省机制。

例程 6-8 Introspection.java

```
package bean;
public class Introspection {
    private String username;
    private String password;
```

```
    public Introspection(){
    }
    public String getPassword() {
        return password;
    }
    public void setPassword(String password) {
        this. password=password;
    }
    public String getUsername() {
        return username;
    }
    public void setUsername(String username) {
        this. username=username;
    }
}
```

例程 6-9　registerForm. jsp

```
<%@ page import="bean. Introspection" pageEncoding="utf-8"%>
<html>
<head><title>自省机制</title></head>
<body>
<form action="" method="post">
用户姓名:<input type="text" name="username">
用户密码:<input type="password" name="password">
<input type="submit" value="注册">
</form>
<jsp:useBean id="introspection" class="bean. Introspection" scope="page">
<jsp:setProperty name="introspection" property="*"/>
欢迎您!
您的用户名是:
<jsp:getProperty name="introspection" property="username"/>
您的密码是:
<jsp:getProperty name="introspection" property="password"/>
</jsp:useBean>
</body>
</html>
```

这里通过 HTTP 表单参数的值来设置 bean 的相应属性的值,要求表单参数名字必须与 bean 属性的名字相同,JSP 引擎会自动将字符串转换为 bean 属性的类型。运行效果如图 6-5 所示。

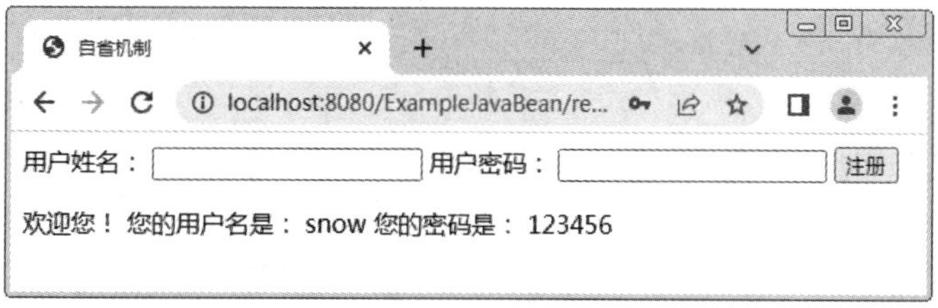

图 6-5　registerForm. jsp 的运行效果

6.2 JSP 的两种开发模式

6.2.1 JSP+JavaBean 模式

在 JSP+JavaBean 开发模式中，主要使用 JSP 技术来实现界面设计、用户交互和数据呈现，JavaBean 主要用来实现数据处理、数据传递以及数据库访问操作等。这样的开发模式使界面设计师与程序设计师能明确分工，并能同时进行工作，提高项目开发效率。另外实现特定功能的 JavaBean 可以在不同的 JSP 页面中进行重用，并且也可以在其他功能相近的项目中进行重用，如图 6-6 所示。

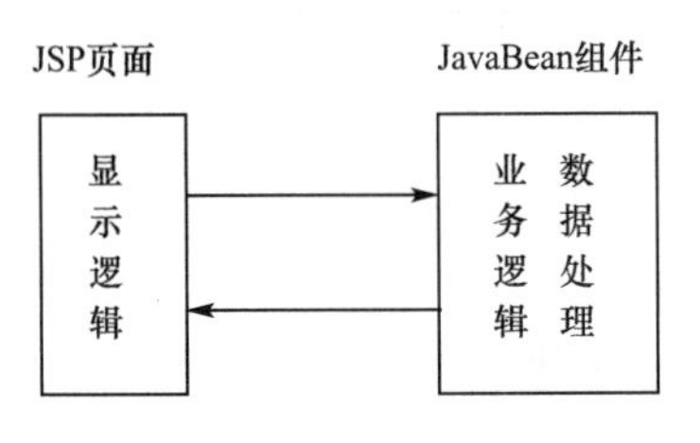

图 6-6 JSP+JavaBean 模式

基于 JSP+JavaBean 开发模式的应用程序体验

6.2.2 基于 JSP+JavaBean 开发模式的应用程序体验

下面通过一个购物结算程序来说明 JSP+JavaBean 的开发模式。在这个程序中，用户通过购买商品输入页面输入商品的名称、单价和数量，当用户单击提交按钮后页面就会跳转到购买商品清单页面，此页面显示用户购买的所有的商品明细以及应付总金额。

购物结算程序包含的相关文件及功能见表 6-1。

表 6-1 购物结算程序中的文件

文件名	功能描述
ItemShopping. java	JavaBean 组件，定义了购买商品的相关信息
ShoppingInfo. java	JavaBean 组件，定义了购买商品清单的相关信息
input. jsp	页面，为用户提供了输入购买商品信息的界面
checkout. jsp	页面，显示购买商品清单

类 ItemShopping 定义了购买商品的相关信息，包括购买商品的编号(id)、名称(name)、单价(price)以及数量(amount)。除了编号是系统自动生成的，其他的属性都需要用户在购买商品输入页面中进行输入。一个实例化的 ItemShopping 对象对应用户购买的一种商品。

例程 6-10 ItemShopping. java

```
package bean;
public class ItemShopping {
    private int id;
    private String name;
    private float price;
    private int amount;
```

```
    public int getId() {
        return id;
    }
    public void setId(int id) {
        this.id=id;
    }
    public String getName() {
        return name;
    }
    public void setName(String name) {
        this.name=name;
    }
    public float getPrice() {
        return price;
    }
    public void setPrice(float price) {
        this.price=price;
    }
    public int getAmount() {
        return amount;
    }
    public void setAmount(int amount) {
        this.amount=amount;
    }
}
```

ShoppingInfo 这个类是一个功能 Bean,其中定义了 Vector 类型的 items 属性,用来存放 ItemShopping 对象,属性 index 定义了当前购买商品的编号,每调用一次 getIndex()方法, index 会自动加上 1,将此值赋给 ItemShopping 对象的 id 属性,购买商品编号以 1 递增。getTotalPrice()方法计算 items 属性中所有 ItemShopping 对象的金额总和即用户购买商品的应付总金额。

例程 6-11　ShoppingInfo.java

```
package bean;
import java.util.Vector;
public class ShoppingInfo {
    private Vector<ItemShopping> items=new Vector<ItemShopping>();
    private int index;
    public Vector<ItemShopping> getItems() {
        return items;
    }
    public void setItems(Vector<ItemShopping> items) {
        this.items=items;
    }
    public int getIndex() {
```

```
            index++;
            return index;
        }
        public float getTotalPrice() {
            float totalPrice=0;
            for(int i=0; i < items.size(); i++) {
                ItemShopping item=(ItemShopping) items.get(i);
                totalPrice=totalPrice + item.getPrice() * item.getAmount();
            }
            return totalPrice;
        }
    }
```

下面的input.jsp为用户提供了输入购买商品信息的界面，为方便提交页面checkOut.jsp获取用户输入信息，在此页面标签<input>定义的参数名最好与JavaBean类ItemShopping中定义的属性名一致。

例程6-12 input.jsp

```
<%@ page contentType="text/html;charset=utf-8"%>
<html>
<head><title>输入购买商品信息</title></head>
<body>
<center>
<form action="checkOut.jsp" method="post">
商品名称:<input name="name" type="text"/><br>
商品单价:<input name="price" type="text"/><br>
商品数量:<input name="amount" type="text"/><br>
<input type="submit" name="Submit" value="提交"/>
<input type="reset" name="Submit" value="重置"/>
</form>
</center>
</body>
</html>
```

这里的checkOut.jsp是购买商品清单页面，此页面显示用户购买的所有的商品明细以及应付总金额。在此页面中，首先通过request.setCharacterEncoding("utf-8")语句使程序以utf-8编码方式获取request对象中的参数值，保证输入的中文不会显示成乱码。然后通过<jsp:useBean>标签在页面范围内实例化一个ItemShopping对象，接着通过<jsp:setProperty name="item" property="*"/>标签将request对象中的参数值赋给ItemShopping对象中的同名属性，这里标签<jsp:setProperty>中的符号*表示ItemShopping对象中的全部属性，也就是只要request对象存在的所有同名参数值都会赋给ItemShopping对象的对应属性。然后又通过<jsp:useBean>标签在会话范围内实例化或获取ShoppingInfo对象，此对象在用户第一次访问checkOut.jsp页面时被实例化，只要用户的浏览器不关闭，则此对象一直存在于会话对象中，用于保存用户的购物清单，前面生成的ItemShopping对象的编号属性会先被赋值，然后放入ShoppingInfo对象的可变数组items中。最后items中存放的所有ItemShopping对象的相关信息以表格的形式显示到页面中，表格的最后一行调用 ItemShopping 对象的 getTotalPrice()方法获取购买商品的应付总金额。

例程 6-13 checkOut. jsp

```
<%@ page contentType="text/html;charset=utf-8"%>
<%@ page import="bean. * "%>
<%@ page import="java. util. * "%>
<html>
<head>
<title>结账</title>
</head>
<body>
<% request. setCharacterEncoding("UTF-8");%>
<jsp:useBean id="item" class="bean. ItemShopping"/>
<jsp:setProperty name="item" property=" * "/>
<jsp:useBean id="shopping" class="bean. ShoppingInfo" scope="session"/>
<table align="center" border="1">
<tr align="center">
<th width="100" height="30">商品编号</th>
<th width="100" height="30">商品名称</th>
<th width="100" height="30">商品单价</th>
<th width="100" height="30">商品数量</th>
</tr>
<%
    int index=shopping. getIndex();
    item. setId(index);
    shopping. getItems(). add(item);
    Vector<ItemShopping> items=shopping. getItems();
    for(int i=0; i < items. size(); i++) {
        ItemShopping itemSh=(ItemShopping) items. get(i);
%>
<tr align="center">
<td width="100" height="30">
<%=itemSh. getId()%>
</td>
<td width="100" height="30">
<%=itemSh. getName()%>
</td>
<td width="100" height="30">
<%=itemSh. getPrice()%>
</tr>
<%
}
%>
<tr>
```

```
<th colspan="3">合计金额</th>
<th><%=shopping.getTotalPrice()%></th>
</tr>
</table>
<center>
<a href="input.jsp">返回</a>
</center>
</body>
</html>
```

步骤及运行效果：

Step1：启动 Tomcat 服务器，打开浏览器，进入 input.jsp 页面，运行效果如图 6-7 所示。

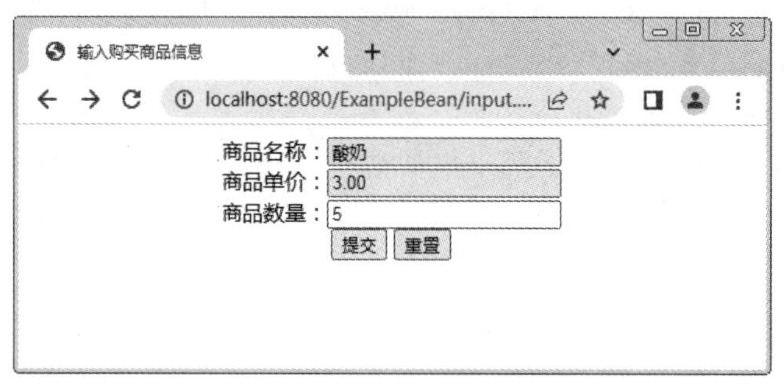

图 6-7　input.jsp 的运行效果

Step2：输入购买的商品名称，提交后进入 checkOut.jsp 页面，运行效果如图 6-8 所示。

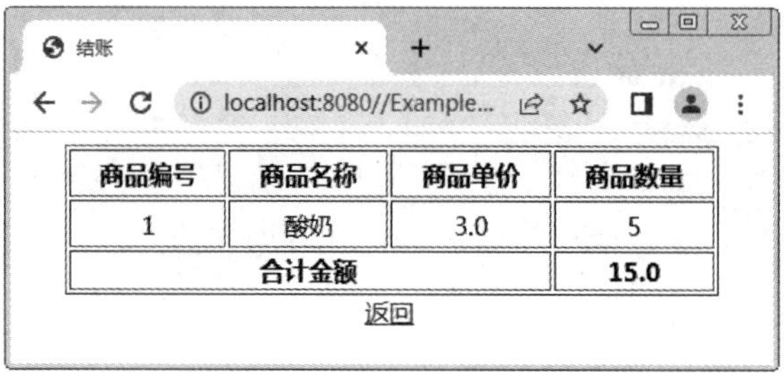

商品编号	商品名称	商品单价	商品数量
1	酸奶	3.0	5
合计金额			15.0

返回

图 6-8　checkOut.jsp 的运行效果

Step3：返回后，继续购买其他商品，运行效果如图 6-9 所示。

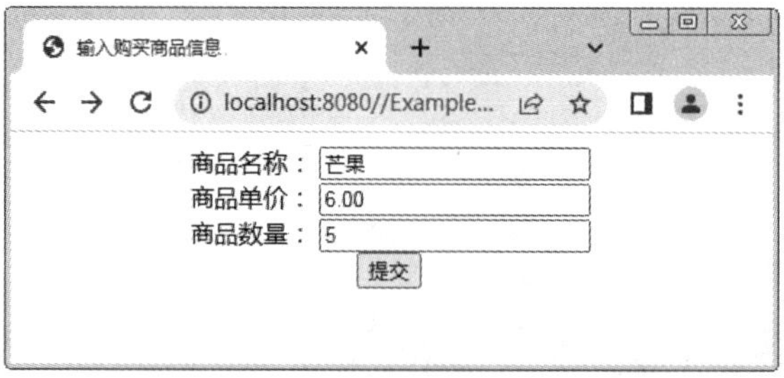

商品名称：芒果
商品单价：6.00
商品数量：5
提交

图 6-9　再次运行 input.jsp 的效果

Step4：再次提交后显示商品清单，运行效果如图 6-10 所示。

注意：向量的使用、bean 的使用。

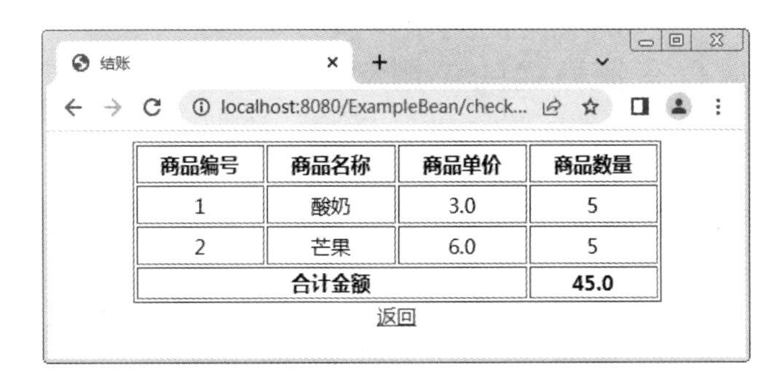

商品编号	商品名称	商品单价	商品数量
1	酸奶	3.0	5
2	芒果	6.0	5
合计金额			45.0

图 6-10　再次运行 checkOut.jsp 的效果

6.2.3　MVC 模式

上面的购物结算程序比较简单，使用 JSP＋JavaBean 模式进行开发比较方便。但有时 Web 应用中涉及的页面较多，功能较复杂，此时如果在 JSP 页面中进行页面跳转控制以及 JavaBean 的功能调用，会增加页面设计师的开发难度，而且当客户的需求发生变化影响页面跳转的逻辑时，也不容易进行调整和修改。

为了解决这一问题，在 Web 应用设计的过程中，可以引入 Servlet 技术来进行页面跳转控制以及 JavaBean 的功能调用等。在这样的设计模式当中，JSP 技术主要负责 Web 应用与用户的交互以及业务数据的呈现等，起着视图的作用，JavaBean 技术主要负责业务逻辑处理、数据库访问以及数据信息传递等，起着数据处理模型的作用，Servlet 技术主要负责业务流程和数据流的控制，起着控制器的作用，这一设计模式被称为 MVC 模式。

MVC(Model-View-Controller)模式，即模型-视图-控制器模式，其核心思想是将整个程序代码分成相对独立而又能协同工作的三个组成部分。如图 6-11 所示。

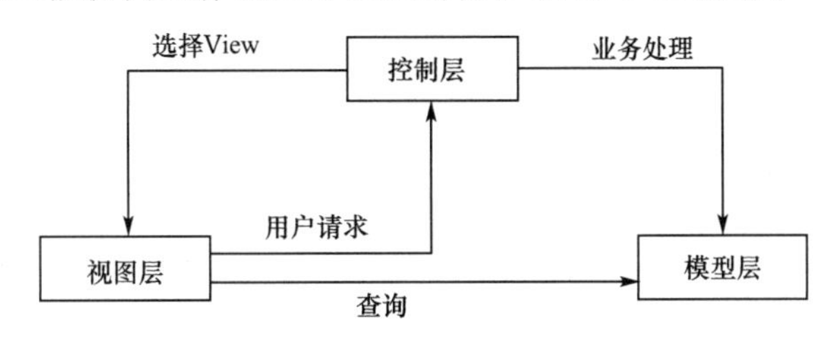

图 6-11　MVC 模式

1. 模型(Model)：业务逻辑层，实现具体的业务逻辑，状态管理的功能。

2. 视图(View)：表示层，即与用户实现交互的界面，通常实现数据输入和输出功能。

3. 控制器(Controller)：控制层，起到控制整个业务流程的作用，实现 View 和 Model 部分的协同工作。

显然这样的运行机制可以起到分工明确、职责清晰、各尽所长的效果。而在软件开发的过程中，这样的开发方式无疑可以有效地区分不同的开发者，尽可能减少彼此之间的互相影响。充分发挥每个开发者的特长。这在开发大型、复杂的 Web 项目时体现得尤为突出。

MVC 模式并不是 Java 技术中特有的，也可以用其他的程序语言和技术实现，只不过在 Java 技术中应用得更广泛一些。

6.2.4 基于MVC开发模式的应用程序体验

基于MVC开发模式的应用程序体验

为了让读者能更好地理解JSP+JavaBean模式与MVC模式的区别，这里还是以购物结算程序为例来介绍MVC的开发模式，本例在原程序的功能基础上增加了删除商品的功能。

MVC模式下的购物结算程序包含的相关文件及功能见表6-2。

表6-2 MVC模式下的购物结算程序中的相关文件及功能

文件名	功能描述
ItemShopping. java	JavaBean组件，定义了购买商品的相关信息
ShoppingInfo. java	JavaBean组件，定义了购买商品清单的相关信息
ConServlet. java	在整个程序中充当控制器的角色，用于程序转向
input. jsp	页面，为用户提供输入购买商品信息的界面
checkMVC. jsp	页面，显示购买商品清单
web. xml	配置Servlet相关信息

对于两个JavaBean，ItemShopping没有变化，ShoppingInfo增加了delItem方法，用于删除指定编号的商品。

```
public void delItem(int id){
    for(int i=0; i< items.size(); i++){
        ItemShopping item=(ItemShopping) items.get(i);
        if(item.getId()==id){
            items.remove(item);
            break;
        }
    }
}
```

在input页面中修改了form标签的action属性，指定表单将提交到ConServlet进行处理，并且增加了一个类型为隐藏的input标签，用于传递参数method=shop，表明添加用户输入的商品明细。

例程6-14 input. jsp

```
<%@ page contentType="text/html;charset=utf-8"%>
<html>
<head><title>输入购买商品信息</title></head>
<body>
<center>
<form action="ConServlet" method="post">
商品名称:<input name="name" type="text"/><br>
商品单价:<input name="price" type="text"/><br>
商品数量:<input name="amount" type="text"/><br>
<input type="submit" name="Submit" value="提交"/>
<input type="hidden" name="method" value="shop">
```

```
</form>
</center>
</body>
</html>
```

checkMVC 页面在原 checkout 页面基础上，在每一行商品明细后增加了删除超链接标记<a href=" ConServlet? method=delete&id=<%=itemSh. getId()%>">删除</a>，此超链接将指向名为 ConServlet 的 Servlet，并且向其传递 method=delete 和 id=<%=itemSh. getId()%>两个参数，表明删除指定编号的商品明细。

例程 6-15 checkMVC. jsp

```
<%@ page contentType="text/html;charset=utf-8"%>
<%@ page import="bean. *"%>
<%@ page import="java. util. *"%>
<html>
<head><title>结账</title></head>
<body>
<%
    request. setCharacterEncoding("UTF-8");
%>
<jsp:useBean id="shopping" class="bean. ShoppingInfo" scope="session"/>
<table align="center" border="1">
<tr align="center">
<th width="100" height="30">商品编号</th>
<th width="100" height="30">商品名称</th>
<th width="100" height="30">商品单价</th>
<th width="100" height="30">商品数量</th>
<th width="100" height="30">操作</th>
</tr>
<%
    Vector items=shopping. getItems();
    for(int i=0; i < items. size(); i++) {
        ItemShopping itemSh=(ItemShopping) items. get(i);
%>
<tr align="center">
<td width="100" height="30"><%=itemSh. getId()%></td>
<td width="100" height="30"><%=itemSh. getName()%></td>
<td width="100" height="30"><%=itemSh. getPrice()%></td>
<td width="100" height="30"><%=itemSh. getAmount()%></td>
<td width="100" height="30">
<a href=" ConServlet? method=delete&id=<%=itemSh. getId()%>">删除</a>
</td>
</tr>
<% } %>
<tr><th colspan="3">合计金额</th>
```

```
<th><%=shopping.getTotalPrice()%></th>
</tr>
</table><center><a href="input.jsp">返回</a></center>
</body>
</html>
```

类 ConServlet 继承于类 HttpServlet，在整个程序中充当控制器的角色，它会根据请求对象 request 中的 method 参数来判断是应该往可变数组 items 中添加商品还是删除商品，从而控制整个程序的运行流程，添加或删除操作执行完后，将跳转到 checkMVC 页面显示 items 中的所有商品明细。

例程 6-16 ConServlet.java

```
package control;
import java.io.IOException;
import javax.servlet.ServletException;
import javax.servlet.annotation.WebServlet;
import javax.servlet.http.HttpServlet;
import javax.servlet.http.HttpServletRequest;
import javax.servlet.http.HttpServletResponse;
import javax.servlet.*;
import javax.servlet.http.HttpSession;
import bean.*;
/**
 * Servlet implementation class ConServlet
 */
@WebServlet("/ConServlet")
public class ConServlet extends HttpServlet {
    private static final long serialVersionUID = 1L;
    /**
     * @see HttpServlet#HttpServlet()
     */
    public ConServlet() {
        super();
        // TODO Auto-generated constructor stub
    }
    /**
     * @see HttpServlet#doGet(HttpServletRequest request, HttpServletResponse response)
     */
    protected void doGet(HttpServletRequest request, HttpServletResponse response) throws
ServletException, IOException {
        doPost(request, response);
    }
    /**
     * @see HttpServlet#doPost(HttpServletRequest request, HttpServletResponse response)
     */
    protected void doPost(HttpServletRequest request, HttpServletResponse response) throws
ServletException, IOException {
```

```
            request.setCharacterEncoding("UTF-8");
            HttpSession session = request.getSession();
            ShoppingInfo si = (ShoppingInfo) session.getAttribute("shopping");
            if (si == null) {
                si = new ShoppingInfo();
                session.setAttribute("shopping", si);
            }
            String url = "/checkMVC.jsp";
            String method = request.getParameter("method");
            if (method.equals("shop")) {
                ItemShopping item = new ItemShopping();
                item.setId(si.getIndex());
                item.setName(request.getParameter("name"));
                item.setPrice(Float.parseFloat(request.getParameter("price")));
                item.setAmount(Integer.parseInt(request.getParameter("amount")));
                si.getItems().add(item);
            }
            if (method.equals("delete")) {
                int id =Integer.parseInt(request.getParameter("id"));
                si.delItem(id);
            }
            ServletContext sc = getServletContext();
            RequestDispatcher rd = sc.getRequestDispatcher(url);
            rd.forward(request, response);
        }
    }
```

运行效果如图 6-12 所示。

结账
localhost:8080/ExampleBean...

商品编号	商品名称	商品单价	商品数量	操作
1	芒果	3.0	5	删除
2	柚子	6.0	7	删除
合计金额			57.0	

返回

图 6-12　MVC 模式下的购物结算程序运行效果

注意:向量的使用、session 的使用、MVC 模式和 bean 的使用。

典型模块应用

利用 JavaBean 过滤输入字符串中的危险符号

案例 6-1　过滤输入字符串中的危险符号。

- DoString.java

```
package bean;
public class DoString {
```

```
    private String getstr;
    private String checkstr;
    public DoString(){
    }
    public void setGetstr(String getstr){
        this.getstr=getstr;
        dostring();
    }
    public String getGetstr(){
        return this.getstr;
    }
    public String getCheckstr(){
        return this.checkstr;
    }
    public void dostring(){
        this.checkstr=this.getstr;
        this.checkstr=this.checkstr.replaceAll("&","&amp;");
        this.checkstr=this.checkstr.replaceAll(";","");
        this.checkstr=this.checkstr.replaceAll("'","");
        this.checkstr=this.checkstr.replaceAll("<","&lt;");
        this.checkstr=this.checkstr.replaceAll(">","&gt;");
        this.checkstr=this.checkstr.replaceAll("--","");
        this.checkstr=this.checkstr.replaceAll("\"","&quot;");
        this.checkstr=this.checkstr.replaceAll("/","");
        this.checkstr=this.checkstr.replaceAll("%"," ");
    }
}
```

- index.jsp

```
<%@ page contentType="text/html;charset=utf-8"%>
<html>
<head><title>过滤输入字符串中的危险符号</title></head>
<body>
<center>
<form action="check.jsp">
<table>
<tr height="25"><td align="center">过滤输入字符串中的危险符号</td></tr>
<tr><td align="center">输入字符串：
<input type="text" name="input" size="35">
<input type="submit" name="check" value="过滤">
</td></tr></table></form></center>
</body>
</html>
```

- check.jsp

```
<%@ page contentType="text/html;charset=utf-8"%>
```

```
<jsp:useBean id="mystring" class="bean.DoString"/>
<%
    String getstr=request.getParameter("input");
    if(getstr==null)
    getstr=new String(getstr.getBytes("ISO-8859-1"),"utf-8");;
    mystring.setGetstr(getstr);
    String unChangedStr=mystring.getGetstr();
    String ChangedStr=mystring.getCheckstr();
%>
<html>
<head><title>过滤输入字符串中的危险符号</title></head>
<body>
转换前:<%=unChangedStr%><br>
转换后:<%=ChangedStr%><br>
</body>
</html>
```

注意:bean 的使用、字符串方法的应用。

典型模块应用

利用 JavaBean 解决中文乱码问题

案例 6-2　利用 JavaBean 解决中文乱码问题。

• ToString.java

```
package bean;
public class ToString {
    //对字符串进行 utf-8 编码
    public String toString(String stringvalue) {
        try {
            if(stringvalue==null) {
                return "";
            } else {
                stringvalue=new String(stringvalue.getBytes("ISO-8859-1"), "utf-8");
                return stringvalue;
            }
        } catch(Exception e) {
            return "";
        }
    }
}
```

典型模块应用

一个基于 MVC 模式的用户注册实现

案例 6-3　一个基于 MVC 模式的用户注册模块。

• index.jsp

```
<%@ page language="java" pageEncoding="utf-8"%>
<html>
<head>注册页面</head>
<body>
<form name="form" action="servlet/registerservlet" method="post">
```

```
姓 名:<Input type="text" name="name">
密 码:<Input type="password" name="password">
<Input type="submit" value="提交">
<Input type="reset" value="复位">
</form>
</body>
</html>
```

- registerservlet.java

```
package servlet;
import java.io.*;
import javax.servlet.*;
import javax.servlet.http.*;
import business.UserDoreg;
public class registerservlet extends HttpServlet {
    private UserDoreg userdoreg=new UserDoreg();
    public registerservlet() {
        super();
    }
    public void destroy() {
        super.destroy();
    }
    public void doGet(HttpServletRequest request, HttpServletResponse response)
    throws ServletException, IOException {
        response.setContentType("text/html;charset=utf-8");
        PrintWriter out=response.getWriter();
        String name=request.getParameter("name");
        String password=request.getParameter("password");
        userdoreg.setUsername(name);
        userdoreg.setPassword(password);
        boolean mark=userdoreg.doreg();
        if(mark) {
            out.print("用户名注册成功!");
        } else {
            out.print("对不起! 用户名已注册!");
        }
        out.close();
    }
    public void doPost(HttpServletRequest request, HttpServletResponse response)
    throws ServletException, IOException {
        doGet(request, response);
    }
    public void init() throws ServletException {
    }
}
```

- UserDoreg. java

```
package business;
public class UserDoreg {
    private String username;
    private String password;
    private boolean mark=true;
    public UserDoreg() {
    }
    public void setUsername(String username) {
        this.username=username;
    }
    public void setPassword(String password) {
        this.password=password;
    }
    public String getUsername() {
        return this.username;
    }
    public String getPassword() {
        return this.password;
    }
    //注册
    public boolean doreg() {
        if(this.username.equals("leslie")) {
            mark=false;
        } else {
            mark=true;
        }
        return mark;
    }
}
```

注意：MVC 模式的应用。

情境案例提示

本书中的项目案例——生产性企业招聘管理系统就是采用 MVC 模式进行开发的。以其中的招聘管理功能模块为例，相关的程序文件功能见表 6-3。

表 6-3　招聘管理功能模块中的文件功能

MVC 类型	文件名	功能描述
Model	ApplierDao. java	功能 bean 接口，定义招聘管理功能模块中的增删改查方法
	ApplierDaoImpl. java	功能 bean 实现类，实现招聘管理功能模块中的增删改查方法
	Applier. java	数据 bean，定义应聘者的信息

（续表）

MVC类型	文件名	功能描述
View	applier_add. jsp	应聘信息填写页面
	applier_list. jsp	应聘信息列表页面
	applieredit. jsp	应聘信息修改页面。
Control	ApplierSevlet. java	招聘管理功能模块中的控制器，根据请求调用功能bean并控制页面跳转

下面以添加应聘者信息为例进行说明，其中视图（V）为applier_add. jsp，模型（M）为ApplierDao. java，控制器为ApplierServlet. java。

首先，通过视图applier_add. jsp页面填写应聘者的详细信息，在form表单中指定提交给控制器ApplierServlet处理。

控制器ApplierServlet会根据用户请求对象request中的status参数进行功能的调用和页面的跳转，通过调用模型ApplierDao分别进行删除、增加、查询和修改的操作。具体的过程见下面的代码注释。

```
public void doPost(HttpServletRequest request, HttpServletResponse response)
throws ServletException, IOException {
    String status=request.getParameter("status");
    //删除应聘者信息
    if("delete".equals(status)) {
        String checkbox[]=request.getParameterValues("checkbox");
        for(int i=0; i < checkbox.length; i++) {
            try {
                //调用访问数据库的方法delete进行处理
                FactoryDao.getInstanceApplierDao().delete(Integer.parseInt(checkbox[i]));
            } catch(NumberFormatException e) {
                e.printStackTrace();
            } catch(Exception e) {
                e.printStackTrace();
            }
        }
        //给出提示信息
        request.setAttribute("message", "删除应聘信息成功!");
        request.getRequestDispatcher("ApplierServlet? status=selectall").forward(request, response);
    }
    //增加应聘者信息
    if("insert".equals(status)) {…}
    //查询所有应聘者信息
    if("selectall".equals(status)) {…}
    //修改应聘者信息
    if("applieredit".equals(status)) {…}
}
```

对应于控制器ApplierServlet，在功能bean接口ApplierDao中都定义了相应的方法供其调用,具体的过程见下面的代码注释。

```
public interface ApplierDao {
    //添加招聘信息
    public void insert(Applier applier) throws Exception;
    //检查是否已经填写过应聘信息
    public boolean selectbyusername(String username) throws Exception;
    //按注册号查询招聘信息(便于更新和预览)
    public Applier selectbyud(String username) throws Exception;
    //更新招聘信息
    public void update(Applier applier) throws Exception;
    //查询所有人才信息
    public PageBean selectall(String curPage) throws Exception;
    //查询所有职位
    public PageBean selectalljob(String curPage) throws Exception;
    //查询所有职位
    public List selectalljob() throws Exception;
    //应聘信息搜索
    public PageBean search(String degree, String applier_date, String jobtitle,String keyword, String
    curPage) throws Exception;
    //删除应聘信息
    public void delete(int id) throws Exception;
}
```

常见问题释疑

1. 下面哪个选项不属于 JSP 中属性 scope 设定 bean 的应用范围?( )

A. application

B. session

C. request

D. response

E. page

答案:D

解释:<jsp:useBean>标签在指定范围内获取或创建一个 JavaBean,属性 id 指定 bean 对象的变量名称,属性 scope 设定 bean 的应用范围,其值有 4 种:page、request、session、application,默认为 page。

2. 下面哪个选项是用于定义<jsp:useBean>标签的属性?( )

A. <jsp:useBean id="student" class="StudentBean" />

B. <jsp:useBean name="student" class="StudentBean"/>

C. <jsp:useBean bean="student" class="StudentBean" />

D. <jsp:useBean class="StudentBean" scope="request" />

答案:A

解释:name 和 bean 不是标签<jsp:useBean>的属性,因此选项 B 和 C 是错误的。<jsp:useBean>标签中必须使用 id 属性指定 bean 对象的变量名称,因此选项 D 也是错误的。

3. 下面哪个选项用于获得JavaBean的property属性值？(　　)

A. <jsp:useBean action="get" id="student" property="name" />

B. <jsp:getProperty id="student" property="name" />

C. <jsp:getProperty bean="student" property="*" />

D. <jsp:getProperty name="student" property="*" />

答案:D

解释:<jsp:getProperty>标签中只有且必须有name和property两个属性。

4. 以下关于JavaBean的描述错误的是(　　)。

A. JavaBean是一个公有Java类

B. JavaBean提供给外界使用的方法是公有类型的

C. JavaBean必须有一个带参构造方法

D. 在JSP中使用的JavaBean必须放在包中

答案:C

解释:对于JavaBean,最好的方法就是只定义一个无参数构造函数,然后用set方法来赋值。

5. 在基于MVC开发模式中,实现控制器的是(　　)。

A. JSP

B. HTML

C. JavaBean

D. Servlet

答案:D

解释:在MVC设计模式中,Model作为数据表示,View作为界面显示,Control用来控制和实现业务逻辑。

6. JavaBean的生命周期中,哪个是用来跟踪用户会话的?(　　)

A. session

B. request

C. page

D. application

答案:A

解释:设定bean的应用范围,其值有4种:page、request、session、application。scope取值session,JSP引擎分配给每个客户的bean是互不相同的,该bean的有效范围是客户的会话期间。

任务小结

JavaBean在Java Web应用中是一种组件技术。它将内部的动作封装起来,使调用者看不到其运行机制,仅能通过它提供的最小限度的属性接口来完成操作。JavaBean在JSP页面中,既可以像使用普通类一样实例化,调用它的方法;也可以利用JSP技术中提供的动作标签来访问JavaBean,调用它的方法。

在JSP+JavaBean开发模式中,主要使用JSP技术来实现界面设计,用户交互和数据呈现,JavaBean主要用来实现数据处理,数据传递以及数据库访问操作等。

在 MVC 开发模式中，JSP 技术主要负责 Web 应用与用户的交互以及业务数据的呈现等，起着视图的作用，JavaBean 技术主要负责业务逻辑处理，数据库访问以及数据信息传递等，起着数据处理模型的作用，Servlet 技术主要负责业务流程和数据流的控制，起着控制器的作用。

在本任务读者需要学会协调两个或者两个以上的不同资源或者个体代码，协同一致地完成一个目标的过程或能力。在工作中，协同合作也是非常重要的职业素养，大家都知道一根筷子轻松被折断，但把更多的筷子放在一起，想要折断是很困难的事。

团队协作的本质就是共同奉献。制定一个切实可行、具有挑战意义的目标，不分彼此，共同奉献。在一个团队里面，只有大家不断地分享自己的长处优点，不断吸取其他成员的优点、长处，遇到问题都及时交流，才能让团队的力量发挥得淋漓尽致。

实战演练

[实战 6-1]在网络应用程序中经常需要对字符串进行处理。请设计一个 JavaBean，其功能是将用户在 JSP 页面 Form 表单的文本域输入的回车和空格转换成为 JSP 页面中输出的回车和空格，即："<br>"和" "，运行效果如图 6-13 和图 6-14 所示。

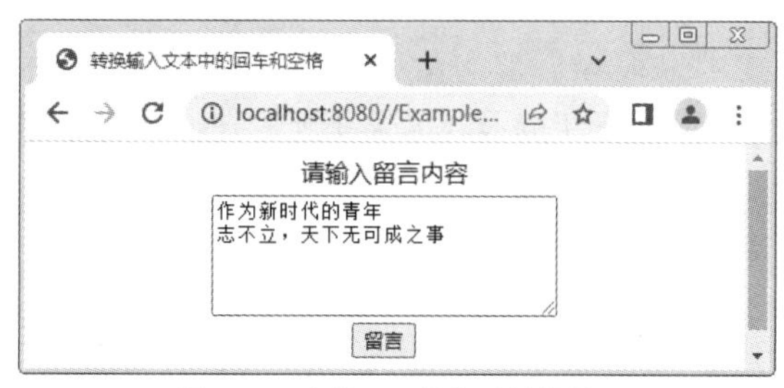

图 6-13　实战 6-1 程序运行效果 1

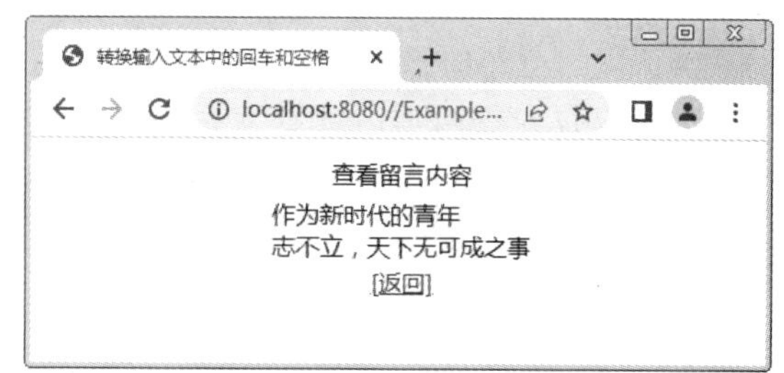

图 6-14　实战 6-1 程序运行效果 2

[实战 6-2] 请设计一个 JavaBean，其功能是当用户在 JSP 页面 Form 表单的文本域输入字符串时，对字符串进行检查，如果用户输入的是一段 HTML 语言进行显示，对该内容进行转换，显示用户输入的真实内容，运行效果如图 6-15 和图 6-16 所示。

图 6-15　实战 6-2 程序运行效果 1

图 6-16　实战 6-2 程序运行效果 2

[实战 6-3]当开发网站时，会在多个页面的结尾重复地写入网站版权信息的 HTML 码，不利于维护且费时。请设计一个 JavaBean，其功能是将输出版权信息的代码封装，便于代码多次应用及维护，运行效果如图 6-17 所示。

[实战 6-4] 请设计一个 JavaBean，功能是用户在 JSP 页面 Form 表单的文本域输入字符串后，对字符串进行检查，如果字符串中的某个字符为英文字母，则将该字符设置为红色。

[实战 6-5]请设计一个基于 MVC 模式的用户登录模块，当用户登录名为 admin，密码为 1234，转至登录成功页面，否则登录失败。

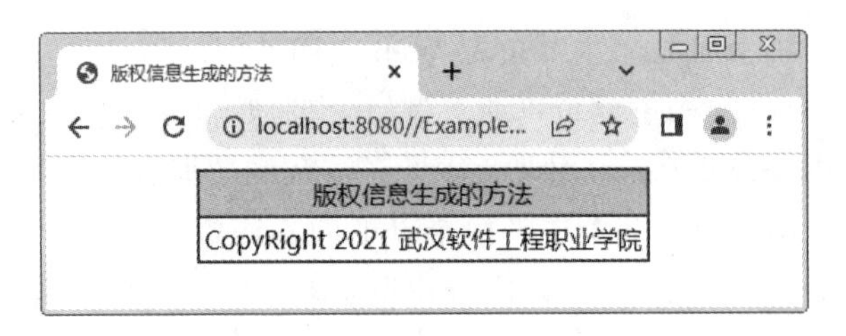

图 6-17 实战 6-3 程序运行效果

Java Web 中的开发框架是如何运作的？——团结、协作

知识拓展

Java Web 应用中的开发框架

在软件系统的开发中，为了使整个系统具有良好的可扩展性、可维护性和健壮性，通常采用一些经过长期经验总结出来的有效模式与方案来进行系统的设计和开发，这些开发模式与方案也被称为开发框架。Java 相关技术作为目前最流行的 Web 应用开发技术之一，有自己成熟的开发框架，同时也不断涌现出许多优秀的开源项目来更有效地构建 Java Web 应用开发框架。下面对这些开发框架作一个简单的介绍。

由于优秀框架的不断涌现，程序员所掌握的技术也很容易被淘汰，很容易落伍，因为一种技术可能仅仅在三两年内具有领先性，所以必须不断跟进新的技术，学习新的技能。善于学习，对于任何职业而言，都是前进所必需的动力。

下面对这些开发框架作一个简单的介绍，有兴趣的读者可以继续深入了解。

• Struts2

Struts2 是一个开源项目，对 MVC 模式进行了较好的实现。通过 Struts 技术，Web 应用设计者可以很高效地设计出 MVC 模式应用。

• Spring

Spring 是一个开源的 Java/Java EE 应用程序框架，采用控制翻转(Inversion of Control, IoC)原则对 JavaBean 进行配置管理，使得应用程序的组建更加快捷简易。Spring 简化数据库事务的划分使之与底层无关，提供诸如事务管理等服务的面向方面编程框架。Spring 能很方便地与其他框架技术集成。

• Spring MVC

Spring MVC 是 Spring 提供的一个实现了 MVC 模式的功能强大且使用方便的 Web 应用开发框架。Spring MVC 使用简单，学习成本低，使用 Spring MVC 能很方便地进行 Web 应用的功能扩展，并开发出高性能的 Web 应用。

• Spring Boot

Spring Boot 是由 Pivotal 团队提供的全新框架，其设计目的是用来简化新 Spring 应用的初始搭建以及开发过程。该框架使用了特定的方式来进行配置，从而使开发人员不再需要定义样板化的配置。通过这种方式，Spring Boot 致力于在蓬勃发展的快速应用开发领域(Rapid Application Development)成为领导者。

• Hibernate

Hibernate 是一个开源的持久层框架，它对 JDBC 进行了非常轻量级的对象封装。利用其对象关系映射的技术，Web 应用设计者可以很方便地采用面向对象的思想开发基于关系数据库的程序。

- MyBatis

MyBatis 是一个开源的持久层框架，它支持定制化 SQL、存储过程以及高级映射。在 MyBatis 中可以使用简单的 XML 或注解来配置和映射原生信息，将 Java Bean 映射成数据库中的记录。

- Struts2＋Spring＋Hibernate 开发方案

此方案简称为 SSH，是目前常用的一种 Java Web 应用开发框架，此框架中使用 Struts2 进行 MVC 模式的实现，使用 Spring 管理各层的组件，使用 Hibernate 进行持久层的实现。

- Spring MVC＋Spring＋MyBatis 开发方案

此方案简称为 SSM，是目前常用的一种 Java Web 应用开发框架，此框架中使用 Spring MVC 进行 MVC 模式的实现，使用 Spring 管理各层的组件，使用 MyBatis 进行持久层的实现。

- SSM 和 SSH 的区别

SSM 和 SSH 不同主要在 MVC 模式实现方式以及持久化层技术的不同。SSM 在系统配置方面将注解技术应用到了极致，使得配置非常简单，Spring MVC 和 Spring 整合方便，MyBatis 可以进行更为细致的 SQL 语句优化，减少查询字段；SSH 配置较烦琐，其中的 Hibernate 对 JDBC 的完整封装更面向对象，可移植性好，有更好的二级缓存机制，但 SQL 语句优化方面较弱。

- Spring、Spring MVC 及 Spring Boot 的区别

Spring 是一个开源容器框架，可以接管 Web 层、业务层、DAO 层、持久层的组件，并且可以配置各种 bean，以及维护 bean 与 bean 之间的关系。Spring MVC 属于 Spring FrameWork 的后续产品，已经融合在 Spring Web Flow 里面。Spring MVC 是一种 Web 层 MVC 框架，用于替代 Servlet。Spring Boot 是一个微服务框架，延续了 Spring 框架的核心思想 IOC 和 AOP，简化了应用的开发和部署。Spring Boot 是为了简化 Spring 应用的创建、运行、调试、部署等而出现的，使用它可以做到专注于 Spring 应用的开发，而无须过多关注 XML 的配置。

任务7 Servlet过滤器与监听器应用

能力目标

1. 掌握 Servlet 过滤器类的创建和配置，Servlet 监听器类的创建和配置。
2. 理解 Servlet 过滤器的原理和用途，Servlet 监听器的原理和用途。

素质目标

1. 提升安全防范意识，确保软件产品的安全性。
2. 培养职业道德与敬业精神。
3. 培养代码调试分析能力。

用户资源
访问权限控制
过滤器编写

7.1 Servlet 过滤器

7.1.1 Servlet 过滤器的原理及用途

当我们构建自己的 Web 应用时，有时候需要在用户请求服务器的资源之前，做一些有针对性的操作，比如说对客户进行访问控制，对传输的数据进行统一编码转换，过滤不雅文字等。

例如，我们希望 Web 应用能针对特定的 IP 进行访问控制，如图 7-1 所示。

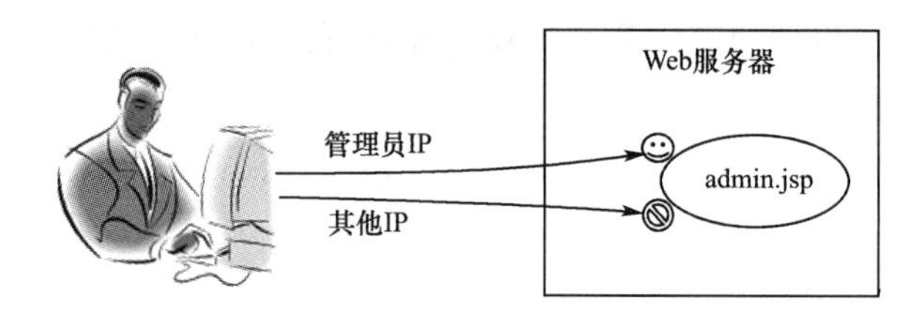

图 7-1 进行访问控制

若是管理员 IP 请求 admin.jsp，则允许其访问，而其他 IP 则阻止其访问 admin.jsp。想要达到这样的效果，我们可以考虑在客户端与服务器之间添加一个类似滤网的组件，每当客户端发出请求，就先检查客户端 IP 是不是管理员 IP，若是才允许其访问 admin.jsp，否则就阻止。如图 7-2 所示。

如图 7-2 所示，对客户端请求具备类似滤网功能的组件就是 Servlet 过滤器。

Servlet 过滤器能够对 Servlet 容器的请求和响应对象进行检查和修改。过滤器本身并不产生请求和响应对象，它只是提供过滤功能。过滤器处在客户端与所请求的资源(Servlet、JSP 或 HTML)之间，它能够在请求到达目标资源之前先检查 request 对象，可以修改请求头和请求内容，也可以在目标资源响应到客户端之前检查 response 对象，修改响应头和响应内容。

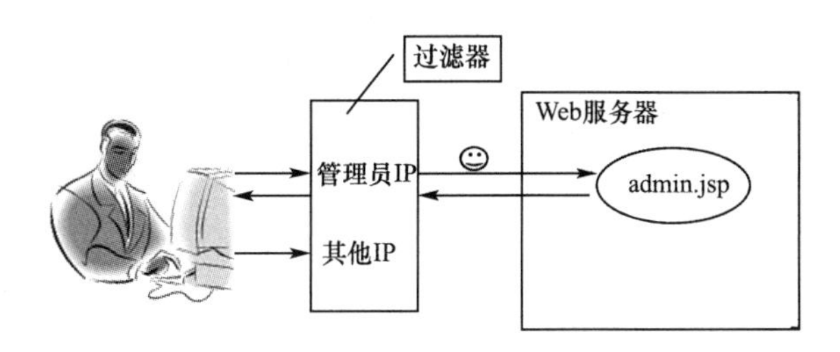

图 7-2　使用过滤器拦截非管理员 IP

Servlet 过滤器不能独立执行，总要依附在它负责过滤的 Web 组件上才能执行，Servlet 过滤器负责过滤的 Web 组件可以是 Servlet、JSP 或是 HTML 文件。

Servlet 过滤器的原理如图 7-3 所示。

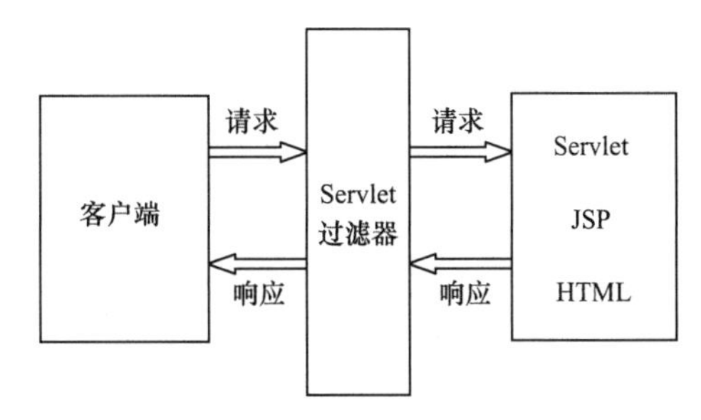

图 7-3　Servlet 过滤器的原理

Servlet 过滤器具备如下的特征：

• Servlet 过滤器与指定的目标资源 URL 相关联，当客户端请求访问此 URL 时，才会触发过滤器工作。

• Servlet 过滤器可以对请求和响应对象进行检查和修改。

• 如果有需要，可以为某个 URL 部署多个过滤器，组成一个过滤链来执行多种检查或操作。

7.1.2　Servlet 过滤器的结构

Servlet 过滤器是一个实现了 javax. servlet. Filter 接口的 Java 类，接口中包含三个方法必须实现：

1. init(FilterConfig config)：该方法负责进行过滤器的初始化操作，Servlet 容器在创建了 Servlet 过滤器实例后就会调用这个方法。在这个方法中可以利用参数 config 读取 Web 应用配置文件 web. xml 中的过滤器初始化参数。

2. doFilter(ServletRequest request, ServletResponse response, FilterChain chain)：该方法负责完成实际的过滤操作，当客户端请求与过滤器关联的 URL 时，Servlet 容器将先调用此方法进行过滤操作。

3. destroy()：该方法在 Servlet 容器销毁过滤器实例前调用，可在此方法中释放过滤器占用的资源。

一个使用 Servlet 过滤器的应用程序体验

7.1.3　一个使用 Servlet 过滤器的应用程序体验

由 Servlet 过滤器的工作原理可以看出，在 Web 应用中使用过滤器，除了需要创建 Servlet 过滤器类之外，还必须对过滤器进行配置。只有通过配置将过滤器与特定的 URL 关联起来，过滤器才能针对这些 URL 发挥过滤作用。Servlet 3.0 之后的版本提供了两种方式配置过滤器：一种通过配置 web.xml 文件实现；另一种则使用注解 @WebFilter 实现。

下面我们就通过一个非管理员 IP 拦截功能实例来学习在 Web 应用中如何使用 Servlet 过滤器。假设将本机 IP 作为管理员 IP，其他 IP 一律不允许访问 admin.jsp 页面。若其他 IP 试图访问 admin.jsp，就将其导向至 error.jsp。应达到的效果如图 7-4 和图 7-5 所示。

图 7-4 管理员 IP 访问 admin.jsp

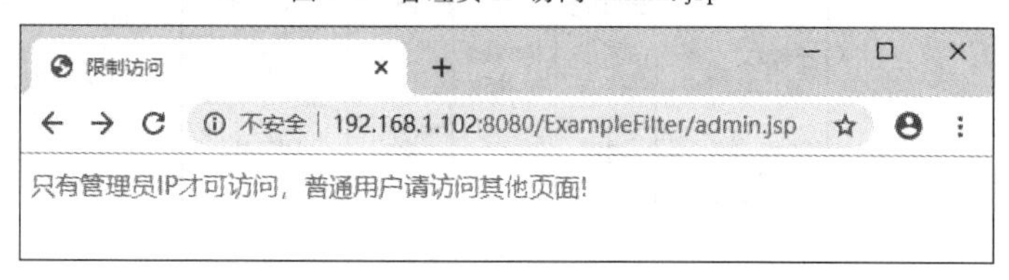

图 7-5 非管理员 IP 将被导向至 error.jsp

在 Eclipse 中新建一个动态 Web 项目 ExampleFilter，我们先编辑 admin.jsp 和 error.jsp 页面。

例程 7-1 admin.jsp

```
<%@ page language="java" pageEncoding="utf-8"%>
<! DOCTYPE HTML PUBLIC "-//W3C//DTD HTML 4.01 Transitional//EN">
<html>
<head><title>管理员页面</title></head>
<body>
<font color="green">这里是管理员页面，管理员 IP 可以访问！</font>
</body>
</html>
```

例程 7-2 error.jsp

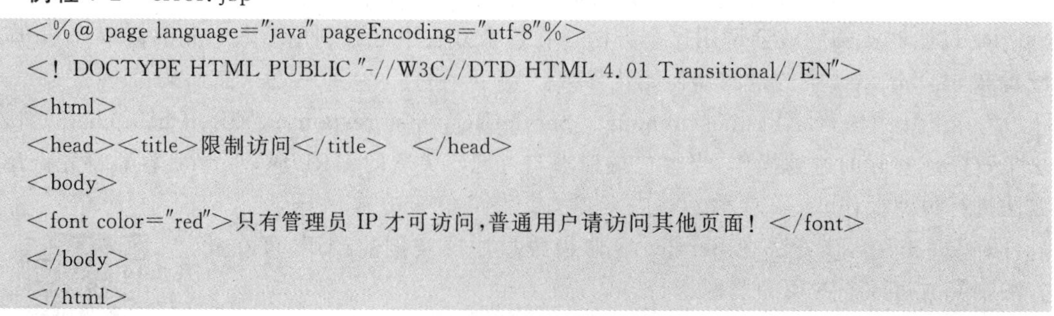

```
<%@ page language="java" pageEncoding="utf-8"%>
<! DOCTYPE HTML PUBLIC "-//W3C//DTD HTML 4.01 Transitional//EN">
<html>
<head><title>限制访问</title> </head>
<body>
<font color="red">只有管理员 IP 才可访问，普通用户请访问其他页面！</font>
</body>
</html>
```

使用配置 web.xml 的方式实现过滤器需要以下两个步骤：

1. 创建 Servlet 过滤器类 IPFilter。

例程 7-3 IPFilter.java

```
package filter;
```

```
import java.io.IOException;
import javax.servlet.*;
//过滤器类必须实现 Filter 接口
public class IPFilter implements Filter {
    private String adminIP=null;
    //init()方法:利用 FilterConfig 对象从配置文件中读取管理员 IP 的值
    public void init(FilterConfig config) throws ServletException {
        adminIP=config.getInitParameter("adminIP");
    }
    //doFilter()方法:进行实际的过滤操作
    public void doFilter(ServletRequest request, ServletResponse response,FilterChain chain)
    throws IOException, ServletException {
        //获取客户端 IP
        String remoteIP=request.getRemoteAddr();
        //将客户端 IP 与管理员 IP 进行比对
        if(remoteIP.equals(adminIP)) {
            //客户端 IP 与管理员 IP 一致则通过过滤,继续向后执行
            chain.doFilter(request, response);
        } else {
            //客户端 IP 与管理员 IP 不一致则导向至 error.jsp 页
            RequestDispatcher rd=request.getRequestDispatcher("/error.jsp");
            rd.forward(request, response);
        }
    }
    //destroy():在过滤器实例销毁时释放资源
    public void destroy() {
        adminIP=null;
    }
}
```

注意如下语句：

```
adminIP=config.getInitParameter("adminIP");
```

其作用是从配置文件 web.xml 中读取过滤器的名为“adminIP”的初始化参数，此处的名称与 web.xml 文件中配置的名称必须一致，此名称应事先就约定好。

2. 在 web.xml 中配置过滤器，将过滤器与 URL 关联起来。我们需要对客户端控制访问的是/admin.jsp，因此过滤器应与/admin.jsp 关联起来。

在 web.xml 中的<web-app>与</web-app>之间添加如下所示的过滤器配置代码。

```
<!-- 配置过滤器名称、过滤器类、初始化参数 -->
<filter>
    <filter-name>IPFilter</filter-name>
    <filter-class>filter.IPFilter</filter-class>
    <init-param>
    <param-name>adminIP</param-name>
    <param-value>127.0.0.1</param-value>
```

```
    </init-param>
</filter>
<! -- 配置过滤名称与关联的URL -->
<filter-mapping>
    <filter-name>IPFilter</filter-name>
    <url-pattern>/admin.jsp</url-pattern>
</filter-mapping>
```

<filter></filter>标签用于配置过滤器的名称，所属类型及初始化参数。其内嵌标签包括：

- <filter-name></filter-name>：用于配置过滤器名称，一般是用过滤器类名。
- <filter-class></filter-class>：用于配置过滤器类型，必须是带包结构的完整类名。
- <init-param></init-param>：用于配置初始化参数，其中内嵌的<param-name></param-name>配置参数名，<param-value></param-value>配置参数值。

<filter-mapping></filter-mapping>标签用于配置过滤器映射信息。其内嵌标签包括：

- <filter-name></filter-name>：配置过滤器名称，此处的名称与<filter></filter>中内嵌的<filter-name></filter-name>中的名称必须保持一致。
- <url-pattern></url-pattern>：用于配置此过滤器对什么URL生效。关联的URL可以是单个资源，就如此处的/admin.jsp；也可以使用通配符与多个URL匹配，如此处改为/*，则当前Web应用根目录下的所有资源都只允许管理员IP访问了。需要注意的是URL地址要以/开头。

下面我们来学习如何使用注解@WebFilter方式实现上述功能。@WebFilter用于将一个类声明为过滤器，该注解将会在部署时被容器处理，容器将根据具体的属性配置将相应的类部署为过滤器。@WebFilter具有一些常用属性，这些属性均为可选属性，但value、urlPatterns、servletNames三者必须至少包含其中一个，并且value和urlPatterns作用是等效的，两者不能同时指定。@WebFilter的属性见表7-1。

表7-1 **@WebFilter的属性**

属性名	类型	描述
asyncSupported	boolean	Filter是否支持异步操作
description	String	Filter的描述信息，等价于<description>标签
dispatcherTypes	DispatcherType	Filter的转发模式，具体值包括：ASYNC、ERROR、FORWARD、INCLUDE、REQUEST
displayName	String	Filter的显示名，等价于<display-name>标签
filterName	String	Filter的名称，等价于<filter-name>
initParams	WebInitParam[]	Filter的初始化参数，等价于<init-param>标签
servletNames	String[]	Filter将应用于哪些Servlet，其值是@WebServlet中的name属性的取值，或是web.xml中<servlet-name>的取值
urlPatterns	String[]	Filter的URL匹配模式，等价于<url-pattern>标签
value	String[]	Filter的URL匹配模式，等价于urlPatterns属性，但是两者不应该同时使用

使用注解@WebFilter方式实现非管理员IP拦截功能的代码如下：

```
package filter;
import java.io.IOException;
import javax.servlet.*;
import javax.servlet.annotation.WebFilter;
import javax.servlet.annotation.WebInitParam;
//过滤器类必须实现 Filter 接口
@WebFilter(filterName = "IPFilterAnnotation", urlPatterns = { "/admin.jsp" },
initParams = { @WebInitParam(name = "adminIP", value = "127.0.0.1") })
public class IPFilterAnnotation implements Filter {
    private String adminIP = null;
    //init()方法:利用 FilterConfig 对象从配置文件中读取管理员 IP 的值
    public void init(FilterConfig config) throws ServletException {
        adminIP = config.getInitParameter("adminIP");
    }
    //doFilter()方法:进行实际的过滤操作
    public void doFilter(ServletRequest request, ServletResponse response,
    FilterChain chain) throws IOException, ServletException {
        //获取客户端 IP
        String remoteIP = request.getRemoteAddr();
        //将客户端 IP 与管理员 IP 进行比对
        if (remoteIP.equals(adminIP)) {
            //客户端 IP 与管理员 IP 一致则通过过滤,继续向后执行
            chain.doFilter(request, response);
        } else {
            //客户端 IP 与管理员 IP 不一致则导向至 error.jsp 页
            RequestDispatcher rd = request.getRequestDispatcher("/error.jsp");
            rd.forward(request, response);
        }
    }
    //destroy():在过滤器实例销毁时释放资源
    public void destroy() {
        adminIP = null;
    }
}
```

微课

使用注解方式实现过滤器功能

使用注解@WebFilter 配置了过滤器 IPFilterAnnotation 则不需要在 web.xml 文件中进行过滤器的配置了。

延伸阅读

网站中如何使用过滤器链?

如果有需要的话,可以为某个资源配置多个过滤器形成过滤器链。考虑这样一种情形,网站中有 suc.jsp 页面,对其的访问权限要求比较高,规定必须是本机并且是通过了登录验证的客户才可以访问,而网站中的其他页面权限要求较低,则只要是本机 IP 地址即可访问。其效果如图 7-6 和图 7-7 所示。

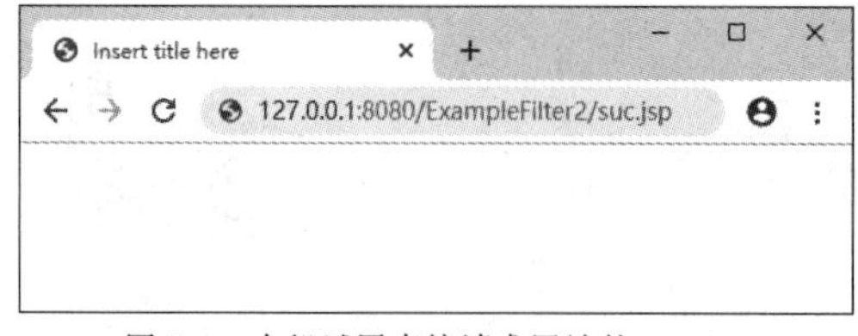

图 7-6 本机试图直接请求网站的 suc. jsp

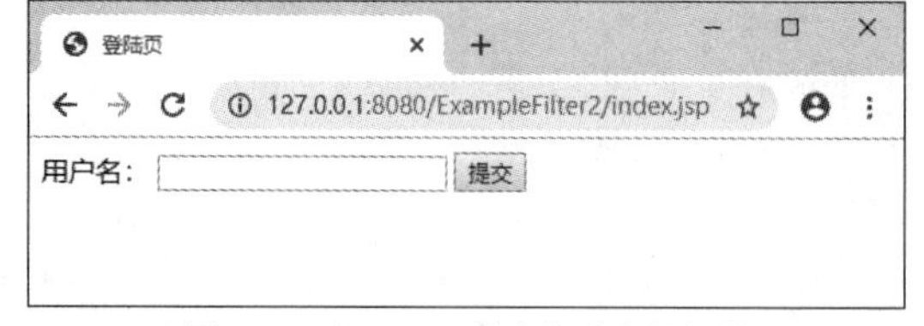

图 7-7 对 suc. jsp 的直接请求被拦截

本机若在浏览器地址栏中通过输入如图 7-6 所示的 URL 试图请求网站中的 suc. jsp，按回车键发出请求后会发现响应到客户端浏览器的页面变为了如图 7-7 所示的 index. jsp 登录验证页面。这种情形是因为本机发出对 suc. jsp 的请求，虽然通过了 IP 地址过滤，但是直接请求 suc. jsp 意味着并没有经过登录验证，不符合 suc. jsp 的访问权限要求，请求将被拦截，拦截以后的处理是将请求重定向到了登录页 index. jsp。

要达到上述效果，应对 suc. jsp 添加两个过滤器：第一个用来过滤 IP，看是不是本机 IP 地址；第二个用来检查客户是否经过了登录验证，只有经过了登录验证才能请求到 suc. jsp，否则就拦截客户的请求，让客户返回 index. jsp 进行登录验证。

我们创建动态 Web 项目 ExampleFilter2 来实现此过滤器链的应用，程序相关的文件及功能见表 7-2。

表 7-2　　过滤器链应用中的文件

文件名	功能描述
index. jsp	登录页面，默认 hello 为合法用户
result. jsp	验证用户名是否合法
suc. jsp	欢迎页面，通过 IP 与登录验证的过滤器链才可访问
error. jsp	出错页面，没有通过 IP 过滤就转至该页面
IPFilter. java	过滤 IP 的过滤器，作用于本网站所有页面
LoginFilter. java	检查是否经过登录验证的过滤器，作用于 suc. jsp

例程 7-4 index. jsp

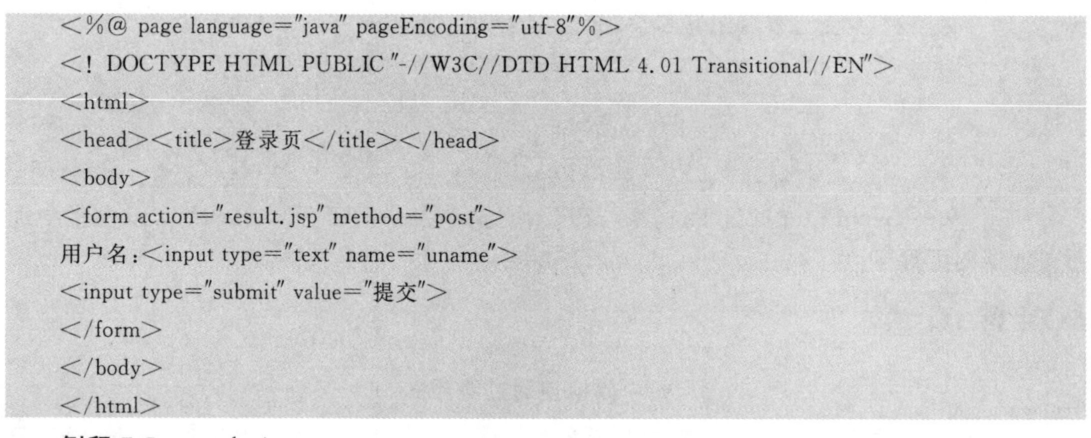

```
<%@ page language="java" pageEncoding="utf-8"%>
<! DOCTYPE HTML PUBLIC "-//W3C//DTD HTML 4.01 Transitional//EN">
<html>
<head><title>登录页</title></head>
<body>
<form action="result. jsp" method="post">
用户名:<input type="text" name="uname">
<input type="submit" value="提交">
</form>
</body>
</html>
```

例程 7-5 result. jsp

```
<%@ page language="java" pageEncoding="utf-8"%>
<! DOCTYPE HTML PUBLIC "-//W3C//DTD HTML 4.01 Transitional//EN">
<html>
```

```
<head><title>成功</title></head>
<body>
<%
    String name=request.getParameter("uname")!=
    null? (String) request.getParameter("uname"): "";
    if(name.equals("hello")) {
        session.setAttribute("isLogin", "true");
        response.sendRedirect("suc.jsp");
    } else {
%>
<a href="index.jsp">返回登录页</a>
<% }%>
</body>
</html>
```

例程 7-6　suc.jsp

```
<%@ page language="java" pageEncoding="utf-8"%>
<! DOCTYPE HTML PUBLIC "-//W3C//DTD HTML 4.01 Transitional//EN">
<html>
<head><title>欢迎</title></head>
<body>
<center><font size="4" color="green">欢迎登录! </font></center>
</body>
</html>
```

例程 7-7　error.jsp

```
<%@ page language="java" pageEncoding="utf-8"%>
<! DOCTYPE HTML PUBLIC "-//W3C//DTD HTML 4.01 Transitional//EN">
<html>
<head><title>出错</title></head>
<body>
<center><font size="4" color="red">对不起,您的 IP 不能登录! </font>
</center>
</body>
</html>
```

例程 7-8　IPFilter.java

```
package filter;
import java.io.IOException;
import javax.servlet.*;
public class IPFilter implements Filter {
    String filteredIP;
    public void destroy() {
    }
    public void doFilter(ServletRequest arg0, ServletResponse arg1, FilterChain arg2)
    throws IOException, ServletException {
        String remoteAddr=arg0.getRemoteAddr();
```

```
        if(remoteAddr.equals(filteredIP)){
            //允许的IP,则继续处理
            arg2.doFilter(arg0, arg1);
        }else{
            //禁止的IP,打印提示信息至控制台,并转至error.jsp页
            System.out.println("被IPFilter拦截一个未认证的请求");
            RequestDispatcher rd=
            arg0.getRequestDispatcher("error.jsp");
            rd.forward(arg0, arg1);
        }
    }
    public void init(FilterConfig arg0) throws ServletException {
        filteredIP=arg0.getInitParameter("filteredIP");
        if(filteredIP==null){
            filteredIP="";
        }
    }
}
```

例程 7-9 LoginFilter.java

```
package filter;
import java.io.IOException;
import javax.servlet.*;
import javax.servlet.http.*;
public class LoginFilter implements Filter {
    public void destroy() {
    }
    public void doFilter(ServletRequest arg0, ServletResponse arg1, FilterChain arg2)
    throws IOException, ServletException {
        HttpServletRequest request=(HttpServletRequest)arg0;
        HttpServletResponse response=(HttpServletResponse)arg1;
        HttpSession session=request.getSession();
        String isLogin=
        session.getAttribute("isLogin")!=null? (String)session.getAttribute("isLogin"):"";
        if(isLogin.equals("true")){
            //通过验证,继续处理
            arg2.doFilter(arg0, arg1);
        }else{
            //未通过验证,回到登录页
            System.out.println("被LoginFilter拦截一个未认证的请求");
            response.sendRedirect("index.jsp");
        }
    }
    public void init(FilterConfig arg0) throws ServletException {
    }
}
```

接下来是非常关键的过滤器配置，若缺少过滤器配置，上述定义的过滤器将失去意义。根据前面的分析，IPFilter 配置到本网站根目录下的所有页面上，LoginFilter 配置到 suc.jsp 上，如此一来，访问 suc.jsp 就需要经过两个过滤器。过滤器链中各过滤器的顺序与其在 web.xml 中的配置顺序保持一致。

本应用 web.xml 中的过滤器配置代码如下：

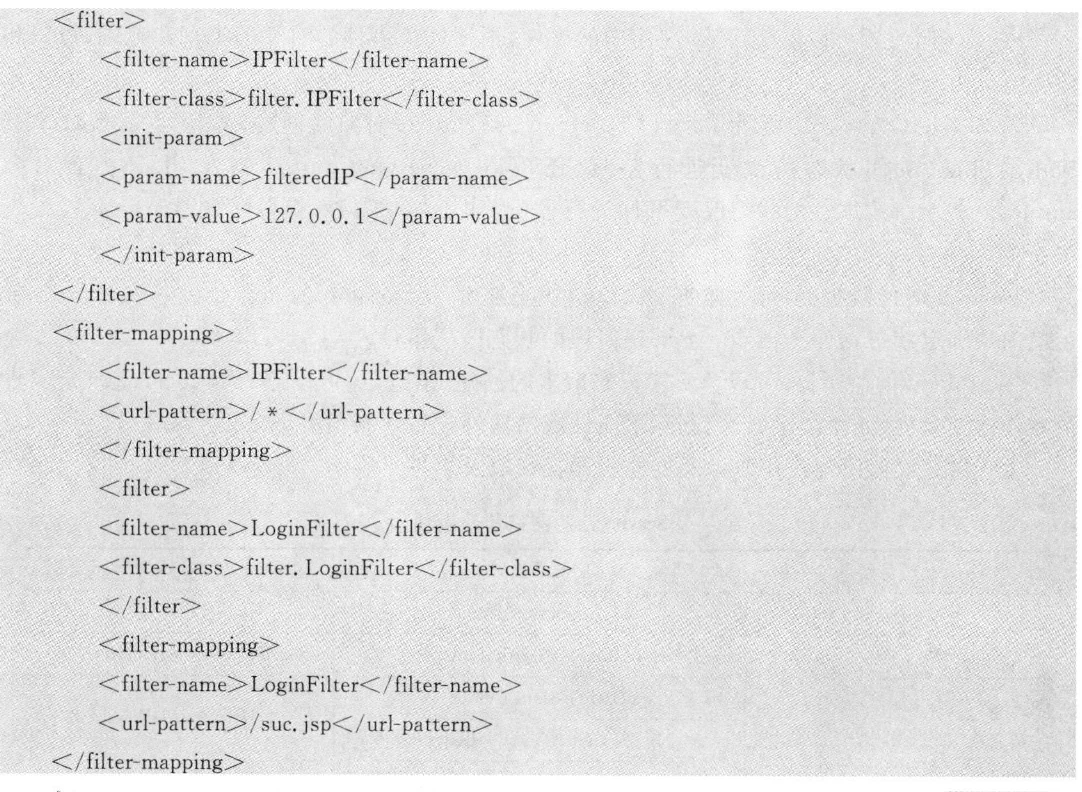

```
<filter>
    <filter-name>IPFilter</filter-name>
    <filter-class>filter.IPFilter</filter-class>
    <init-param>
    <param-name>filteredIP</param-name>
    <param-value>127.0.0.1</param-value>
    </init-param>
</filter>
<filter-mapping>
    <filter-name>IPFilter</filter-name>
    <url-pattern>/*</url-pattern>
    </filter-mapping>
    <filter>
    <filter-name>LoginFilter</filter-name>
    <filter-class>filter.LoginFilter</filter-class>
    </filter>
    <filter-mapping>
    <filter-name>LoginFilter</filter-name>
    <url-pattern>/suc.jsp</url-pattern>
</filter-mapping>
```

注意：三目运算符的使用、IP 地址的获取。

网站用户最大访问量统计监听器编写

7.2 Servlet 监听器

7.2.1 Servlet 监听器的原理及用途

Servlet 监听器也是 Web 应用开发中的一种重要组件，它主要用来对 Web 应用中的一些事件进行监听。根据程序需求，可以使用 Servlet 监听器来监听某些 Web 应用中的事件并做出适当的响应。

若有使用或者开发 Java 桌面程序的体验，一定会发现当用户与 GUI 发生交互动作，典型的如单击了某个功能按钮，选择了某个菜单命令时，程序总会有所响应，实现一定的功能。这个过程中，用户与程序之间的交互动作就会产生事件，程序做出的响应就是对事件的处理，也是程序功能的实现。在 Java 桌面程序开发中称之为事件处理机制，其中有一个关键的组件叫作事件监听器，它负责监听事件有否发生，若事件发生了，再负责调用相应的处理方法，如此一来才会有用户一点按钮程序就会做出反应这样的效果。

Web 应用中也有类似的机制，在 Web 应用环境中，事件主要是 Web 应用环境中某些状态的改变，比如客户请求状态的变化、会话状态的变化等，负责监听这些事件并能对其进行处理的就是 Servlet 监听器。

7.2.2 Servlet 监听器的类型

Servlet 监听器可以监听 Web 应用中的事件，根据产生事件的对象的类型和范围，可以将监听器分为三种：

- ServletContext 的监听器：可以监听 ServletContext 对象的创建、销毁，也就是对 Web 应用的启动、关闭状态的改变进行监听，还可以对 ServletContext 对象（JSP 内置对象 application）上绑定属性的状态改变事件进行监听，如增加了属性、删除了属性或给属性设置了新值。
- session 的监听器：可以监听 session 的创建、销毁，session 的 active 状态改变，session 上的对象绑定状态，以及 session 上绑定属性的状态改变事件。
- request 的监听器：可以监听客户端请求的创建、销毁，还可以监听 request 上绑定属性的状态改变事件，如增加了属性、删除了属性或给属性设置了新值。

上述这三类监听器工作时涉及的监听器接口以及事件见表 7-3。

表 7-3　　Servlet 监听器接口及事件

监听对象	监听器接口	事　件
ServletContext	ServletContextListener	ServletContextEvent
	ServletContextAttributeListener	ServletContextAttributeEvent
session	HttpSessionListener	HttpSessionEvent
	HttpSessionActivationListener	
	HttpSessionBindingListener	HttpSessionBindingEvent
	HttpSessionAttributeListener	
request	ServletRequestListener	ServletRequestEvent
	ServletRequestAttributeListener	ServletRequestAttributeEvent

7.2.3 一个使用 Servlet 监听器的应用程序体验

一个使用 Servlet 监听器的应用程序体验

同 Servlet 过滤器类似，Servlet 监听器也有 web. xml 文件配置实现方式和基于注解配置实现方式，下面分别进行介绍。

Servlet 监听器 web. xml 文件配置实现方式按照如下 2 个步骤来进行：

1. 创建 Servlet 监听器类。考虑需要监听什么事件，再创建实现该事件对应接口的监听器类，实现接口方法，定义好事件发生后要做的操作。如果希望监听器类能监听多种类型的事件，令监听器类实现多个监听器接口即可实现。

2. 在 web. xml 中配置监听器。Servlet 监听器的配置相对比较简单，配置好监听器类名即可。具体配置可按照如下代码模式进行：

```
<listener>
    <listener-class>
    监听器类完整类名
    </listener-class>
</listener>
```

下面我们就按照上述两个步骤实现一个 Servlet 监听器的应用 ExampleListener。

假定我们希望监控 Web 应用 ExampleListener 的启、停状态，每次启动或关闭此 Web 应用都希望能将其记录下来，如图 7-8 所示。

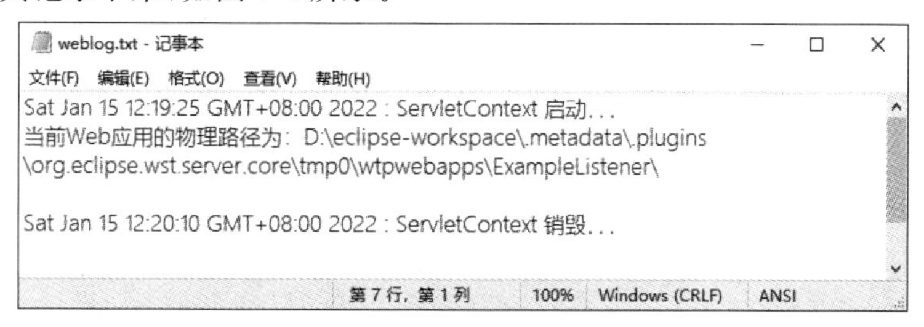

图 7-8　监听 Web 应用启、停事件

Web 应用的启动和关闭可以在 Tomcat 的管理页面进行操作，也可以通过启动或关闭此 Web 应用所在的 Tomcat 服务器实现。

下面我们来具体实现此应用，在 Eclipse 中创建动态 Web 项目 ExampleListener。考虑到希望监听的是 Web 应用的启、停事件，即 ServletContextEvent 事件，就需要创建实现 ServletContextListener 接口的监听器类。

例程 7-10　MyServletContextListener. java

```
package listener;
import java.io.FileWriter;
import java.util.Date;
import javax.servlet.*;
//监听 Web 应用的启动、关闭状态改变事件
public class MyServletContextListener implements ServletContextListener {
    ServletContext application=null;
    String msg="";
    //logout 方法用于写出信息到文件中
    private void logout(String msg) {
        FileWriter out=null;
        try {
            //参数 true 表示以追加模式向文件写出信息
            out=new FileWriter("C:/weblog.txt", true);
            out.write((new Date()).toString() + ":");
            out.write(msg + "\r\n\r\n");
            out.close();
        } catch(Exception e) {
            e.printStackTrace();
        }
    }
```

```
    //Web 应用启动,即 ServletContext 的对象 application 创建时被调用
    public void contextInitialized(ServletContextEvent arg0) {
        //从事件中获取该 Web 应用的 ServletContext 对象
        application=arg0.getServletContext();
        msg="ServletContext 启动...\r\n";
        msg +="当前 Web 应用的物理路径为:" +
        application.getRealPath("/");
        //将上述信息写到磁盘文件中
        logout(msg);
    }
    //Web 应用关闭,即 ServletContext 的对象 application 销毁时被调用
    public void contextDestroyed(ServletContextEvent arg0) {
        msg="ServletContext 销毁...\r\n";
        logout(msg);
    }
}
```

ServletContextListener 接口中有两个方法需要实现:

1. contextInitialized(ServletContextEvent arg0),此方法在监听到 Web 应用启动时会被自动调用,记录 Web 应用启动相关的信息在此方法中实现即可。

2. contextDestroyed(ServletContextEvent arg0),此方法在监听到 Web 应用停止运行时会被自动调用,记录 Web 应用停止运行相关的信息在此方法中实现即可。

创建监听器类之后还有一重要步骤:配置监听器,在 web.xml 中使用<listener>及其内嵌标签<listener-class>即可完成监听器的配置,如下所示:

```
<listener>
    <listener-class>
    listener.MyServletContextListener
    </listener-class>
</listener>
```

该步骤完成后,读者就可以启动或停止此 Web 应用来检测一下监听器是否生效了。

使用基于注解配置实现监听器则无须在 web.xml 文件中配置,只需要在监听器类定义的上面加上@WebListener 注解就可以了,具体代码如下:

```
package listener;
import java.io.FileWriter;
import java.util.Date;
import javax.servlet.*;
import javax.servlet.annotation.WebListener;
//@WebListener 注解配置监听器
@WebListener
public class MyServletContextListenerAnno
implements ServletContextListener {
    ServletContext application = null;
    String msg = "";
    // logout 方法用于写出信息到文件中
```

```
    private void logout(String msg) {
        FileWriter out = null;
        try {
            // 参数 true 表以追加模式向文件写出信息
            out = new FileWriter("D:/weblog.txt", true);
            out.write((new Date()).toString() + " : ");
            out.write(msg + "\r\n\r\n");
            out.close();
        } catch (Exception e) {
            e.printStackTrace();
        }
    }
    // Web 应用启动，即 ServletContext 的对象 application 创建时被调用
    public void contextInitialized(ServletContextEvent arg0) {
        // 从事件中获取该 Web 应用的 ServletContext 对象
        application = arg0.getServletContext();
        msg = "ServletContext 启动...\r\n";
        msg += "当前 Web 应用的物理路径为:" +
        application.getRealPath("/");
        // 将上述信息写到磁盘文件中
        logout(msg);
    }
    // Web 应用关闭，即 ServletContext 的对象 application 销毁时被调用
    public void contextDestroyed(ServletContextEvent arg0) {
        msg = "ServletContext 销毁...\r\n";
        logout(msg);
    }
}
```

典型模块应用

案例 7-1　转码过滤器。效果如图 7-9 和图 7-10 所示。

转码过滤器的实现

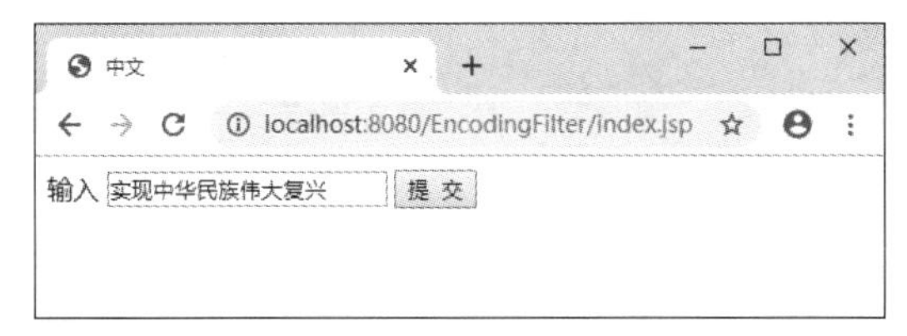

图 7-9　试图传输中文

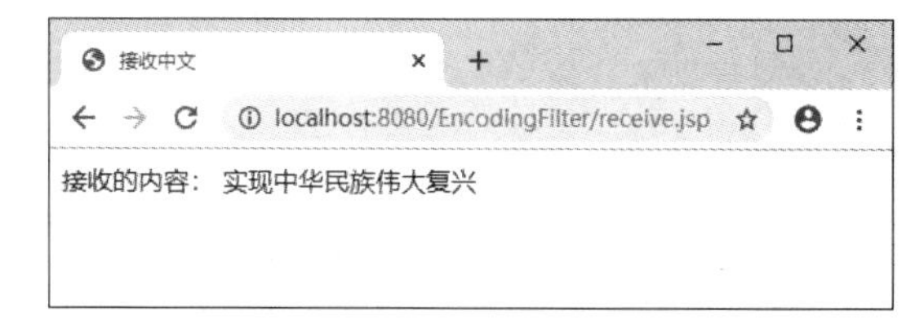

图 7-10　正确接收中文

- index.jsp

```
<%@ page language="java" pageEncoding="utf-8"%>
<!DOCTYPE HTML PUBLIC "-//W3C//DTD HTML 4.01 Transitional//EN">
<html>
<head><title>中文</title></head>
<body>
```

```
<form action="receive.jsp" method="post">
输入:<input type="text" name="txt"/>
<input type="submit" value="提 交">
</form>
</body>
</html>
```

- receive.jsp

```
<%@ page language="java" pageEncoding="utf-8"%>
<! DOCTYPE HTML PUBLIC "-//W3C//DTD HTML 4.01 Transitional//EN">
<html>
<head><title>接收中文</title></head>
<body>
<%
    String str=request.getParameter("txt");
    if(str!=null && ! str.equals("")) {
%>
接收的内容: <%=str%>
<%
    }else{
%>
<a href="index.jsp">请先输入内容</a>
<% }%>
</body>
</html>
```

- EncodingFilter.java

```
package filter;
import java.io.IOException;
import javax.servlet.*;
public class EncodingFilter implements Filter {
    private String encoding;
    public void destroy() {
    }
    public void doFilter(ServletRequest arg0, ServletResponse arg1, FilterChain arg2)
    throws IOException, ServletException {
        arg0.setCharacterEncoding(encoding);
        arg2.doFilter(arg0, arg1);
    }
    public void init(FilterConfig arg0) throws ServletException {
        encoding=arg0.getInitParameter("encoding");
        if(encoding==null){
            encoding="utf-8";
        }
    }
}
```

转码过滤器的配置代码如下：

```
<filter>
    <filter-name>EncodingFilter</filter-name>
    <filter-class>filter. EncodingFilter</filter-class>
    <init-param>
    <param-name>encoding</param-name>
    <param-value>utf-8</param-value>
    </init-param>
</filter>
<filter-mapping>
    <filter-name>EncodingFilter</filter-name>
    <url-pattern>/ * </url-pattern>
</filter-mapping>
```

案例 7-2　过滤留言者，凡名字中含“鬼”的都不允许留言。效果如图 7-11 和图 7-12 所示。

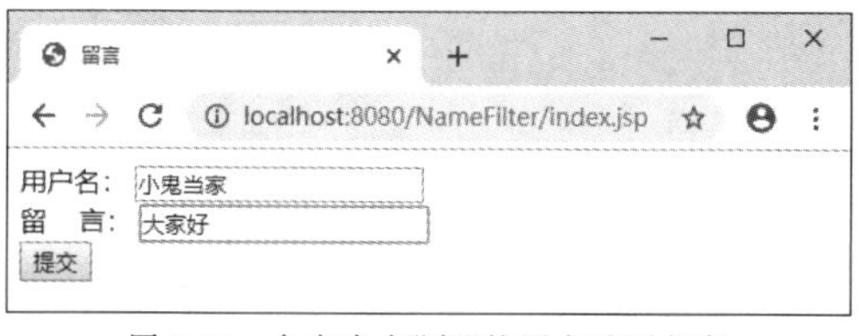

图 7-11　名字中含“鬼”的用户试图留言

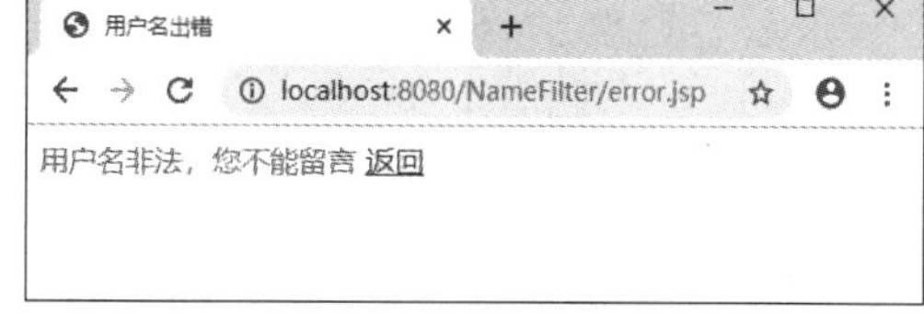

图 7-12　用户名不合法被阻止

- index. jsp

```
<%@ page language="java" pageEncoding="utf-8"%>
<! DOCTYPE HTML PUBLIC "-//W3C//DTD HTML 4. 01 Transitional//EN">
<html>
<head><title>留言</title></head>
<body>
<form action="show. jsp" method="post">
用户名：<input type="text" name="uname"><br>
留　言：<input type="text" name="msg"><br>
<input type="submit" value="提交">
</form>
</body>
</html>
```

- show. jsp

```
<%@ page language="java" pageEncoding="utf-8"%>
<! DOCTYPE HTML PUBLIC "-//W3C//DTD HTML 4. 01 Transitional//EN">
<html>
<head><title>显示结果</title></head>
<body>
<%
    String name=(String) request. getAttribute("uname");
    String content=request. getParameter("msg")!=null
    ? (String) request. getParameter("msg"): "留言为空";
```

```
%>
<font color="blue"> <%=name%>的留言内容为:<%=content%> </font>
</body>
</html>
```

- error.jsp

```
<%@ page language="java" pageEncoding="utf-8"%>
<! DOCTYPE HTML PUBLIC "-//W3C//DTD HTML 4.01 Transitional//EN">
<html>
<head><title>用户名出错</title></head>
<body>
<font color="red">用户名非法,您不能留言</font>
<a href="index.jsp">返回</a>
</body>
</html>
```

- NameFilter.java

```
package filter;
import java.io.IOException;
import javax.servlet.*;
import javax.servlet.http.*;
public class NameFilter implements Filter {
    public void destroy() {
    }
    public void doFilter(ServletRequest arg0, ServletResponse arg1, FilterChain arg2)
    throws IOException, ServletException {
        HttpServletRequest request=(HttpServletRequest) arg0;
        HttpServletResponse response=(HttpServletResponse) arg1;
        String name=request.getParameter("uname")!=null
        ? (String) request.getParameter("uname"): "";
        //用户名中含"鬼"的字样,则拒绝该用户留言
        if(name.equals("") || name.indexOf("鬼")!=-1) {
            System.out.println("被 NameFilter 拦截一个非法用户");
            response.sendRedirect("error.jsp");
        } else {//用户名通过验证
            request.setAttribute("uname", name);
            arg2.doFilter(arg0, arg1);
        }
    }
    public void init(FilterConfig arg0) throws ServletException {
    }
}
```

利用过滤器过滤输入字符串中的危险符号

注意,上一个案例中创建的 EncodingFilter 在本案例中也需要使用,否则会出现中文乱码问题,EncodingFilter 的代码见案例 7-1,这里不再赘述。

过滤器的配置代码如下:

```
<filter>
    <filter-name>EncodingFilter</filter-name>
    <filter-class>filter.EncodingFilter</filter-class>
    <init-param>
    <param-name>encoding</param-name>
    <param-value>utf-8</param-value>
    </init-param>
</filter>
<filter-mapping>
    <filter-name>EncodingFilter</filter-name>
    <url-pattern>/ * </url-pattern>
</filter-mapping>
<filter>
    <filter-name>NameFilter</filter-name>
    <filter-class>filter.NameFilter</filter-class>
</filter>
<filter-mapping>
    <filter-name>NameFilter</filter-name>
    <url-pattern>/show.jsp</url-pattern>
</filter-mapping>
```

案例 7-3　监听上线人员数量。效果如图 7-13 所示。

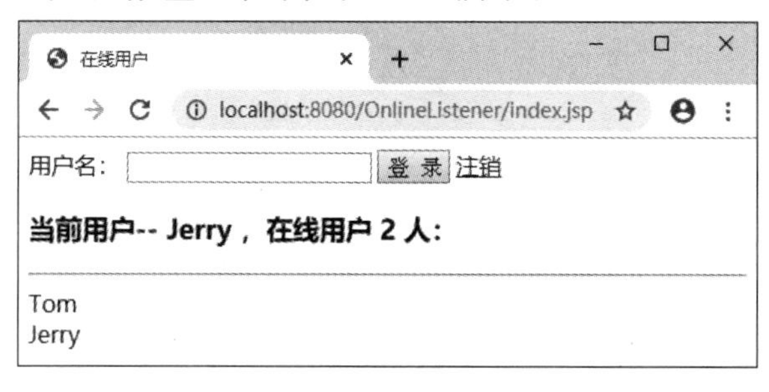

监听 Web 页面的上线人员数量

图 7-13　监听上线人员数

- index.jsp

```
<%@ page language="java" import="java.util.*" pageEncoding="utf-8"%>
<! DOCTYPE HTML PUBLIC "-//W3C//DTD HTML 4.01 Transitional//EN">
<html>
<head><title>在线用户</title></head>
<body>
<form action="index.jsp" method="post">
用户名：<input type="text" name="username"/>
<input type="submit" value="登 录"/>
<a href="logout.jsp">注销</a>
</form>
<%
    String username=request.getParameter("username");
    if(username!=null && username.trim().length()!=0)
```

```
    {
        session.setAttribute("username", username);
    }
    ArrayList online=(ArrayList) application.getAttribute("online");
%>
<p><h3>当前用户--<%=username%>,在线用户<%=online.size()%>人:</h3><hr>
<%
    for(int i=0; i < online.size(); i++) {
%>
<%=(String) online.get(i)%><br>
<% }%>
</body>
</html>
```

• logout.jsp

```
<%@ page language="java" pageEncoding="utf-8"%>
<! DOCTYPE HTML PUBLIC "-//W3C//DTD HTML 4.01 Transitional//EN">
<html>
<head><title>用户注销</title></head>
<body>
<%session.invalidate(); %>
<h3>注销成功! </h3>
</body>
</html>
```

• OnLineListener.java

```
package listener;
import java.util.ArrayList;
import javax.servlet.*;
import javax.servlet.http.*;
public class OnLineListener implements ServletContextListener,
HttpSessionListener, HttpSessionAttributeListener {
    private ServletContext application=null;
    public void contextDestroyed(ServletContextEvent arg0) {
    }
    //Web 应用启动时,初始化保存用户名的列表
    public void contextInitialized(ServletContextEvent arg0) {
        //初始化一个 application 对象
        this.application=arg0.getServletContext();
        //创建一个 ArrayList 对象,用于保存在线用户名
        this.application.setAttribute("online", new ArrayList());
    }
    //有新用户时,将用户加入用户名列表
    public void attributeAdded(HttpSessionBindingEvent arg0) {
        //取得用户名列表
        ArrayList online=(ArrayList) application.getAttribute("online");
```

```
        //将当前用户名添加到列表中
        online.add(arg0.getValue());
        //将添加后的列表重新设置到 application 属性中
        this.application.setAttribute("online", online);
    }
    public void attributeRemoved(HttpSessionBindingEvent arg0) {
    }
    public void attributeReplaced(HttpSessionBindingEvent arg0) {
    }
    public void sessionCreated(HttpSessionEvent arg0) {
    }
    //session 失效时,从用户名列表中删除该 session 对应的用户
    public void sessionDestroyed(HttpSessionEvent arg0) {
        //取得用户名列表
        ArrayList online=(ArrayList) application.getAttribute("online");
        //取得当前用户名
        String username=(String) arg0.getSession().getAttribute("username");
        //将此用户名从列表中删除
        online.remove(username);
        //将删除后的列表重新设置到 application 属性中
        this.application.setAttribute("online", online);
    }
}
```

web.xml 中对监听器的配置:

```
<listener>
    <listener-class>listener.OnLineListener</listener-class>
</listener>
```

认证考试问题释疑

1. 以下哪项在 web.xml 文件中正确配置了监听器?(　　)

A. <listener>MyClass</listener>

B. <listener>
　　<listener-class>MyClass</listener-class>
</listener>

C. <listener>
　　<listener-name>aListener</listener-name>
　　<listener-class>MyClass</listener-class>
</listener>

D. <listener>
　　<servlet-name>myServlet</servlet-name>
　　<listener-class>MyClass</listener-class>
</listener>

答案:B

解释:Servlet监听器的配置,使用<listener>标签,在此标签内嵌<listener-class>标签指明监听器类名即可。要注意的是监听器类名必须是带包结构的完整类名。

2. 一个过滤器定义了以下方法:

```
public void doFilter(ServletRequest request,
ServletResponse response,
FilterChain chain)
throws ServletException, IOException{
    ____________    //insert code here
}
```

在空行编写哪行代码可以调用过滤器链上的下一个过滤器或目标Servlet?(　　)

A. chain. forward(request,response);

B. chain. doFilter(request,response);

C. request. forward(request,response);

D. request. doFilter(request,response);

答案:B

解释:调用过滤器链,答案是 chain. doFilter(request,response)。

3. 关于过滤器,以下哪三种说法是正确的?(　　)

A. 过滤器必须实现 destory 方法

B. 过滤器必须实现 doFilter 方法

C. 一个 Servlet 可以和多个过滤器进行关联

D. 一个 Servlet 如果需要关联过滤器就必须实现 javax. servlet. FilterChain 接口

答案:A、B、C

解释:过滤器必须实现 destory 方法、doFilter 方法。一个 Servlet 可以关联滤器链,但不需要实现 FilterChain 接口。

4. 以下哪些标签是<filter-mapping>的子标签?(　　)

A. <servlet-name>

B. <filter-class>

C. <dispatcher>

D. <url-pattern>

E. <filter-chain>

答案:A、C、D

解释:<servlet-name>、<dispatcher>、<url-pattern>是在<filter-mapping>中描述的,<filter-class>属于<filter>标签,<filter-chain>标签不存在。

5. 关于下列代码,以下哪个选项描述正确?(　　)

```
public void doFilter(ServletRequest req, ServletResponse res, FilterChain chain) throws ServletException,
IOException{
        chain. doFilter(req,res);
        HttpServletRequest request = (HttpServletRequest)req;
        HttpSession session = request. getSession();
        if(session. getAttribute("login")==null){
```

```
            session.setAttribute("login",new Login());
        }
    }
```

A. doFilter()方法的参数类型不正确,应该是 HttpServletRequest 和 HttpServletResponse

B. doFilter()方法应该抛出 FilterException 异常

C. chain.doFilter(req, res)这行代码应该改为 this.doFilter(req, res, chain)

D. 这段代码没有问题

答案:D

解释:这个程序书写得完全正确,A、B、C 都不正确。

6. 以下哪个注解正确配置了一个监听器?(　　)

A. @WebServlet

B. @WebFilter

C. @WebListener

D. @Listener

答案: C

解释:注解@WebServlet 是配置一个 Servlet,注解@WebFilter 是配置一个过滤器,@Listener 写法错误,只有选项 C 是正确的。

情境案例提示

本书中的项目案例——生产性企业招聘管理系统使用过滤器实现了中文信息的统一转码,以及一些敏感资源的权限过滤功能。项目的相关文件功能见表 7-4。

表 7-4　项目中过滤器的文件功能

文件名	功能描述
FilterServlet.java	中文信息的统一转码
RightsFilter.java	敏感资源的权限过滤

FilterServlet 对输入输出链上的数据都进行 utf-8 的编码转换。在登录模块中当登录页面提交后就会经过这个过滤器,进行编码转换,保证中文用户名能够正确地被后台接收。过滤器具体的编码转换过程见下面的代码注释。

```
public void doFilter(ServletRequest request, ServletResponse resp, FilterChain chain)
throws IOException, ServletException {
    HttpServletRequest request=(HttpServletRequest) request;
    HttpSession session=request.getSession();
    HttpServletResponse response=(HttpServletResponse) resp;
    //获取请求的 uri
    String uri=request.getRequestURI();
    String ctx=request.getContextPath();
    uri=uri.substring(ctx.length());
    int count=uri.lastIndexOf("/");
    try {
        //对输入进行编码转换
```

```
            request.setCharacterEncoding("utf-8");
            //对输出进行编码转换
            response.setCharacterEncoding("utf-8");
            //对输出页面设置ContentType
            response.setContentType("text/html;charset=utf-8");
        } catch(Exception e) {
        }
        chain.doFilter(request, resp);
    }
```

其中RightsFilter是为了防止一些没有经过授权的访问直接通过地址栏对页面进行请求，在访问页面之前对当前用户的所在组进行检查，看是否有访问该页面的权限，如果有则可以访问，如果没有就跳转到指定的其他页面。这个过滤器的实现方式和FilterServlet过滤器的实现方式相同，只不过登录提交后并没有经过这个过滤器，在这里就不做进一步的说明了。

这两个监听器类需在web.xml中进行配置，指明需对哪些页面进行处理，代码如下：

```
<filter>
    <filter-name>filter</filter-name>
    <filter-class>com.esoft.filter.FilterServlet</filter-class>
</filter>
<filter-mapping>
    <filter-name>filter</filter-name>
    <url-pattern>/*</url-pattern> //访问所有的资源都会经过这个过滤器
</filter-mapping>
```

任务小结

在Java Web技术中有两种具有特殊功能的Web组件：Servlet过滤器和Servlet监听器。Servlet过滤器能对请求和响应对象进行检查和修改，实现访问控制，统一转码，过滤非法信息等功能。Servlet监听器可以监听Web应用中的各种状态改变事件。这两种组件的使用都可以通过配置web.xml文件的方式或基于注解的方式进行。

Servlet过滤器与监听器技术主要可用于确保Web应用的安全性。在设计Web应用系统时要时刻本着对用户、企业和社会负责的态度，培养职业道德与敬业精神，提升安全防范意识，灵活应用所学技术来确保所设计软件产品的安全性。对初学者来说，在设计Servlet过滤器与监听器过程中通常会遇到一些运行时的异常，这就需要通过不断地找错排错来培养自己的代码调试分析能力。

实战演练

[实战7-1] 使用过滤器对网站的首页进行流量统计，当用户访问该页面时显示当前的访问流量。要注意统计流量时的同步问题。

[实战7-2] 使用过滤器对响应信息中的敏感字符进行过滤。假设“鬼”字被看作敏感字符，要求响应到客户端时将其修改为其他字符。

[实战7-3] 使用监听器实现服务器本机免登录。如果是服务器本机访问网站的首页，则显示欢迎消息，如果是远程客户机访问网站首页则转至登录页要求远程客户先登录。

知识拓展

XML 的应用

XML 是 Extensible Markup Language(可扩展标记语言)的缩写，是用来定义其他语言的一种元语言，其前身是 SGML(Standard Generalized Markup Language，标准通用标记语言)。它没有标签库，也没有语法规则，但是它有句法规则。任何 XML 文档对任何类型的应用以及正确的解析都必须是良构的，即每一个打开的标签都必须有匹配的结束标签，不得含有次序颠倒的标签，并且在语句构成上应符合技术规范的要求。XML 文档可以是有效的，但并非一定要求有效。所谓有效文档是指符合其文档类型定义(DTD)的文档。如一个文档符合一个模式的规定，那么此文档是“模式有效的”。

在 Java Web 应用中经常用到的 web. xml 有自己的模式。web. xml 模式中定义的标签可以用来配置欢迎页面，配置 Servlet 及其映射，以及我们本任务介绍的配置 Servlet 过滤器和 Servlet 监听器，使它们能在 Web 应用中发挥作用。

web. xml 文件使用的模式在其根元素<web-app>中指定，如下所示：

```
<? xml version="1.0" encoding="UTF-8"? >
<web-app version="2.4" xmlns="http://java.sun.com/xml/ns/j2ee"
    xmlns:xsi="http://www.w3.org/2001/XMLSchema-instance"
    xsi:schemaLocation="http://java.sun.com/xml/ns/j2ee
    http://java.sun.com/xml/ns/j2ee/web-app_2_4.xsd">
</web-app>
```

在<web-app>与</web-app>之间可以使用各种标签对 Web 应用中的组件进行配置。比如配置 Servlet 过滤器使用如下标签：

```
<filter>
    <filter-name></filter-name>
    <filter-class></filter-class>
</filter>
<filter-mapping>
    <filter-name></filter-name>
    <url-pattern></url-pattern>
</filter-mapping>
```

配置 Servlet 监听器使用如下标签：

```
<listener>
    <listener-class></listener-class>
</listener>
```

微课

健康码的诞生——过滤器的运行原理

健康码的诞生

在我国抗击新冠疫情间，健康码起着非常重要的作用，其功能与本任务讲解的过滤器与监听器类似，那你知道它是由谁设计出来的吗?

2020 年 2 月 6 日，正值我国新冠疫情形势比较严峻的时期，杭州市公安局民警钟毅接到了开发“杭州健康码”的任务，他立即联系阿里巴巴集团及其他互联网公司的专家，组建了数十人的研发团队。整个团队高效运作，通宵工作，只用了几天时间就完成了健康码的测试版，并于 2020 年 2 月 11 日正式上线，当日申请量就超过了 130 万人。由于时间紧迫，开发周期短，测试版还存在不少问题。健康码测试版上线后，就不断有用户投诉其信息显示不准确，并质疑其有效性。随后，钟毅率领研发团队夜以继日，攻坚克难，先后经过29轮技术调整、14次赋码规则的完善和63项功能迭代，数据获取效率较上线初提升了9倍。最终，杭州健康码的准确率达到99.99%以上，并迅速推广到全国20多个省份200多个城市，为我国抗击疫情工作做出了重大的贡献。同年12月6日，钟毅被中组部和中宣部评为了全国“最美公务员”。他也是浙江省当年唯一入选的公务人员。巧合的是，钟毅获奖那天正好是他接到健康码开发任务的第十个月。

任务8　JDBC核心技术

能力目标

1. 掌握 JDBC 编程基本操作、JDBC 事务操作、预处理操作。
2. 理解 DAO 模式、结果集处理方式。
3. 了解 JDBC 原理。

素质目标

1. 培养严谨的逻辑思维能力。
2. 提高编码、调试、排错能力。
3. 培养整体架构的能力。
4. 培养主动学习、主动思考、主动改进的能力。

8.1　JDBC 基础

JDBC 基础

8.1.1　什么是 JDBC?

百度百科是这样解释 JDBC:Java 数据库连接(Java Database Connectivity,简称 JDBC)是 Java 语言中用来规范客户端程序如何访问数据库的应用程序接口,提供了诸如查询和更新数据库中数据的方法。我们通常说的 JDBC 是面向关系型数据库的,如图 8-1 所示。

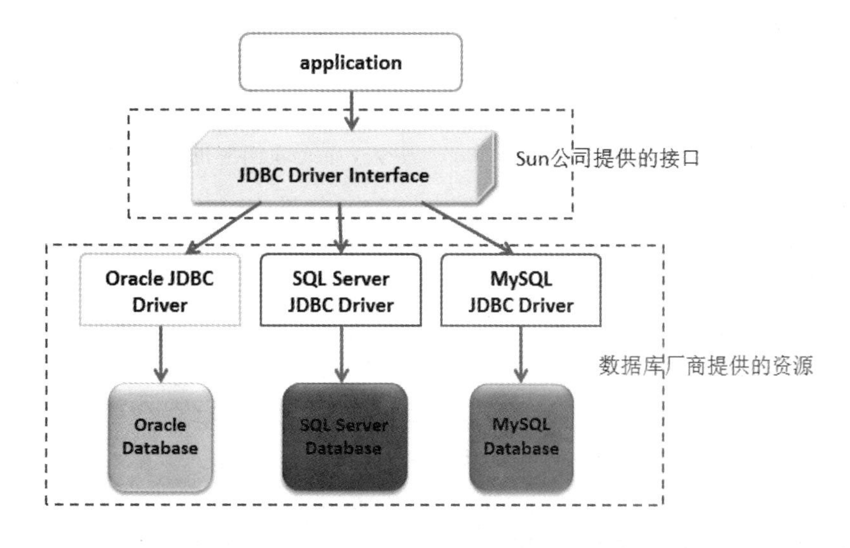

图 8-1　应用程序与 JDBC 接口、JDBC 驱动和数据库之间的关系

图8-1中的application是不同类型的可执行文件：Java应用程序、Java Applets、Java Servlet、JSP等，不同的可执行文件都能通过JDBC访问数据库，又兼备存储的优势。

早期Sun公司希望编写可以连接任意数据库的API，但因为各厂商的数据库服务器差异太大。后来经协商由Sun提供一套访问数据库的规范，由各个数据库厂商通过Sun的规范提供一套访问自己公司数据库服务器的API。Sun提供的这个规范命名为JDBC，而各个厂商提供的，遵循了JDBC规范的，可以访问自己数据库的API被称为驱动。如果没有驱动就无法完成对数据库的连接。

简单来说，JDBC是接口，而JDBC驱动是接口的实现，就是一个以.jar为扩展名的包。JDBC是Java与数据库连接的桥梁或者插件，用Java代码就能操作数据库的增删改查、存储过程、事务等。

JDBC驱动程序一共分四种类型：

JDBC-ODBC桥：使用JDBC-ODBC桥接方式到ODBC驱动程序进行数据库操作。ODBC出现的比较早，支持数据源广泛，简单便利，是一种使用普遍的驱动程序。

本地API驱动：直接使用各个数据库生产商提供的JDBC驱动程序，因为只能应用在特定的数据库上，会丧失程序的可移植性，不过性能很高。

网络协议驱动：这种类型的驱动给客户端提供了一个网络API，客户端上的JDBC驱动程序使用套接字(Socket)来调用服务器上的中间件程序，后者再将其请求转化为所需的具体API调用。

本地协议驱动：这种类型的驱动使用Socket，直接在客户端和数据库间通信。设计上采用紧密耦合的方式，可发挥数据库的特定功能，提供较高的运行效率，此类驱动也一般被认定为是较好的一种驱动程序。

8.1.2 JDBC核心接口介绍

JDBC规范提供了若干接口，而掌握这些接口的使用方法是掌握JDBC技术的关键。JDBC中的核心接口是：Driver、DriverManager、Connection、Statement、PreparedStatement和ResultSet。

(1)Driver

驱动程序，会将自身加载到DriverManager中去，并处理相应的请求并返回相应的数据库连接(Connection)

(2)DriverManger

负责加载各种不同驱动程序(Driver)，并根据不同的请求，向调用者返回相应的数据库连接。

(3)Connection

数据库连接，负责与数据库间进行通信，SQL执行以及事务处理都是在某个特定Connection环境中进行的。可以产生用以执行SQL的Statement。

(4)Statement

用来向数据库发送SQL语句，这样数据库就会执行发送过来的SQL语句(针对静态SQL语句和单次执行)。

(5) PreparedStatement

用来执行包含动态参数的 SQL 查询和更新(在服务器端编译,允许重复执行以提高效率)。

(6) ResultSet

用来表示执行查询操作后产生的查询结果集,结果集是一个有行有列的二维的表格。操作结果集要移动 ResultSet 内部的游标,以及获取当前行上的每一列上的数据。

8.1.3　MySQL 数据库安装与驱动下载

本书以 MySQL 为例来讲解 JDBC 编程的基本操作。

1. 下载 MySQL 安装文件。登录网址 http://www.mysql.com/downloads/mysql/,会出现如图 8-2 所示 MySQL 下载列表,根据个人操作系统选择相应的下载项,这里下载的是 Windows(x86,32 & 64-bit), MySQL Installer MSI,注意首先需要登录 Oracle 账户。

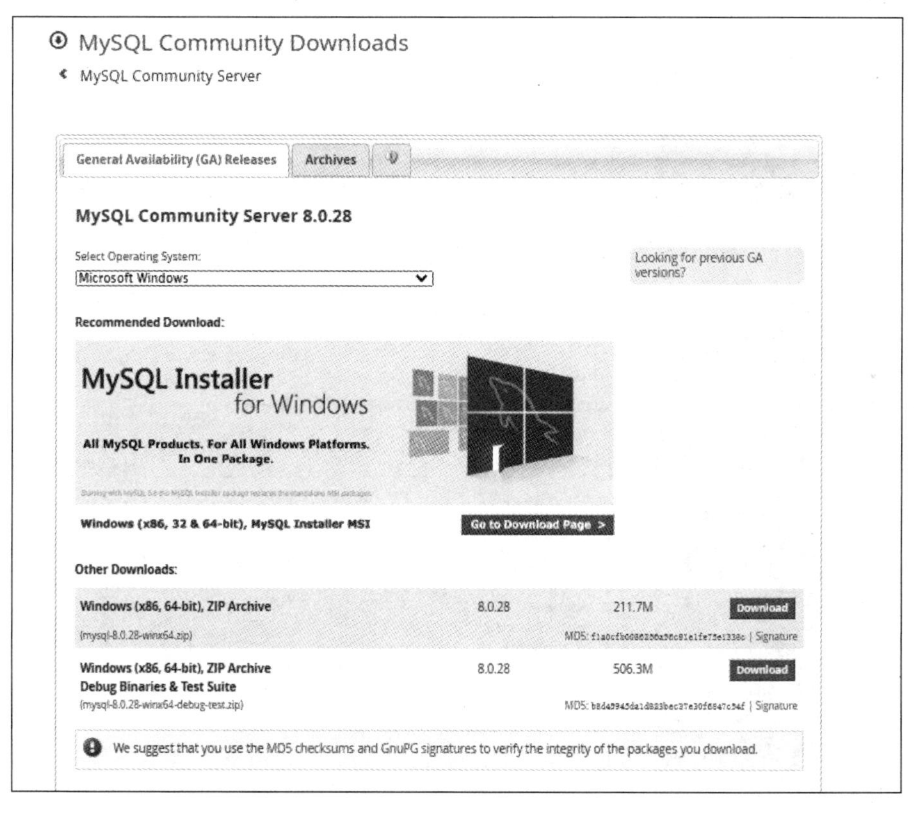

图 8-2　MySQL 下载列表

2. 运行安装程序出现如图 8-3 所示安装类型选择界面,选择 Custom(自定义)安装,方便将 MySQL 安装到非系统盘。

3. 安装过程中将出现如图 8-4 所示界面,如果是第一次进入这个界面,右边的框内为空,展开"MySQL Servers"前的"+",直至"MySQL Server 8.0.28-X64"出现,选择它,单击向右的箭头添加到右边的框里,进行下一步。如果不展开"MySQL Servers"前的"+"即选择默认全部安装。

4. 如果默认全部安装,将出现如图 8-5 所示配置界面,选择安装路径,注意路径中尽量不要使用中文。

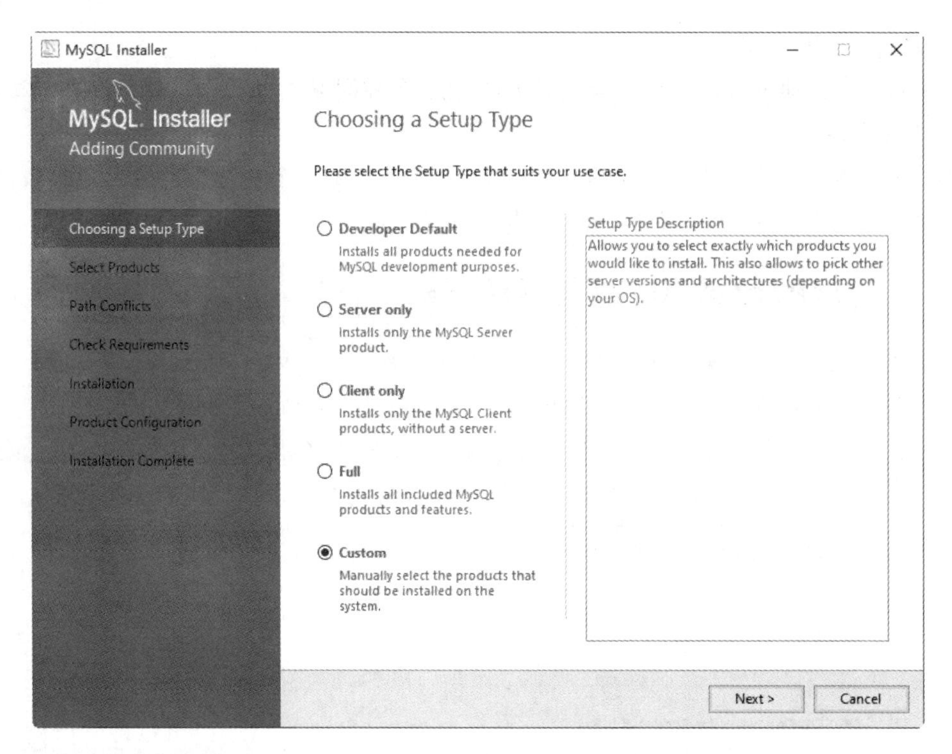

图 8-3　安装类型选择

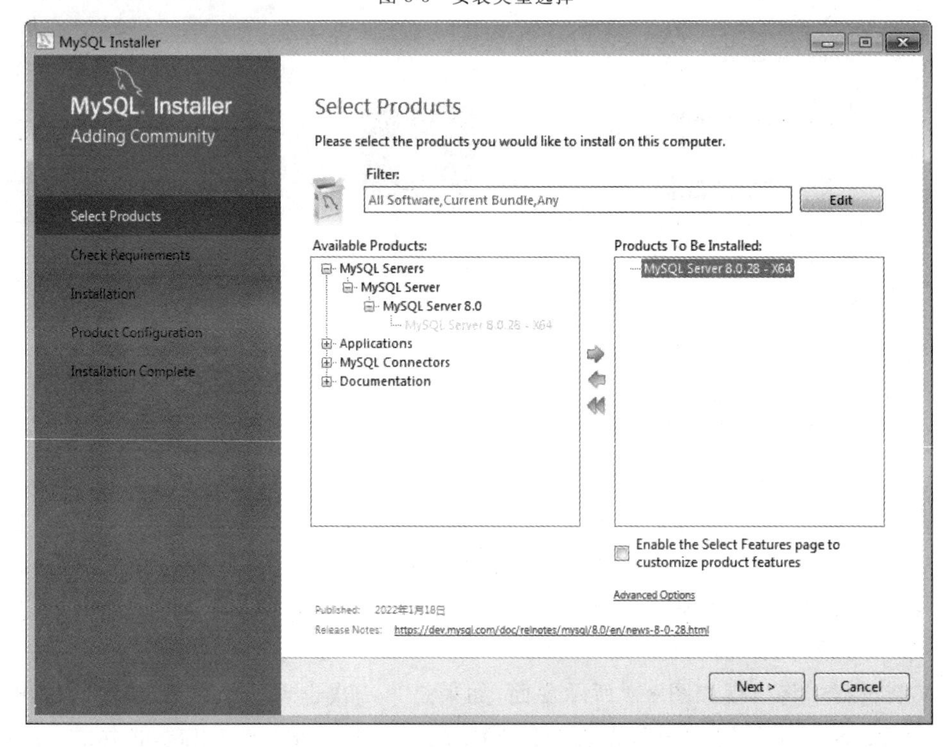

图 8-4　选择安装文件

5. 选好路径之后在出现如图 8-6 所示安装界面时，单击“Next”，然后进行下一步。

6. 在出现如图 8-7 所示配置界面时，MySQL 提供了 3 种可以选择的应用类型。

- Development Computer：开发机，该类型应用将会使用最小数量的内存。

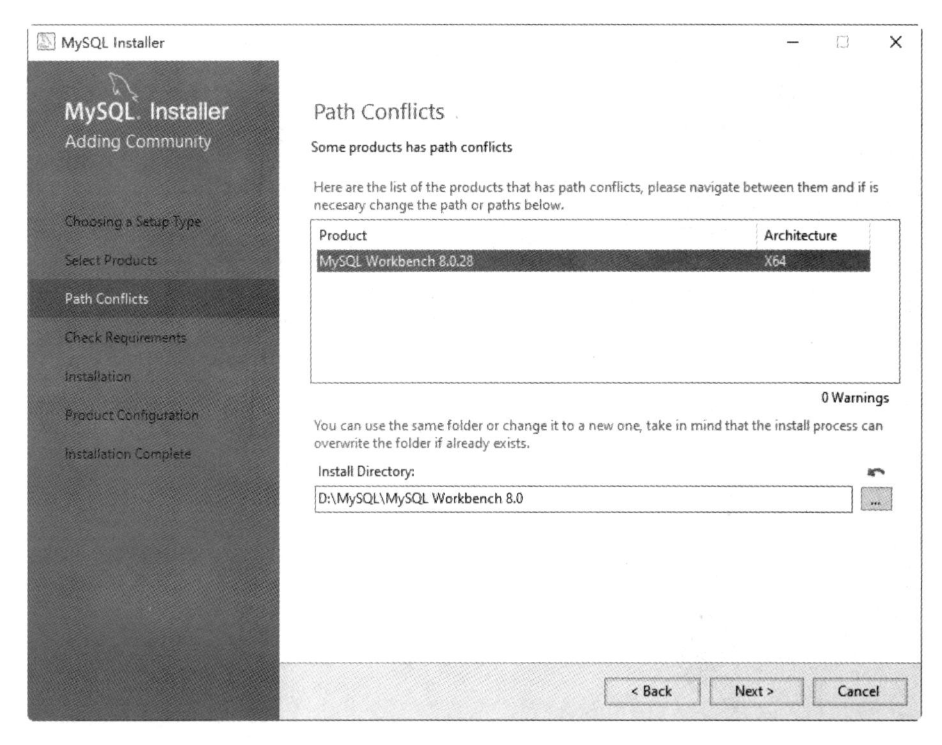

图 8-5　选择安装路径

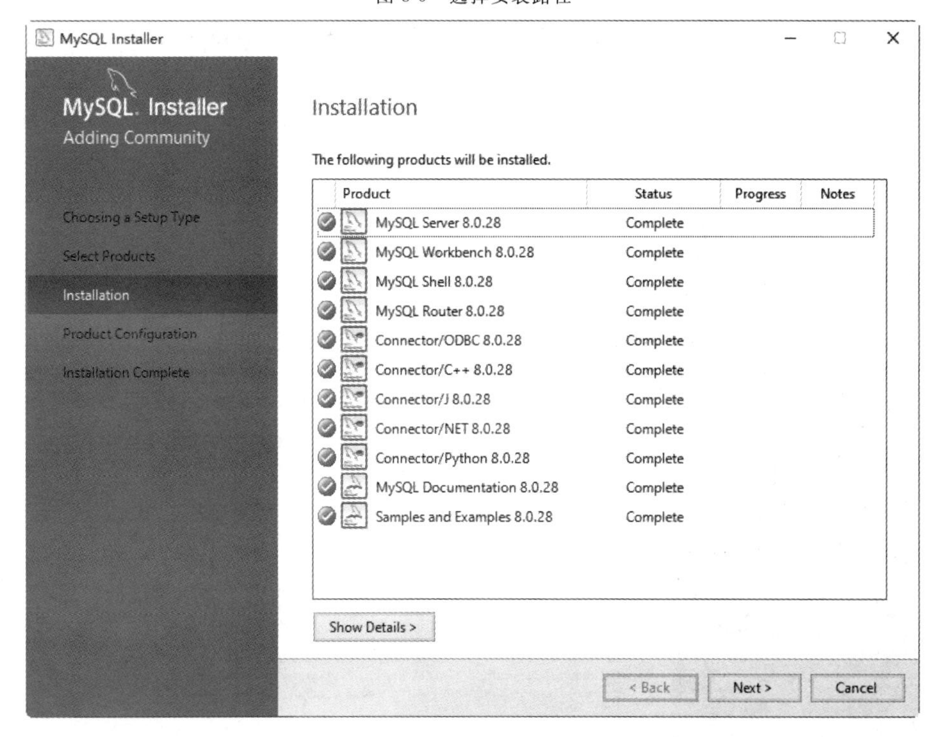

图 8-6　安装界面

- Server Computer：服务器，该类型应用将会使用中等大小的内存。
- Dedicated Computer：专用服务器，该类型应用将使用当前可用的最大内存。

在这里选择“Development Computer”就足够使用了。

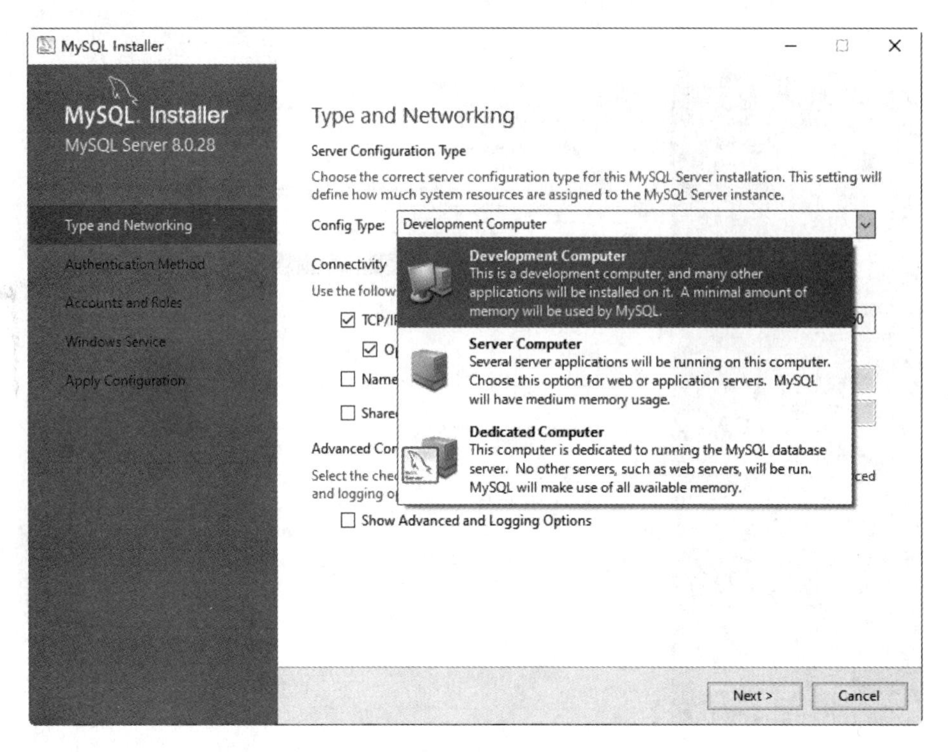

图 8-7 配置界面

7. 在出现如图 8-8 所示配置设置界面时，在这一步选择“Use Legacy Authentication Method (Retain MySQL 5. x Compatibility)”，方便以后使用图形化管理软件(SQLyog)。

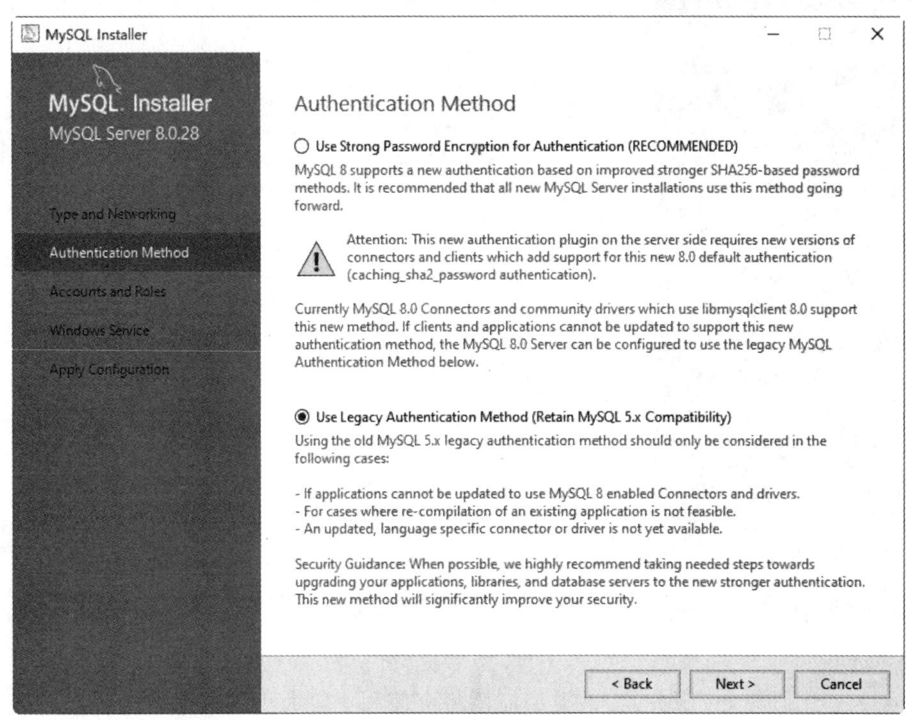

图 8-8 配置设置

8. 在出现如图 8-9 所示密码设置界面时，需要输入数据库的访问密码并确认，这里输入的是 123456。MySQL 的默认访问用户名是 root。

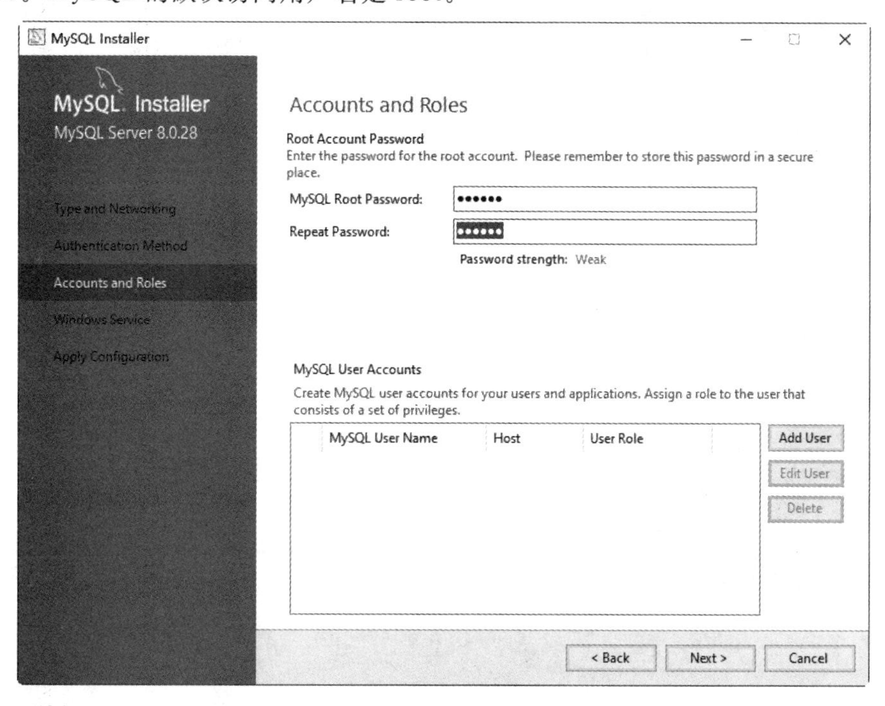

图 8-9　密码设置

9. 在出现如图 8-10 所示界面时，默认单击“Next”，然后进行下一步。

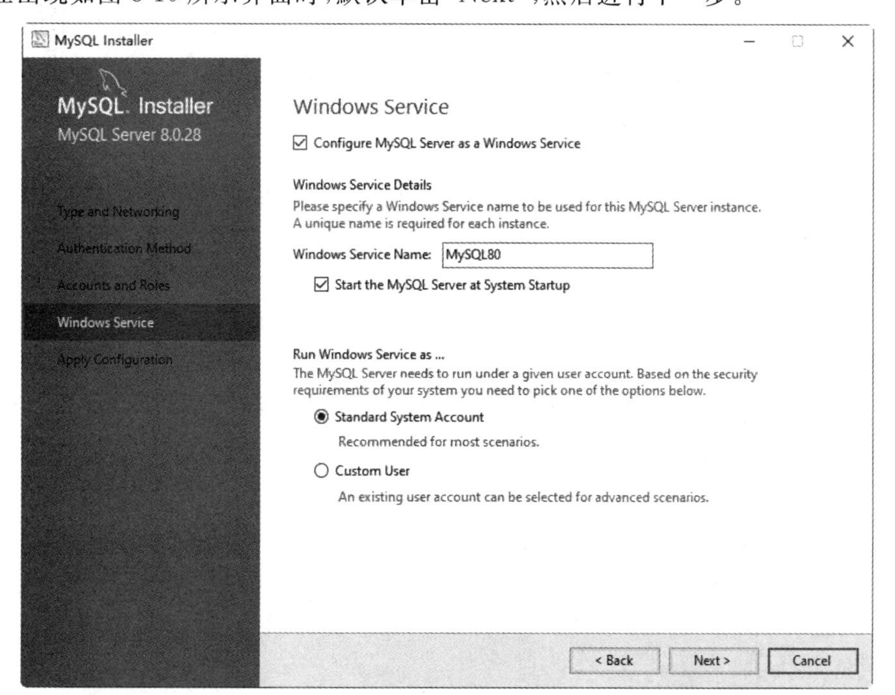

图 8-10　默认设置

10. 最后出现如图 8-11 所示配置完毕界面时，如果没有出现错误信息表示配置完毕。

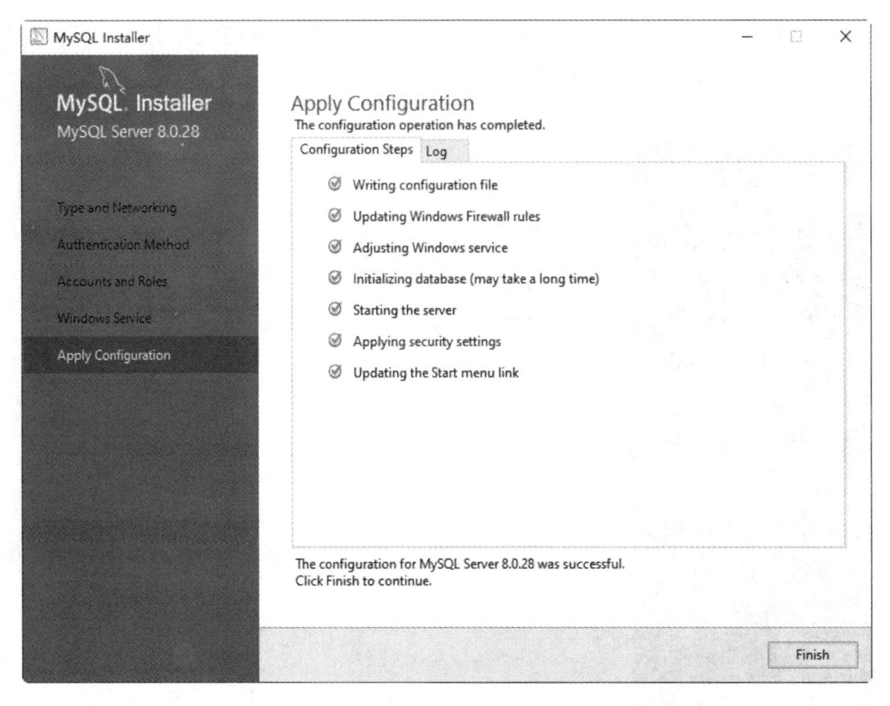

图 8-11　配置完毕

8.2　JDBC 编程基本操作

JDBC 编程基本操作

在实际数据库编程中，每次代码编写遇到的数据库肯定都是不同的，对应的数据库操作代码结构也不会相同，但是对于 JDBC 数据库编程来说，其基本的编程过程是一样的，涉及以下六个步骤：

- 导入包：导入数据库编程所需的 JDBC 类的包。通常使用 import java. sql. * 。
- 注册数据库驱动程序：初始化驱动程序，以便可以打开与数据库的通信通道。
- 建立数据库连接：使用 DriverManager. getConnection()方法创建一个 Connection 对象，它表示与数据库的物理连接。
- 执行添删改查操作：使用类型为 Statement 的对象来构建和提交 SQL 语句到数据库。
- 从结果集中提取数据：使用相应的 ResultSet. getXXX()方法从结果集中检索数据。
- 清理环境：需要明确地关闭所有数据库资源，而不依赖于 JVM 的垃圾收集。

8.2.1　注册数据库驱动程序

JDBC 编程的准备工作是需要下载驱动包，解压后得到 jar 库文件，然后在对应的项目中导入该库文件。

JDBC 编程的第一步是注册 JDBC 驱动程序，示例代码如下所示：

```
Class. forName(driverClass)
//加载 MySQL 驱动
Class. forName("com. mysql. jdbc. Driver")
//加载 Oracle 驱动
Class. forName("oracle. jdbc. driver. OracleDriver");
```

forName( )方法中给出的驱动类文件必须在 classpath 中正确定义，否则会出现类似 java.lang.ClassNotFoundException：com.mysql.jdbc.Driver 异常提示。所以在使用注册驱动代码时需要进行异常处理。

```
try {
    Class.forName("com.mysql.jdbc.Driver");
} catch (ClassNotFoundException e) {
    e.printStackTrace();
}
```

8.2.2 建立数据库连接

JDBC 编程的第二步是建立数据库连接，前一节注册了 JDBC 运行所需要的类库后，应用程序和数据库之间并没有直接联系，只有通过本节操作后才能获得一个数据库连接对象 Connection 建立程序和数据库的联系。

建立连接过程涉及两个主要 API：java.sql.DriverManager 类和 java.sql.Connection 接口。DriverManager 是 JDBC 用于管理驱动程序的类，通过调用它的 static 方法 getConnection()可以返回一个数据库连接对象 Connection，它的常用方法见表 8-1。

表 8-1　Connection 对象的常用方法

方　法	描　述
Statement createStatement()	创建一个 Statement 对象，将 SQL 语句发送到数据库
DatabaseMetaData getMetaData()	获取一个 DatabaseMetaData 对象，该对象包含关于此 Connection 对象所连接的数据库的元数据
PreparedStatement preparedStatement(String sql)	创建一个 PreparedStatement 对象，将参数化的 SQL 语句发送到数据库
void setAutoCommit(boolean autocommit)	将此连接的自动提交模式设置为给定状态
void commit()	使所有上一次提交/回滚后进行的更改成为持久更改，并释放此 Connection 对象当前持有的所有数据库锁
void rollback()	取消在当前事务中进行的所有更改，并释放此 Connection 对象当前持有的所有数据库锁

每种数据库的 JDBC 驱动程序使用一个专门的 JDBC URL(它与 Web 地址有相同的格式)作为自我标识的一种方法。URL 的格式如下：

```
jdbc:子协议:数据库定位器
```

例如：

```
jdbc:mysql://127.0.0.1:3306/usertable", "root", "root"
```

上述代码指向 MySQL 数据库的地址，子协议与 JDBC 驱动程序有关，可以是 ODBC、Oracle、DB2 等等。字符串包含的信息有安装数据库服务器的 IP、访问数据库的端口，以及数据库的名称。

下面说明了几个实际 JDBC URL 的具体示例：

```
jdbc:oracle:thin:@persistentjava.com:1521:jdbcdb
jdbc:db2:jdbcdb
jdbc:mysql://localhost:3306/db
```

获取数据库连接的方法就是调用 DriverManager 对象的静态方法 getConnection( )。

```
conn = DriverManager.getConnection
("jdbc:mysql://127.0.0.1:3306/usertable", "root", "123456");
```

之前MySQL注册方式是基于jar包:mysql-connector-java-5.1.39-bin.jar,现在如果所使用的MySQL 8.0以上版本的数据库连接则有所不同:

- com.mysql.jdbc.Driver更换为com.mysql.cj.jdbc.Driver。
- MySQL 8.0以上版本不需要建立SSL连接的,需要显示关闭。
- allowPublicKeyRetrieval=true允许客户端从服务器获取公钥。
- 需要设置CST。

加载驱动与连接数据库方式如下:

```
Class.forName("com.mysql.cj.jdbc.Driver");
conn = DriverManager.getConnection
("jdbc:mysql://localhost:3306/usertable? useSSL = false&allowPublicKeyRetrieval = true&serverTimezone
=UTC","root","123456");
```

如果考虑中文乱码问题,可以修改数据库连接方式如下:

```
Class.forName("com.mysql.cj.jdbc.Driver");
conn = DriverManager.getConnection
("jdbc:mysql://localhost:3306/usertable? characterEncoding=utf8&
useSSL=false&allowPublicKeyRetrieval=true&serverTimezone=UTC","root","123456");
```

例程8-1 JdbcDemo.java给出创建数据库连接的常用代码写法,其中jdbc url中的usertable是数据库名。

例程8-1 JdbcDemo.java

```
package jdbc;
import java.sql.*;
public class JdbcDemo {
    // MySQL 8.0 以下版本 - JDBC 驱动名及数据库 URL
    static final String JDBC_DRIVER = "com.mysql.jdbc.Driver";
    static final String DB_URL ="jdbc:mysql://localhost:3306/usertable";
    // MySQL 8.0 以上版本 - JDBC 驱动名及数据库 URL
    //static final String JDBC_DRIVER = "com.mysql.cj.jdbc.Driver";
    //static final String DB_URL = "jdbc:mysql://localhost:3306/usertable? useSSL = false&
      allowPublicKeyRetrieval=true&serverTimezone=UTC";
    //数据库的用户名与密码,需要根据自己的设置
    static final String USER = "root";
    static final String PASS = "123456";
    public static void main(String[] args) {
        try {
            Class.forName(JDBC_DRIVER);
        } catch (ClassNotFoundException e) {
            e.printStackTrace();
        }
        try {
            Connectionconn =DriverManager.getConnection(DB_URL,USER,PASS);
        } catch (SQLException e) {
```

```
                e. printStackTrace();
            }
        }
    }
```

8.2.3　使用 Statement 接口实现添删改查操作

JDBC 编程基本操作 2

JDBC 编程的第三步，通过数据库操作代理对象(Statement)进行添加、删除、修改和查询操作，可以分为两种情况：一种不会对数据库记录产生影响的操作(查询)和另一种可能会对数据库记录产生影响的操作(添加、删除、修改)。

Statement 对象的常用方法见表 8-2。

表 8-2　　Statement 对象的常用方法

方　法	描　述
ResultSet executeQuery(String sql)	执行给定的 SQL 查询语句，该语句返回单个 ResultSet 对象
int executeUpdate(String sql)	执行给定 SQL 语句，该语句可能为 INSERT、UPDATE 或 DELETE 语句，或者不返回任何内容的 SQL 语句(如 SQL DDL 语句)
void close()	立即释放此 Statement 对象的数据库和 JDBC 资源

在获得了 Statement 类型的对象后，通过调用它的 executeQuery()方法可以进行数据库查询，JDBC 会将返回的数据库查询结果封装成为 java. sql. ResultSet 接口类型的对象。ResultSet 对象的常用方法见表 8-3。

表 8-3　　ResultSet 对象的常用方法

方　法	描　述
void close()	立即释放此 ResultSet 对象的数据库和 JDBC 资源
String getString(int columnIndex)	以 String 类型获取此 ResultSet 对象的当前行中指定列的值。columnIndex 是列编号，第一个列是 1，第二个列是 2……
String getString(String columnLabel)	以 String 类型获取此 ResultSet 对象的当前行中指定列的值。columnLabel 是指定列的字段名
int getInt(int columnIndex)	以 int 类型获取此 ResultSet 对象的当前行中指定列的值。columnIndex 是列编号，第一个列是 1，第二个列是 2……
int getInt(String columnLabel)	以 int 类型获取此 ResultSet 对象的当前行中指定列的值。columnLabel 是指定列的字段名
Object getObject(int columnIndex)	以 Object 类型获取此 ResultSet 对象的当前行中指定列的值。columnIndex 是列编号，第一个列是 1，第二个列是 2……
Object getObject(String columnLabel)	以 Object 类型获取此 ResultSet 对象的当前行中指定列的值。columnLabel 是指定列的字段名

ResultSet 对象具有指向其当前数据行的游标。最初，游标被置于第一行之前，next()方法将游标移动到下一行。因为该方法在 ResultSet 对象没有下一行时返回 false，所以可以在 while 循环中使用它来迭代结果集。默认情况下 ResultSet 的游标只能向下一行单向移动。

ResultSet 中除了列出的 getString()、getObject()、getInt()外还有返回其他类型的方法，格式基本相同，此处不再一一列举，请阅读相关 API。

对数据库中的表进行添加、删除、修改操作时同样需要通过 Statement 对象进行，与前面的查询操作不同的地方在于，添删改操作不会返回一个查询结果集 ResultSet，但是添删改操作会返回一个整数表示当前操作所影响的记录行数，所以添删改操作不能调用 executeQuery( ) 方法，而需要调用 executeUpdate( )方法（不要被方法名迷惑以为该方法只能执行 update 操作，实际上所有对数据库产生影响的操作都可以调用 executeUpdate，包括添加、删除、修改、DDL 命令）。

某医院为有序引导患者就诊，落实国家疫情防控工作，需实时掌握查询更新疫情中高风险地区名单，切实保障广大人民群众的健康和安全，现开发该模块，在 MySQL 中创建 areasTable 数据库，并创建 t_areas 数据表，表结构如下：

```
CREATE TABLE 't_areas' (
    'id' int(11) NOT NULL AUTO_INCREMENT,
    'u_areaName' varchar(32) NOT NULL,
    'u_riskRating' varchar(32) NOT NULL,
    'u_timeManagement' date NOT NULL,
    PRIMARY KEY ('id')
) DEFAULT CHARACTER SET = utf8;
```

例程 8-2 StatementJdbcDemo. java

```
package jdbc;
import java. sql. * ;
public class StatementJdbcDemo {
    public static void main(String[ ] args) {
        try {
            Class. forName("com. mysql. cj. jdbc. Driver");
        } catch (ClassNotFoundException e) {
            e. printStackTrace( );
        }
        Connection con=null;
        Statement st=null;
        ResultSet rs=null;
        try { con= DriverManager. getConnection (" jdbc: mysql://localhost: 3306/areastable? useSSL =
                false&allowPublicKeyRetrieval=true&serverTimezone=UTC","root","123456");
            st=con. createStatement( );
            //查询所有记录
            rs=st. executeQuery("select * from t_areas");
            while(rs. next( ))
            {
                System. out. print(" | ");
                System. out. print(rs. getInt(1));
                System. out. print(" | ");
                System. out. print(rs. getString(2));
                System. out. print(" | ");
                System. out. print(rs. getString(3));
                System. out. print(" | ");
```

```
                System.out.print(rs.getDate(4));
                System.out.print("  |  ");
            }
            //添加一条记录
            int i=st.executeUpdate("INSERT INTO t_areas(u_areaName,u_riskRating,u_timeManagement)
                VALUES('***省**市**街道','中风险','2021-09-03')");
            System.out.println("插入"+i+"条数据");
            //更新一条记录
            i=st.executeUpdate("UPDATE t_areas SET u_riskRating='低风险' ,u_timeManagement=
              '2021-03-08' WHERE u_areaName='***省**市**街道'");
            System.out.println("更新"+i+"条数据");
            //删除一条记录
            i=st.executeUpdate("DELETE FROM t_areas WHERE id=1");
            System.out.println("删除"+i+"条数据");
        } catch(SQLException e) {
            e.printStackTrace();
        }finally{
            if(st!=null){
                try {
                    st.close();
                } catch(SQLException e) {
                    e.printStackTrace();
                }
            }
            if(con!=null){
                try {
                    con.close();
                } catch(SQLException e) {
                    e.printStackTrace();
                }
            }
        }
    }
}
```

作为一种良好的编程风格，应在不需要 Statement 对象和 Connection 对象时显式地关闭它们。关闭 Statement 对象和 Connection 对象的语法形式为：

```
public void close() throws SQLException
```

用户不必关闭 ResultSet。当它的 Statement 关闭、重新执行或用于从多结果序列中获取下一个结果时，该 ResultSet 将被自动关闭。

注意：要按先 ResultSet 结果集，后 Statement，最后 Connection 的顺序关闭资源，因为 Statement 和 ResultSet 是需要连接是才可以使用的，所以在使用结束之后有可能其他的 Statement 还需要连接，所以不能先关闭 Connection。

8.2.4 使用 PreparedStatement 接口实现添删改查操作

PreparedStatement 对象可以通过 Connection 对象调用 preparedStatement( )方法获得。PreparedStatement 对象用于发送带有一个或多个输入参数(IN 参数)的 SQL 语句。PreparedStatement 拥有一组方法,用于设置 IN 参数的值。执行语句时,这些 IN 参数将被送到数据库中,PreparedStatement 对象的常用方法见表 8-4。

表 8-4 PreparedStatement 对象的常用方法

方　法	描　述
boolean execute()	在此 PreparedStatement 对象中执行 SQL 语句,该语句可以是任何种类的 SQL 语句
ResultSet executeQuery()	在此 PreparedStatement 对象中执行 SQL 查询,并返回该查询生成的 ResultSet 对象
int executeUpdate()	在此 PreparedStatement 对象中执行 SQL 语句,该语句必须是一个 SQL 数据操作语言语句,比如 INSERT、UPDATE 或 DELETE 语句;或者是无返回内容的 SQL 语句,比如 DDL 语句
void setString(int x,String value)	将字符串 value 赋给第 x 个占位符,x 从 1 开始
void setInt(int x,int value)	将整型 value 赋给第 x 个占位符,x 从 1 开始

下面将使用 PreparedStatement 对象修改例程 8-2,代码如下:

例程 8-3 PreparedStatementJdbcDemo. java

```
package jdbc;
import java. sql. * ;
public class PreparedStatementJdbcDemo {
    private Connection con = null;
    private PreparedStatement ps=null;
    static {
        try {
            Class. forName("com. mysql. cj. jdbc. Driver");
        } catch (ClassNotFoundException e) {
            e. printStackTrace( );
        }
    }
    private void prepareConnection( ) {
        try {
            if (con == null || con. isClosed( )) {
                con = DriverManager. getConnection
                ("jdbc: mysql://localhost: 3306/areastable? useSSL = false&allowPublicKeyRetrieval =
                true&serverTimezone=UTC","root","123456");
            }
        } catch (SQLException e) {
            throw new RuntimeException("连接异常:"+e. getMessage( ));
        }
    }
```

```
private void close( ){
    try{
        if (ps != null) {ps. close( );}
        if (con != null) {con. close( );}
    }catch (SQLException e) {
        throw new RuntimeException("关闭连接异常:"+e. getMessage( ));
    }
}
//插入记录
public void addAreas(String u_areaName, String u_riskRating, Date u_timeManagement) {
    prepareConnection( );
    try {
        ps=con. prepareStatement("insert into  t_areas(u_areaName,u_riskRating,u_timeManagement)
            values(?,?,?)");
        ps. setString(1, u_areaName);
        ps. setString(2, u_riskRating);
        ps. setDate(3, u_timeManagement);
        ps. executeUpdate( );
    } catch (SQLException e) {
        throw new RuntimeException("添加记录异常:"+e. getMessage( ));
    }finally{
    close( );
    }
}
//更新记录
public void updateAreas(String u_areaName, String u_riskRating, Date u_timeManagement) {
    prepareConnection( );
    try {
        ps=con. prepareStatement("UPDATE t_areas SET u_riskRating=? ,u_timeManagement
            =? WHERE u_areaName=?");
        ps. setString(1, u_riskRating);
        ps. setDate(2, u_timeManagement);
        ps. setString(3, u_areaName);
        ps. executeUpdate( );
    } catch (SQLException e) {
        throw new RuntimeException("添加记录异常:"+e. getMessage( ));
    }finally{
    close( );
    }
}
//删除记录
public void delAreas(String u_areaName) {
    prepareConnection( );
    try {
```

```
            ps=con. prepareStatement("delete from t_areas where u_areaName=?");
            ps. setString(1, u_areaName);
            ps. executeUpdate( );
        } catch (SQLException e) {
            throw new RuntimeException("添加记录异常:"+e. getMessage( ));
        }finally{
            close( );
        }
    }
    //查询记录
    public void queryAreas() {
        prepareConnection( );
        try {
            ps=con. prepareStatement("select * from  t_areas");
            ResultSetrs = ps. executeQuery();
            while(rs. next()){
                System. out. print("  |  ");
                System. out. print(rs. getInt(1));
                System. out. print("  |  ");
                System. out. print(rs. getString(2));
                System. out. print("  |  ");
                System. out. print(rs. getString(3));
                System. out. print("  |  ");
                System. out. print(rs. getDate(4));
                System. out. print("  |  ");
            }
        } catch (SQLException e) {
            throw new RuntimeException("添加记录异常:"+e. getMessage( ));
        }finally{
            close( );
        }
    }
    public static void main(String[ ] args) {
        Date date = new Date(new java. util. Date(). getTime());
        new PreparedStatementJdbcDemo(). addAreas("* * *市* *街道", "中风险",date);
        new PreparedStatementJdbcDemo(). updateAreas("* * *市* *街道", "低风险",date);
        new PreparedStatementJdbcDemo(). delAreas("* * *市* *街道");
        new PreparedStatementJdbcDemo(). queryAreas();
    }
}
```

不难看出,prepareStatement 会初始化 SQL,先把 SQL 提交到数据库中进行预处理,多次使用提高效率。createStatement 不会初始化,没有预处理,每次都是从 0 开始执行 SQL;prepareStatement 在 SQL 中用?替换变量,createStatement 不支持?替换变量,只能在 SQL 中拼接参数。

如果想要删除多条数据，使用 createStatement，需要写多条语句；而使用 prepareStatement，通过 set 不同数据只需要生成一次执行计划，可以重用。这种特性可以提高性能，同时简化开发。

8.2.5　可滚动结果集和可更新结果集

ResultSet 默认只能按顺序遍历结果集中的所有行，并且结果集中的数据更改不会影响到数据库中的记录。如果希望在结果集上前后移动，并且能够通过结果集的变化更新数据库中的记录，则需要通过下面的方法得到 Statement 对象：

```
Statement stat=con.createStatement(type,concurrency);
```

或者通过下面的方法得到一个 PreparedStateme 对象：

```
PreparedStateme ps=con.preparedStatement(cmd,type,concurrency);
```

ResultSet 类提供了一些静态常量来表示 type 值（表 8-5）和 concurrency 值（表 8-6）。ResultSet 对象的常用方法见表 8-7。

表 8-5　ResultSet 类的 type 值

TYPE_FORWARD_ONLY	结果集不能滚动
TYPE_SCROLL_INSENSITIVE	结果集可以滚动，对数据库变化不敏感
TYPE_SCROLL_SENSITIVE	结果集可以滚动，对数据库变化敏感

表 8-6　ResultSet 类的 concurrency 值

CONCUR_READ_ONLY	结果集只读
CONCUR_UPDATABLE	结果集可以更新数据库

表 8-7　ResultSet 对象的常用方法

方　法	描　述
boolean absolute(int row)	将游标移动到此 ResultSet 对象的给定行编号
int getRow()	获取当前行编号，编号从 1 开始
void afterLast()	将游标移动到此 ResultSet 对象的末尾，正好位于最后一行之后
void beforeFirst()	将游标移动到此 ResultSet 对象的开头，正好位于第一行之前
boolean isFirst()	游标是否在第一行
boolean isLast()	游标是否在最后一行
boolean isBeforeFirst()	游标是否在第一行之前
boolean isAfterLast()	游标是否在最后一行之后
boolean first()	将游标移动到此 ResultSet 对象的第一行
boolean last()	将游标移动到此 ResultSet 对象的最后一行
boolean next()	将游标从当前位置向后移一行
boolean previous()	将游标从当前位置向前移一行
void insertRow()	将插入行上的内容更新到数据库
void deleteRow()	删除数据库和结果集中的当前行
void updateInt(int column,int data)	更新结果集中当前行的某个字段值，其他数据类型格式相同
void updateRow()	将当前行上的更新发送到数据库中
void cancelRowUpdates()	撤销对当前行的更新

例程8-4 JdbcDemo4.java演示了可更新的结果集和可滚动结果集，其中通过absolute(1)方法将游标移动到第二条记录上，请确保数据库中有两条以上的纪录。

例程8-4 JdbcDemo4.java

```
package jdbc;
import java.sql.*;
public class JdbcDemo2 {
    private Connection con = null;
    private PreparedStatement  ps=null;
    static {
        try {
            Class.forName("com.mysql.cj.jdbc.Driver");
        } catch (ClassNotFoundException e) {
            e.printStackTrace();
        }
    }
    private void prepareConnection() {
        try {
            if (con == null || con.isClosed()) {
                con = DriverManager.getConnection
                ("jdbc:mysql://localhost:3306/areastable?useSSL = false&allowPublicKeyRetrieval
                =true&serverTimezone=UTC","root","123456");
            }
        } catch (SQLException e) {
            throw new RuntimeException("连接异常      :"+e.getMessage());
        }
    }
    private void close(){
        try{
            if (ps != null) {ps.close();}
            if (con != null) {con.close();}
        }catch (SQLException e) {
            throw new RuntimeException("关闭连接异常:"+e.getMessage());
        }
    }
    public void testScroll(){
        try{
            prepareConnection();
            ps=con.prepareStatement("select * from t_areas", ResultSet.TYPE_SCROLL_SENSITIVE,
                ResultSet.CONCUR_UPDATABLE);
            ResultSet rs=ps.executeQuery();
            rs.next();
            System.out.println(rs.getString(2));
            rs.last();
            System.out.println(rs.getString(2));
```

```
            rs.absolute(1);
            System.out.println(rs.getString(2));
            rs.last( );
            System.out.println(rs.getString(2));
            int i=rs.getRow( );
            System.out.println("总共查询到"+i+"条记录");
            rs.updateString(2, "***省**市**街道");
            rs.updateString(3, "中风险");
            rs.updateRow( );
        }catch (SQLException e) {
            e.printStackTrace( );
        }finally{
            close( );
        }
    }
    public static void main(String[ ] args) {
        new JdbcDemo2( ).testScroll( );
    }
}
```

8.2.6 实现 Connection 工厂类

在实际数据库编程中,因为每次获得 Connection 都要重新创建一个 Connection 对象,所以代码中出现了大量重复,可以通过创建一个 Connection 工厂类封装创建 Connection 对象来解决这个问题,如例程 8-5 所示。

例程 8-5 ConnectionFactory.java

```
package jdbc;
import java.sql.Connection;
import java.sql.DriverManager;
import java.sql.ResultSet;
import java.sql.SQLException;
import java.sql.Statement;
public class ConnectionFactory {
    public static Connection getConnection() throws SQLException, ClassNotFoundException {
        String url = "jdbc:mysql://localhost:3306/usertable? useSSL=false&allowPublicKeyRetrieval=
                    true&serverTimezone=UTC";
        String username = "root";
        String password = "123456";
        Class.forName("com.mysql.cj.jdbc.Driver");
        Connection connection = DriverManager.getConnection(url, username, password);
        return connection;
    }
    public static void close(Connection connection) {
        try {
```

```
                if (connection != null) {
                    connection.close();
                }
            } catch (SQLException e) {
                e.printStackTrace();
            }
        }
        public static void close(Connection connection, Statement statement) {
            try {
                if (statement != null) {
                    statement.close();
                }
                if (connection != null) {
                    connection.close();
                }
            } catch (SQLException e) {
                e.printStackTrace();
            }
        }
        public static void close(Connection connection, Statement statement, ResultSet resultSet) {
            try {
                if (resultSet != null) {
                    resultSet.close();
                }
                if (statement != null) {
                    statement.close();
                }
                if (connection != null) {
                    connection.close();
                }
            } catch (SQLException e) {
                e.printStackTrace();
            }
        }
    }
```

8.3 事务处理

8.3.1 在JDBC中处理数据库事务

事务是SQL提供的一种机制,用于强制数据库的完整性和维护数据的一致性。事务的思想是保证多步操作中的任何一步失败的话,则整个事务回滚,如果所有步骤都成功则这个事务可以提交,从而把所有的改变保存到数据库中。

JDBC 提供对事务的支持，默认情况下事务是自动提交的，即每次执行 executeUpdate( ) 语句，相关操作都是即时保存到数据库中的。如果不想让这些 SQL 命令自动提交，可以在获得连接后使用下面的语句关闭自动提交。

```
con.setAutoCommit(false);
```

然后执行 JDBC 操作命令，假设所有操作都能正确执行，在操作语句后面加上下面的语句就能提交事务，所做的改动将保存到数据库中。

```
con.commit( );
```

如果在操作中出现异常，调用下面的语句可以使事务回滚，所做的改动不会保存到数据库中。

```
con.rollback( );
```

例程 8-6 TransactionDemo.java 演示了如何在 JDBC 中使用事务。

例程 8-6　TransactionDemo.java

```
package jdbc;
import java.sql.*;
public class TransactionDemo {
    public static void main(String[ ] args) {
        try {
            Class.forName("com.mysql.cj.jdbc.Driver");
        } catch (ClassNotFoundException e) {
            e.printStackTrace( );
        }
        Connection con=null;
        Statement st=null;
        try {
            con=DriverManager.getConnection
            ("jdbc:mysql://localhost:3306/areastable? useSSL = false&allowPublicKeyRetrieval =
            true&serverTimezone=UTC","root","123456");
            con.setAutoCommit(false);//设置事务为手动提交模式
            st=con.createStatement( );
            //添加一条记录
            int i= st.executeUpdate (" INSERT INTO t_areas ( u_areaName, u_riskRating, u_
                timeManagement) VALUES('***省**市**街道','中风险','2021-09-03')");
            System.out.println("插入"+i+"条数据");
            //更新一条记录
            i=st.executeUpdate("UPDATE t_areas SET u_riskRating='低风险' ,u_timeManagement='
              2021-03-02' WHERE u_areaName='***省**市**街道'");
            System.out.println("更新"+i+"条数据");
            //删除一条记录
            i=st.executeUpdate("DELETE FROM t_areas WHERE id=1");
            System.out.println("删除"+i+"条数据");
            //此处人为增加一个异常用于测试回滚，如果取消此行数据库修改可以正常保存
            i=1/0;
            con.commit( );//手动提交事务
```

```
            }
            //此处修改为捕获 Exception 用于测试回滚操作
            catch (Exception e) {
                e.printStackTrace( );
                try {
                    //如果操作出现异常,会调用 rollback( )回滚操作
                    con.rollback( );
                } catch (SQLException e1) {
                    e1.printStackTrace( );
                }
            }finally{
                if(st!=null){
                    try {
                        st.close( );
                    } catch (SQLException e) {
                        e.printStackTrace( );
                    }
                }
                if(con!=null){
                    try {
                        con.close( );
                    } catch (SQLException e) {
                        e.printStackTrace( );
                    }
                }
            }
        }
    }
```

8.3.2 事务并发问题

在典型的数据库编程中,多个事务并发运行,经常会操作相同的数据来完成各自的任务,即多个用户对统一数据进行操作。并发虽然是必须的,但可能会导致以下的问题:

脏读是指在一个事务处理过程中读取了另一个未提交事务中的数据。例如,小磊向小明账户转账,执行下面两条 SQL 语句:

```
update account set money=money+200 where name='小明';
update account set money=money-200 where name='小磊';
```

当执行第一条 update 语句时,小磊通知小明查看账户,小明发现钱已到账,但事务并未完成,在执行第二条 update 语句时,系统出现异常,导致事务回滚,导致小明最后并没有收到 200 元。

可重复读是指对于数据库中的某个数据,一个事务范围内多次查询返回了相同的数据值。

不可重复读是指对于数据库中的某个数据,一个事务范围内多次查询返回了不同的数据值,这是由于在查询间隔被另一个事务修改并提交了。在某些情况下,不可重复读并不是问

题，比如，多次查询某个数据记录，以最后一次查询结果为准。

幻读是指是指当事务不是独立执行时发生的一种现象。例如事务 T1 刚完成了退票操作，有余票一张，这时事务 T2 又进行了购票操作，并且提交了事务。而如果事务 T1 查看刚刚修改的数据，则会发现还是没有余票，其实是事务 T2 执行的购买，就好像产生幻觉一样，发生了幻读。

基于上述情况，以 MySQL 为例，在数据库的四种隔离级别中定义了并发事务在修改数据时是如何相互影响的，见表 8-8。

表 8-8　数据库的四种隔离级别

隔离级别	脏读	不可重复度	幻读
读未提交(read-uncommitted)	是	是	是
不可重复读(read-committed)	否	是	是
可重复读(repeatable-read)	否	否	是
可串行化(serializable)	否	否	否

每种数据库的默认隔离级别是不同的，例如 SQL Server 和 Oracle 默认是 read-committed，MySQL 默认是 repeatable-read。

最后，我们可以把脏读、可重复读、不可重复读、幻读理解成权限明细，把四种隔离级别理解成角色，每个角色有着不同的权限操作用以区别。

8.4　基于 MVC 模式的数据库访问

基于 MVC 模式的数据库访问

8.4.1　使用 DTO、ENTITY 和 DAO

在数据库编程设计对象接口时，好的做法是将大量信息隐藏在对象内，并提供一组细粒度方法来访问和操作该信息。在项目开发中，根据代码所起的作用可以分为界面显示代码、业务处理代码、逻辑控制代码、数据访问代码、数据传输代码等。

DTO(数据传输对象)主要的作用是在不同类中进行数据的交换，将大量数据放入一个 DTO 中便于整体传输。ENTITY(实体类)与 DTO 在结构和作用方面非常相似，但又有着本质上的不同，ENTITY 一般是和数据表做映射，ENTITY 中的属性对应表中的列，ENTITY 的名称与表名一致，但首字母大写，ENTITY 中的属性名尽量与表中的列名一致。DAO(数据访问对象)主要的作用是封装对数据库操作的 JDBC 代码，把增删改查相关的 JDBC 代码放入 DAO 层中，对外提供操作数据库的添删改查方法，封装的优点是便于后期代码的维护与排错。DAO 处理的数据来自实体类。将这些代码封装到各自独立的类文件中可以提高系统的可维护性并且增加代码的可重用性。

8.4.2　一个基于 MVC 模式的数据库访问应用程序体验

例程 8-7～例程 8-10 中采用 ENTITY(User. java)和 DAO(UserDAO. java)实现基于 MVC 模式的数据库访问应用程序。基于 MVC 的数据库访问程序清单见表 8-9，其中 UserDAO. java、User. java 共同组成了用户模型层(M)，UserServlet. java 充当了其中的控制层(C),index.jsp 负责显示,充当了视图层,相比较任务 6 中 MVC 模式下的购物结算程序,添加了数据库的访问及操作。

表 8-9　　基于 MVC 的数据库访问程序清单

文件名	功能描述
UserDAO.java	数据访问组件,定义了对用户表的访问方法
User.java	JavaBean 组件,定义了用户表的相关信息
UserServlet.java	在整个程序中充当控制器的角色,用于程序转向
index.jsp	页面,为用户提供了输入添加用户的界面和查询、删除界面

例程 8-7　index.jsp

典型模块应用

基于 MVC 模式的数据库访问程序实现

```
<%@ page import="java.util.*,dao.*" pageEncoding="utf-8"%>
<jsp:useBean id="users" scope="request" class="java.util.ArrayList">
</jsp:useBean>
<%
    String path=request.getContextPath();
    String basePath=request.getScheme() + "://"
    + request.getServerName() + ":" + request.getServerPort() + path + "/";
%>
<!DOCTYPE HTML PUBLIC "-//W3C//DTD HTML 4.01 Transitional//EN">
<html>
<head><title>一个基于 MVC 模式的数据库访问应用程序体验</title></head>
<body>
<form action="UserServlet?m=add" method="post">
<table>
<tr><td>姓名:</td>
<td><input type="text" name="u_name"/></td>
<td>年龄:</td>
<td><select name="u_age">
<option value="18">18</option>
<option value="19">19</option>
<option value="20">20</option>
<option value="21">21</option>
<option value="22">22</option>
</select>
</td></tr>
<tr><td>体重:</td>
<td><input type="text" name="u_weight"/></td>
<td colspan="2"><input type="submit" value="提交"/></td></tr>
</table>
</form>
<hr/>
<% if(users.size()> 0) {%>
<table border="1" width="60%" borderColor="#c0c0c0" align="center">
```

```
<tr>
<td>id</td>
<td>u_name</td>
<td>u_age</td>
<td>u_weight</td>
<td>操作</td>
</tr>
<%
    Iterator iter=users.iterator();
    while(iter.hasNext()) {User user=(User) iter.next();
%>
<tr>
<td><%=user.getId()%></td>
<td><%=user.getName()%></td>
<td><%=user.getAge()%></td>
<td><%=user.getWeight()%></td>
<td>
<a href="<%="servlet/UserServlet? m=delete&id="+user.getId()%>">删除</a></td>
</tr>
<% }%>
</table>
<% } else {%>
<a href="servlet/UserServlet? m=queryAll">查看全部记录</a>
<% }%>
</body>
</html>
```

例程 8-8　User.java

```
package dao;
public class User {
    private Integer id;
    private String name;
    private Integer age;
    private Float weight;
    public User() {
    }
    public Integer getId() {
        return id;
    }
    public void setId(Integer id) {
        this.id=id;
    }
    public String getName() {
        return name;
    }
```

```
    public void setName(String name) {
        this.name=name;
    }
    public Integer getAge() {
        return age;
    }
    public void setAge(Integer age) {
        this.age=age;
    }
    public Float getWeight() {
        return weight;
    }
    public void setWeight(Float weight) {
        this.weight=weight;
    }
}
```

例程 8-9 UserDAO.java

```
package dao;
import java.sql.*;
import java.util.*;
public class UserDAO {
    private Connection con=null;
    private PreparedStatement ps=null;
    static {
        try {
            Class.forName("com.mysql.jdbc.Driver");
        } catch(ClassNotFoundException e) {
            e.printStackTrace();
        }
    }
    private void prepareConnection() {
        try {
            if(con==null || con.isClosed()) {
                con=DriverManager.getConnection(
                "jdbc:mysql://localhost:3306/jdbcdb","root", "123456");
            }
        } catch(SQLException e) {
            throw new RuntimeException("连接异常:" + e.getMessage());
        }
    }
    private void close() {
        try {
            if(ps!=null) {
                ps.close();
```

```
            }
            if(con!=null) {
                con.close();
            }
        } catch(SQLException e) {
            throw new RuntimeException("关闭连接异常:" + e.getMessage());
        }
    }
    private void rollback() {
        try {
            con.rollback();
        } catch(SQLException e) {
            throw new RuntimeException("回滚失败:" + e.getMessage());
        }
    }
    public int addUser(User user) {
        int i=0;
        try {
            prepareConnection();
            con.setAutoCommit(false);
            ps=con.prepareStatement(
            "insert into t_user(u_name,u_age,u_weight) values(?,?,?)");
            ps.setString(1, user.getName());
            ps.setInt(2, user.getAge());
            ps.setFloat(3, user.getWeight());
            i=ps.executeUpdate();
            con.commit();
        } catch(SQLException e) {
            rollback();
            e.printStackTrace();
        } finally {
            close();
        }
        return i;
    }
    public int deleteUser(User user) {
        int i=0;
        try {
            prepareConnection();
            con.setAutoCommit(false);
            ps=con.prepareStatement("delete from t_user where id=?");
            ps.setInt(1, user.getId());
            i=ps.executeUpdate();
            con.commit();
```

```
        } catch(SQLException e) {
            rollback();
            e.printStackTrace();
        } finally {
            close();
        }
        return i;
    }
    public int updateUser(User user) {
        int i=0;
        try {
            prepareConnection();
            con.setAutoCommit(false);
            ps=con.prepareStatement("update t_user set u_name=?,u_age=?,
            u_weight=? where id=?");
            ps.setString(1, user.getName());
            ps.setInt(2, user.getAge());
            ps.setFloat(3, user.getWeight());
            ps.setInt(4, user.getId());
            i=ps.executeUpdate();
            con.commit();
        } catch(SQLException e) {
            rollback();
            e.printStackTrace();
        } finally {
            close();
        }
        return i;
    }
    public List<User> getAllUsers() {
        List<User> users=new ArrayList<User>();
        try {
            prepareConnection();
            ps=con.prepareStatement("select * from t_user");
            ResultSet rs=ps.executeQuery();
            while(rs.next()) {
                User user=new User();
                user.setId(rs.getInt(1));
                user.setName(rs.getString(2));
                user.setAge(rs.getInt(3));
                user.setWeight(rs.getFloat(4));
                users.add(user);
                //如果结果集中含有记录，就将记录封装成一个 User 对象并添加到集合 List 中
            }
```

```
        } catch(SQLException e) {
            e.printStackTrace();
        } finally {
            close();
        }
        return users;
    }
    public User getUserById(Integer id) {
        User user=null;
        try {
            prepareConnection();
            ps=con.prepareStatement("select * from t_user where id=?");
            ps.setInt(1, id);
            ResultSet rs=ps.executeQuery();
            if(rs.next()) {
                user=new User();
                user.setId(rs.getInt(1));
                user.setName(rs.getString(2));
                user.setAge(rs.getInt(3));
                user.setWeight(rs.getFloat(4));
                //如果结果集中含有记录,就将记录封装成一个 User 对象
            }
        } catch(SQLException e) {
            e.printStackTrace();
        } finally {
            close();
        }
        return user;
    }
}
```

例程 8-10　UserServlet.java

```
package servlet;
import java.io.IOException;
import javax.servlet.ServletException;
import javax.servlet.annotation.WebServlet;
import javax.servlet.http.HttpServlet;
import javax.servlet.http.HttpServletRequest;
import javax.servlet.http.HttpServletResponse;
import java.util.List;
import dao.User;
import dao.UserDAO;
/**
 * Servlet implementation class UserServlet
 */
```

```
@WebServlet("/UserServlet")
public class UserServlet extends HttpServlet {
    private static final long serialVersionUID = 1L;
    /**
     * @see HttpServlet#HttpServlet()
     */
    public UserServlet() {
        super();
        // TODO Auto-generated constructor stub
    }
    /**
     * @see HttpServlet#doGet(HttpServletRequest request, HttpServletResponse response)
     */
    protected void doGet(HttpServletRequest request, HttpServletResponse response) throws
    ServletException, IOException {
        doPost(request, response);
    }
    /**
     * @see HttpServlet#doPost(HttpServletRequest request, HttpServletResponse response)
     */
    public void doPost(HttpServletRequest request, HttpServletResponse response)
    throws ServletException, IOException {
        request.setCharacterEncoding("utf-8");
        String m=request.getParameter("m");
        if("add".equals(m)){
            add(request, response);
            queryAll(request, response);
        }else if("queryAll".equals(m)){
            queryAll(request, response);
        }else if("delete".equals(m)){
            delete(request, response);
            queryAll(request, response);
        }
    }
    private void add(HttpServletRequest request, HttpServletResponse response){
        User user=new User();
        user.setName(request.getParameter("u_name"));
        user.setAge(Integer.parseInt(request.getParameter("u_age")));
        user.setWeight(Float.parseFloat(request.getParameter("u_weight")));
        new UserDAO().addUser(user);
    }
    private void delete(HttpServletRequest request, HttpServletResponse response){
        User user=new User();
        user.setId(Integer.parseInt(request.getParameter("id")));
```

```
        new UserDAO().deleteUser(user);
    }
    private void queryAll(HttpServletRequest request, HttpServletResponse response)
    throws ServletException, IOException{
        List<User> users=new UserDAO().getAllUsers();
        request.setAttribute("users", users);
        request.getRequestDispatcher("/index.jsp").forward(request, response);
    }
}
```

注意:JDBC 的使用、预处理的使用、bean 的使用和 DAO 类的使用。

情境案例提示

书中的项目案例——生产性企业招聘管理系统就是采用 MySQL 数据库作为底层数据库。DateBaseConnection 用于连接基础数据库,其中定义了方法 getConnection()返回值类型为 Connection,以供其他地方调用。具体的过程见下面的代码注释。

```
public class DateBaseConnection {
    //定义成员变量 Connection
    private Connection conn=null;
    //建立连接
    public DateBaseConnection() {
        try {
            Class.forName("com.mysql.jdbc.Driver");
            this.conn=DriverManager.getConnection(
            "jdbc:mysql://localhost:3306/db_EHRM? useUnicode=true&characterEncoding=utf-8
            &serverTimezone=UTC", "root","123456");
        } catch(ClassNotFoundException e) {
            e.printStackTrace();
        } catch(SQLException e) {
            e.printStackTrace();
        }
    }
    //定义方法 getConnection,以返回连接 Connection
    public Connection getConnection() {
        return this.conn;
    }
    //关闭连接
    public void close() {
        try {
            this.conn.close();
        } catch(SQLException e) {
            e.printStackTrace();
        }
    }
}
```

在 dao 包里定义了所有 DAO 类，指明对应实体对象数据库操作的集合，将其定义为接口，如下面的 UserDao. java 代码段：

```
public interface UserDao {
    //登录验证
    public User islogin(String username,String password)throws Exception;
    //判断用户名是否存在
    public boolean isExist(String username)throws Exception;
    //添加用户信息
    public void insert(User user)throws Exception;
    //查询所有用户信息
    public PageBean selectall(String curPage)throws Exception;
    //按 ID 查询用户
    public User selectbyid(int id)throws Exception;
    //修改用户权限
    public void updaterole(int userid,int roleid)throws Exception;
    //按权限查询用户信息
    public PageBean selectbyrole(Role role,String curPage)throws Exception;
    //删除用户信息
    public void delete(int userid)throws Exception;
}
```

在 impl 包中的所有类需要继承相应接口，并实现其所有方法，如下面的 UserDaoImpl. java 代码段：

```
public class UserDaoImpl implements UserDao {
    //通过 userid 关键字删除数据
    public void delete(int userid) throws Exception {
        PreparedStatement pstmt=null;
        DateBaseConnection jdbc=new DateBaseConnection();
        //获取连接
        Connection conn=jdbc. getConnection();
        String sql="delete from t_user where id=?";
        //执行操作
        try {
            pstmt=conn. prepareStatement(sql);
            pstmt. setInt(1, userid);
            pstmt. executeUpdate();
            pstmt. close();
        } catch(Exception e) {
            System. out. print("删除用户，数据库操作失败");
        } finally {
            //关闭连接
            jdbc. close();
        }
    }
```

```
//添加数据
public void insert(User user) throws Exception {
    PreparedStatement pstmt=null;
    DateBaseConnection jdbc=new DateBaseConnection();
    Connection conn=jdbc.getConnection();
    String sql="insert into t_user(username,password,question,answer,email) values(?,?,?,?,?)";
    try {
        pstmt=conn.prepareStatement(sql);
        pstmt.setString(1, user.getUsername());
        pstmt.setString(2, user.getPassword());
        pstmt.setString(3, user.getQuestion());
        pstmt.setString(4, user.getAnswer());
        pstmt.setString(5, user.getEmail());
        pstmt.executeUpdate();
        pstmt.close();
    } catch(Exception e) {
        System.out.print("添加用户,数据库操作失败");
    } finally {
        //关闭连接
        jdbc.close();
    }
}
//通过用户名和密码验证登录
public User islogin(String username,String password) throws Exception {
    User user=null;
    PreparedStatement pstmt=null;
    DateBaseConnection jdbc=new DateBaseConnection();
    Connection conn=jdbc.getConnection();
    String sql="SELECT id, username, password, roleid, rolename from t_user u,t_role r WHERE
    u.username=? AND u.password=? and u.role_id=r.roleid";
    try {
        pstmt=conn.prepareStatement(sql);
        pstmt.setString(1, username);
        pstmt.setString(2, password);
        ResultSet rs=pstmt.executeQuery();
        if(rs.next()) {
            user=new User();
            user.setId(rs.getInt("id"));
            user.setUsername(rs.getString("username"));
            user.setPassword(rs.getString("password"));
            Role role=new Role();
            role.setRoleid(rs.getInt("roleid"));
            role.setRolename(rs.getString("rolename"));
            user.setRole(role);
```

```
                }
                rs.close();
                pstmt.close();
            } catch(Exception e) {
                System.out.print("用户登录,数据库操作失败");
            } finally {
                //关闭连接
                jdbc.close();
            }
            return user;
        }
        ……
}
```

最后可在需要使用这些数据操作的Servlet或页面里使用这些方法。

任务小结

Java Web应用通过JDBC对数据库中的数据进行查询和更新。JDBC由基于Java语言的通用JDBC API和数据库专用JDBC驱动程序组成。对于JDBC数据库编程来说,其基本的编程过程包含四个基本步骤:注册数据库驱动程序,建立数据库连接,通过数据库操作代理对象(Statement)进行添加、删除、修改、查询操作,关闭数据库连接资源。

通过DAO对象可以将数据库的相关操作代码,如加载驱动、建立数据库连接、数据库添删改查、关闭连接等操作封装起来。这样的设计模式可以提高系统的可维护性并且增加代码的可重用性。

事务是SQL提供的一种机制,用于强制数据库的完整性和维护数据的一致性。在JDBC中提供了对事务的支持,可以根据需要对事务进行自动提交、手动提交和回滚处理。

MySQL事务有四种隔离级别,分别是读未提交(read-uncommitted)、不可重复读(read-committed)、可重复读(repeatable-read)、可串行化(serializable)。

在本任务学习过程中,需要对书上的代码善用"拿来主义",并知其然知其所以然,细细研究分析JDBC代码,不断重构完善自己的代码,是对所学知识达到融会贯通最简洁的途径。理无专在,而学无止境也,然则问可少耶。

实战演练

[实战8-1] 完善例程8-2,完成代码中查询显示指定id记录详细值的功能。

[实战8-2] 完善例程8-3,完成代码中查询指定id记录值的功能。

[实战8-3] 完善例程8-9,使用Connection工厂类修改一个基于MVC模式的数据库访问应用程序体验,实现分层操作。

知识拓展

JDBC连接池

在本任务的学习中,对于用户查询或更新数据库的请求,Web应用都会为这个请求新建一个JDBC连接来访问数据库,当数据库操作完成后,JDBC连接就会被关闭。这种方式在学习过程中或小型的 Web 应用中使用没有问题，但当用户访问查询量很大的时候，就会造成系统响应变慢，甚至崩溃的情况。这是因为每次 JDBC 连接的创建和关闭都会消耗较多的系统资源，当 JDBC 连接频繁创建和关闭就会影响整个系统的运行。因此中大型的 Web 应用都使用 JDBC 连接池来管理 JDBC 连接。

JDBC 连接池是创建和管理 JDBC 连接的缓冲池技术，基本思想就是为 JDBC 连接建立一个“缓冲池”。预先在缓冲池中放入一定数量的连接，当需要建立数据库连接时，只需从“缓冲池”中取出一个，使用完毕之后再放回去。这样就可以减少 JDBC 连接创建和关闭时消耗的系统资源，而且还可以通过设定连接池最大连接数来防止系统无尽地与数据库连接。

我们可以根据 JDBC 连接池的原理自己来设计连接池，也可以使用第三方的 JDBC 连接池。目前有很多成熟的 JDBC 连接池供开发者使用，现介绍如下：

C3P0 是一个开放源代码的 JDBC 连接池，其中实现了 JDBC 2.0 之后定义的具有连接池功能的 javax.sql.DataSource 接口。著名的持久层技术 Hibernate 的发行包中默认使用的就是此连接池。

DBCP 是一个依赖 Jakarta commons-pool 对象池机制的数据库连接池，Tomcat 的数据源使用的就是 DBCP。目前 DBCP 常用的两个版本分别是 1.4 和 2.2。1.4 版本对应 Java 6，2.2 版本对应 Java 7 及以上。因此要根据用户自己使用的 JDK 版本来选择相应的版本。

BoneCP 是一个快速、开源的数据库连接池。能管理数据连接并使应用程序能更快速地访问数据库。BoneCP 的运行速度很快，比 C3P0 和 DBCP 连接池快 25 倍，而且体积很小，只有四十几 KB，而相比之下 C3P0 有六百多 KB。BoneCP 有个缺点，那就是 JDBC 驱动的加载是在连接池之外的，这样在一些应用服务器的配置上就不够灵活。

Proxool 是一个 Java SQL Driver 驱动程序，提供了对其他类型的驱动程序的连接池封装。可以非常方便地移植到现有的代码中。通过简单配置可以透明地为用户现存的 JDBC 驱动程序增加连接池功能。

DBPool 是一个高效的易配置的数据库连接池。它除了支持连接池应有的功能之外，还包括了一个对象池使用户能够开发一个满足自己需求的数据库连接池。

HikariCP 是一个基于 BoneCP 做了不少改进和优化的高性能 JDBC 连接池，代码非常轻量，并且速度非常的快。

目前已经有很多公司在使用 HikariCP，HikariCP 还成为 SpringBoot 默认的连接池，伴随着 SpringBoot 和微服务，HikariCP 迎来广泛的普及。

微课

数据泄露与数据库安全问题

数据库安全

2020 年，新冠疫情肆虐全球，催化各行业加速数字化转型，数据的价值在进一步凸显，数据的泄露也在持续高频发生，企业面临资产与声誉的重大损失，公众深受隐私曝光与骚扰诈骗的困扰。

根据 IBM 和 Ponemon Institute 的 2020 年数据泄露成本报告显示，52%的数据泄露是由恶意外部人员造成的，另外 25%是由系统故障和攻击造成的，23%的人为错误，客户的个人身份信息(PII)占所有数据泄露的 80%，是最经常丢失或被盗的记录类型。《中华人民共和国刑法》第二百五十三条规定，国家机关或者金融、电信、交通、教育、医疗等单位的工作人员，违反国家规定，将本单位在履行职责或者提供服务过程中获得的公民个人信息，出售或者非法提供给他人情节严重的，处三年以下有期徒刑或者拘役，并处或者单处罚金。窃取或者以其他方法非法获取上述信息,情节严重的,依照前款的规定处罚。

数据泄露事件频繁爆出在医疗、酒店、公共部门、零售、金融等行业,造成了相关企业严重的声誉损失和经济损失,作为企业应着重保护自身机密数据以及用户的隐私数据。事实证明,在某些行业,员工疏忽是造成数据泄露的一大原因。

作为软件开发人员,要正确理解自己使用的数据的价值所在,未经被搜集者同意,不得向他人提供个人信息,注重计算机软件开发工程应用,并注重数据库安全设计的有效应用,充分认识到自己也是在企业数据安全中的重要角色。

任务9 Java Web应用中的文件操作

能力目标

1. 掌握文件上传下载功能开发各种应用系统。
2. 理解 jxl 读取 Excel 文件的方式、验证码的实现。
3. 了解如何使用字节流及字符流读取文件、在线影片观赏方法、MP3 在线播放方法。

素质目标

1. 培养工程意识思维,铸就工匠精神。
2. 培养整体架构能力。
3. 培养分析问题以及拟定可能的解决方案的能力。

9.1 Java Web 应用中的输入流与输出流

Java Web 应用中的输入流与输出流

9.1.1 使用字节流及字符流读取文件

如果说,数据库系统适用于大批量的集中数据存储与管理;那么文件系统则适合于小批量数据的存储与管理。文件操作在 Java Web 应用中有着举足轻重的地位。

一般情况下,一个程序在不获取外部数据的情况下很难顺利地完成目标,Java 程序通过“流”来执行输入输出处理。而 Java Web 应用中的文件操作则和 Java application 程序中完全相同,也使用“流”来处理输入输出问题,如图 9-1 所示。流的源端和目的端可简单地看成字节的生产者和消费者,对输入流,可不必关心它的源端是什么,只要简单地从流中读数据,而对输出流,也可不知道它的目的端,只是简单地往流中写数据。

(1)输出流通过 write()方法把数据写入输出流;

(2)输入流通过 read()方法把数据读入。

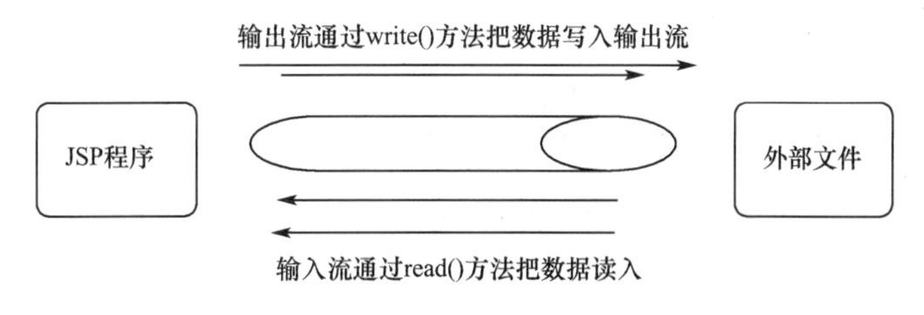

图 9-1 I/O 流示意图

通过文件操作,服务器还可以将用户提交的信息保存到文件中或根据用户的要求将服务器上的文件下载到客户端。

下面这个例程是一个网络测试案例，用户首先访问 testing.jsp 页面，单击确定后转向至 exercise.jsp 页面，该页面通过 UploadTesting.java 这个 JavaBean 组件的 multipleChoice()方法将一个文本文件 test.txt 读入程序，这个文本的每一行是一道测试题目，如下所示：

#如果一双鞋按现在统一标准是 26 号，则它相对应的老鞋号是#39#40#41#42#D#

#生态危机与人类的哪个习惯关系最密切？#懒惰#遗忘#浪费#贪吃#C#

#“杵臼交”多用来指不计身份而结交的朋友。这里的“杵臼”在古代是用来做什么的？#捣米#打水#磨面#榨油#A#

#北京等地四合院的大门一般是开在哪个角上？#东南角#西南角#东北角#西北角#A#

#“才自精明志自高”是《红楼梦》中对谁的判词？#元春#王熙凤#薛宝钗#探春#D#

程序 UploadTesting.java 将文本中的每一道题及其答案通过字符串解析器按#号解析，保存在字符串数组中，以便 exercise.jsp 读取显示所用。其中 exercise.jsp 中 session 用于保存用户答题的题号。运行效果如图 9-2～图 9-5 所示。

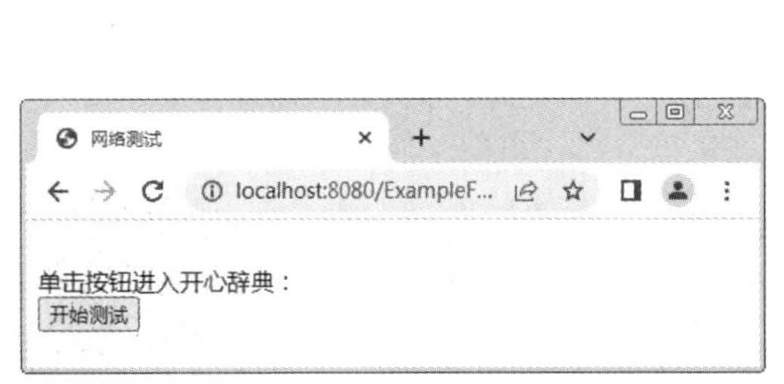

图 9-2　进入欢迎界面

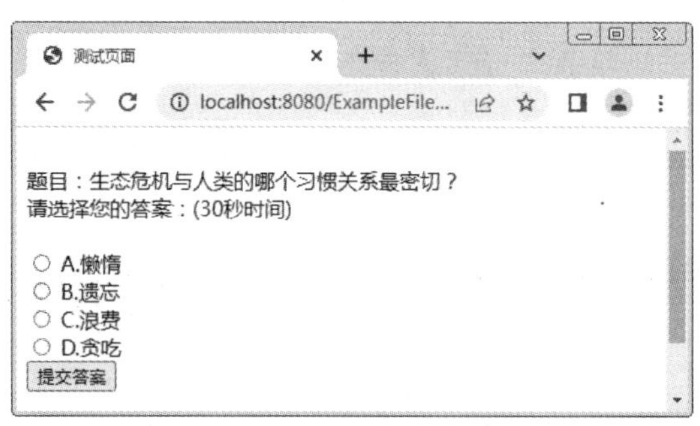

图 9-3　进入测试页面

图 9-4　显示题目及上题答案

图 9-5　答题结束

其中，当一道题的答题时间超过 30 秒后，程序将自动转向至 timeOut.jsp 页面。网络测试程序包含的相关文件及功能见表 9-1。

表 9-1　网络测试程序中的文件

文件名	功能描述
testing.jsp	页面，测试题开始的欢迎页面
exercise.jsp	页面，显示每一道测试题及选择答案
timeOut.jsp	页面，答题 30 秒时间到达时的转向页面
UploadTesting.java	JavaBean 组件，将文本中的测试题导入程序中的数组变量里保存
test.txt	文本文件，网络测试题

例程 9-1 testing. jsp

```
<%@ page contentType="text/html;charset=utf-8"%>
<%@ page import="java.io.*"%>
<html>
<head><title>网络测试</title></head>
<body>
<br>单击按钮进入开心辞典：
<form action="exercise.jsp" method="post">
<input type=submit value="开始测试">
</form>
</body>
</html>
```

例程 9-2 UploadTesting. java

```
package filestreambean;
import java.io.*;
import java.util.*;
public class UploadTesting {
    String str=null;
    String option[]=new String[6];
    public String[] multipleChoice(int i) {
        //存放从文本读取出来的每道题目及答案
        ArrayList testing=new ArrayList();
        try {
            File f=new File(
            "D:/Program Files/Tomcat/webapps/ExampleJavaFileStream","test.txt");
            FileReader in=new FileReader(f);
            BufferedReader buffer=new BufferedReader(in);
            while((str=buffer.readLine())!=null) {
                testing.add(str);
            }
        } catch(IOException e) {
            e.printStackTrace();
        }
        //解析每道题的题目及答案分别将其存入字符串数组
        String str=(String) testing.get(i);
        StringTokenizer tokenizer=new StringTokenizer(str, "#");
        int j=0;
        while(tokenizer.hasMoreTokens()) {
            option[j]=tokenizer.nextToken();
            j++;
        }
        return option;
    }
}
```

例程 9-3 exercise.jsp

```
<%@ page contentType="text/html;charset=utf-8"%>
<jsp:useBean id="uploadTesting" class="filestreambean.UploadTesting"/>
<html>
<head><title>测试页面</title>
<%--页面停留 30 秒后转向 --%>
<meta http-equiv="refresh" content="30; url=timeOut.jsp">
</head>
<body>
<%
    if(session.getAttribute("title")==null||
    Integer.parseInt(((String) session.getAttribute("title")))==6) {
        session.setAttribute("title", "0");
    }
    int number=Integer.parseInt(((String) session.getAttribute("title"))); //当前题号
    //将下一道题目的题号存入 session 中
    session.setAttribute("title", String.valueOf(number + 1));
    String option[]=new String[6];
    //调用 JavaBean,获取文件中的题目
    option=uploadTesting.multipleChoice(number);
    String userAnswer="";
    String correctAnswer="";
    if(number> 0) {
        //读取用户对前一题的作答
        userAnswer=request.getParameter("userAnswer");
        //读取前一题的正确答案
        correctAnswer=request.getParameter("correctAnswer");
    }
%>
<br>
<% if(number < 5) {%> 题目:<%=option[0]%>
<br>请选择您的答案:(30 秒时间)
<form action=exercise.jsp method=post name=form>
<br><input type=radio name=userAnswer value=A>
A.<%=option[1]%><br><input type=radio name=userAnswer value=B>
B.<%=option[2]%><br><input type=radio name=userAnswer value=C>
C.<%=option[3]%><br><input type=radio name=userAnswer value=D>
D.<%=option[4]%><br><input type=submit name=submit value=提交答案>
<%-- 传递当前题的正确答案到下一题的页面 --%>
<input type="hidden" name="correctAnswer" value=<%=option[5]%>>
</form>
<br><% if(number> 0) {
        out.println("上一题您选择的是"+ userAnswer + ";正确答案是:"+correctAnswer);
    }
```

```
} else { //显示最后一题的用户作答和正确答案后返回
    out.println("答题结束<br>");
    out.println("最后一题您选择的是"+userAnswer+ ";正确答案是:"+correctAnswer);
    session.setAttribute("title", "6");
%>
<br><a href="testing.jsp">返回</a>
<%}%>
</body>
</html>
```

例程 9-4　timeOut.jsp

```
<%@ page contentType="text/html;charset=utf-8"%>
<html>
<head><title>出错页面</title></head>
<body>
对不起,时间到了!
</body>
</html>
```

9.2　Java Web应用中的文件上传与下载

微课
Java Web应用中的文件上传与下载

9.2.1　文件上传

在Web交互中,很多时候都需要与用户进行文件交流,例如,上传个人资料文件或下载等操作。一般用户通过一个JSP页面上传文件至服务器时,该JSP页面都会包含File的表单类型,且表单必须将enctype的属性设置为multipart/form-data。

表单使用multipart/form-data属性值时,用户提交的数据就不再是以参数的形式提交,浏览器会把所有参数封装,在一个输入流里面进行提交,如果处理程序想要获得提交的数据值可以通过request.getInputStream()来获得。同时,根据HTTP协议文件,表单提交的信息中前4行和后面的5行是表单本身的信息,中间部分才是用户提交的文件的内容。

下面这个例程中,用户通过uploadDemo.jsp上传文本文件text.txt。

例程 9-5　uploadDemo.jsp

```
<%@ page contentType="text/html;charset=utf-8"%>
<html>
<head><title>上传</title></head>
<body>
选择要上传的文件:<br>
<form action="uploadCheckDemo.jsp" method="post" ENCTYPE="multipart/form-data">
<input type="file" name="filename">
<input type="submit" value="提交">
</form>
</body>
</html>
```

处理程序由 uploadCheckDemo.jsp 完成，内置对象 request 调用方法 getInputStream()获得一个输入流 filein，用 FileOutputStream 类创建一个输出流 fileout。输入流 filein 读取用户上传的信息，输出流 fileout 将读取的信息写入文件 file.txt 中。文件 file.txt 的前 4 行以及倒数 5 行是表单域的内容，中间部分是上传文件 text.txt 的内容。

例程 9-6 uploadCheckDemo.jsp

```
<%@ page contentType="text/html;charset=utf-8"%>
<%@ page import="java.io.*"%>
<html>
<body>
<%
    try {
        InputStream filein=request.getInputStream();
        File f=new File("F:/", "file.txt");
        FileOutputStream fileout=new FileOutputStream(f);
        byte b[]=new byte[1000];
        int n;
        while((n=filein.read(b))!=-1) {
            fileout.write(b, 0, n);
        }
        fileout.close();
        filein.close();
    } catch(IOException e) {
    }
%>
</body>
</html>
```

运行效果如图 9-6 和图 9-7 所示。

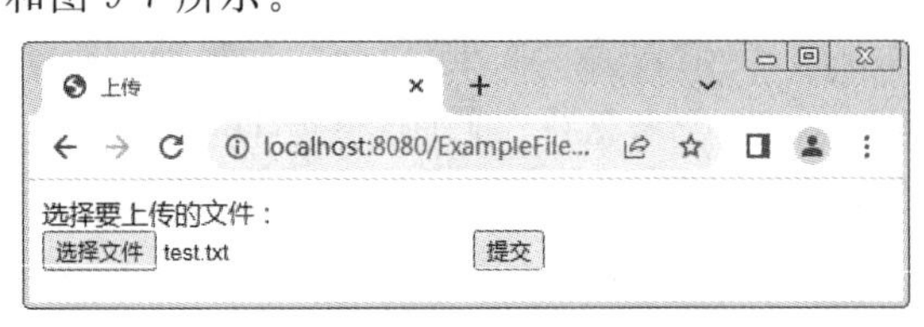

图 9-6 文件上传

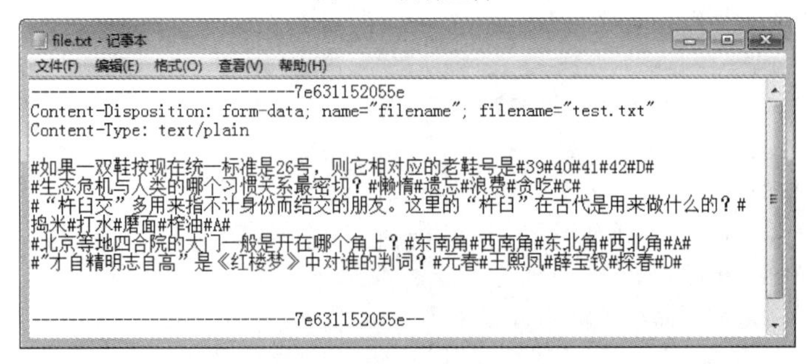

图 9-7 文件上传的结果

其实这样上传文件要获取真正有用的信息非常麻烦，需要将上传后的文件流的前 4 行以及倒数5行表单域的内容剔除掉，所以在开发时并没有人使用这种原始方法，而是利用第三方提供的组件来完成文件上传，它们已经实现截取功能，后面讲到的 jspSmartUpload 便是其中之一。当然还有 fileupload 等组件，有兴趣的读者可自行翻阅。

另外，提交表单里的其他控件值依旧可以使用 request. getParameter()获取。

9.2.2　文件下载

在 Java Web 应用中，用户也可以通过 response. getOutputStream()方法来从服务器上下载文件。当用户下载时，根据 HTTP 协议 response 对象会向用户浏览器发送报头信息，说明文件的 MIME 类型，这样，浏览器就会调用相应的外部程序打开下载文件。

在下面这个例程中，用户单击超级链接下载一个 Excel 文件。

例程 9-7　downloadDemo. jsp

```
<%@ page contentType="text/html;charset=utf-8"%>
<html>
<body>
<p>点击超链接进行<a href="downloadCheckDemo.jsp">下载</a>
</body>
</html>
```

例程 9-8　downloadCheckDemo. jsp

```
<%@ page contentType="text/html;charset=utf-8"%>
<%@ page import="java.io.*"%>
<html>
<body>
<%
    //获得响应用户的输出流
    OutputStream outfile=response.getOutputStream();
    //输出文件用的字节数组，每次发送 500 个字节到输出流
    byte b[]=new byte[500];
    //下载的文件
    File fileLoad=new File("f:/", "test.xls");
    //设置响应报头
    response.setHeader("Content-disposition", "attachment;filename="
    + "test.xls");
    //通知用户文件的 MIME 类型
    response.setContentType("application/vnd.ms-excel");
    //通知用户文件的长度
    long fileLength=fileLoad.length();
    String length=String.valueOf(fileLength);
    response.setHeader("Content_Length", length);
    //读取文件 test.xls，并发送给用户下载
    FileInputStream infile=new FileInputStream(fileLoad);
    int n=0;
    while((n=infile.read(b))!=-1) {
```

```
            outfile.write(b, 0, n);
        }
%>
</body>
</html>
```

运行效果如图 9-8 和图 9-9 所示。

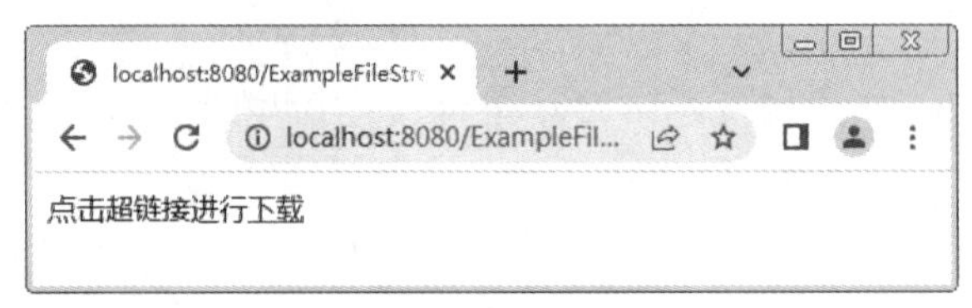

图 9-8 文件下载

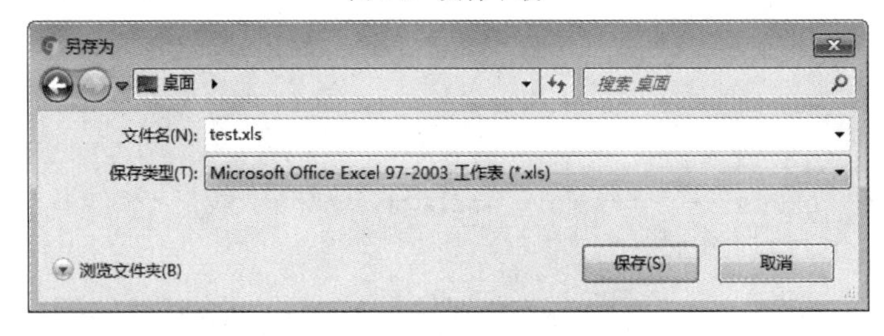

图 9-9 文件下载的结果

延伸阅读

如何使用 jspSmartUpload 进行上传下载

在 Servlet 2.5 中，我们要实现文件上传功能时，一般都需要借助第三方开源组件，例如 Apache 的 commons-fileupload 上传组件，commons-fileupload 上传组件的 jar 包可以在 Apache 官网上面下载，也可以在 struts 的 lib 文件夹下面找到，struts 上传的功能是基于这个实现的。commons-fileupload 是依赖于 common-io 包的，需要下载这个包。

Servlet 3.0 中提供了对文件上传的原生支持，我们不需要借助任何第三方上传组件，直接使用 Servlet 3.0 提供的 API 就能够实现文件上传功能。其上传页面关键代码如下：

例程 9-9 uploadDemo.html

```
<fieldset>
    <legend>
    上传多个文件
    </legend>
    <! --文件上传时必须设置表单的 enctype="multipart/form-data"-->
    <form action="${pageContext.request.contextPath}/UploadServlet"
        method="post" enctype="multipart/form-data">
        上传文件：
        <input type="file" name="file1">
        <br>
        上传文件：
        <input type="file" name="file2">
        <br>
```

```
        <input type="submit" value="上传">
    </form>
</fieldset>
```

开发处理文件上传的Servlet需要注意以下两点：

1. 使用注解@MultipartConfig将一个Servlet标识为支持文件上传。

2. Servlet 3.0将multipart/form-data的POST请求封装成Part，通过Part对上传的文件进行操作。

例程9-10 UploadServlet.java

```
package edu.sofeware.controller;
import java.io.File;
import java.io.IOException;
import java.io.PrintWriter;
import java.util.Collection;
import javax.servlet.ServletException;
import javax.servlet.annotation.MultipartConfig;
import javax.servlet.annotation.WebServlet;
import javax.servlet.http.HttpServlet;
import javax.servlet.http.HttpServletRequest;
import javax.servlet.http.HttpServletResponse;
import javax.servlet.http.Part;
//使用@WebServlet配置UploadServlet的访问路径
@WebServlet(name="UploadServlet",urlPatterns="/UploadServlet")
//使用注解@MultipartConfig将一个Servlet标识为支持文件上传
@MultipartConfig//标识Servlet支持文件上传
public class UploadServlet extends HttpServlet {
    public void doGet(HttpServletRequest request, HttpServletResponse response)
    throws ServletException, IOException {
        request.setCharacterEncoding("utf-8");
        response.setCharacterEncoding("utf-8");
        response.setContentType("text/html;charset=utf-8");
        //存储路径
        String savePath = request.getServletContext().getRealPath("/WEB-INF/uploadFile");
        //获取上传的文件集合
        Collection<Part> parts = request.getParts();
        //上传单个文件
        if (parts.size()==1) {
            //Servlet 3.0将multipart/form-data的POST请求封装成Part,通过Part对上传的文件
              进行操作
            //Part part = parts[0];//从上传的文件集合中获取Part对象
            Part part = request.getPart("file");//通过表单file控件(<input type="file" name=
                                        "file">)的名字直接获取Part对象
            //Servlet 3.0没有提供直接获取文件名的方法,需要从请求头中解析出来
            //获取请求头,请求头的格式:form-data; name="file";filename="snmp.zip"
```

```
            String header = part.getHeader("content-disposition");
            //获取文件名
            String fileName = getFileName(header);
            //把文件写到指定路径
            part.write(savePath+File.separator+fileName);
        }else {
            //一次性上传多个文件
            for (Part part : parts) {//循环处理上传的文件
                //获取请求头,请求头的格式:form-data; name="file";filename="snmp.zip"
                String header = part.getHeader("content-disposition");
                //获取文件名
                String fileName = getFileName(header);
                //把文件写到指定路径
                part.write(savePath+File.separator+fileName);
            }
        }
        PrintWriter out = response.getWriter();
        out.println("上传成功");
        out.flush();
        out.close();
    }
    /**
     * 根据请求头解析出文件名
     * 请求头的格式:火狐和 Google 浏览器下:form-data; name="file"; filename="snmp.zip"
     *  IE 浏览器下:form-data; name="file"; filename="E:\snmp.zip"
     *  @param header 请求头
     *  @return 文件名
     */
    public String getFileName(String header) {
        /**
         * String[] tempArr1 = header.split(";");代码执行完之后,在不同的浏览器下,tempArr1
         数组里面的内容稍有区别
         * 火狐或者 Google 浏览器下:tempArr1={form-data,name="file",filename="snmp.zip"}
         * IE 浏览器下:tempArr1={form-data,name="file",filename="E:\snmp.zip"}
         */
        String[] tempArr1 = header.split(";");
        /**
         * 火狐或者 Google 浏览器下:tempArr2={filename,"snmp.zip"}
         * IE 浏览器下:tempArr2={filename,"E:\snmp.zip"}
         */
        String[] tempArr2 = tempArr1[2].split("=");
        //获取文件名,兼容各种浏览器的写法
        String fileName = tempArr2[1].substring(tempArr2[1].lastIndexOf("\\")+1).replaceAll
                        ("\"", "");
```

```
        return fileName;
    }
    public void doPost(HttpServletRequest request, HttpServletResponse response)
    throws ServletException, IOException {
        this.doGet(request, response);
    }
}
```

在Java Web应用中,也可以使用第三方的组件来完成上传及下载功能。这里选取其中之一jspsmartupload组件讲解,这是一个免费使用的多功能文件上传下载组件,可以从网上下载直接使用。将下载的文件复制到JSP网页目录下的"\WEB-INF\lib\"目录中,这样在JSP、JavaBean中就可以使用这个组件了。在下面这个例程中使用jspsmartupload实现文件的上传功能。

例程 9-11 smartuploadDemo.html

```
<html>
<head><title>文件上传</title></head>
<body>
<p>上传文件选择:</p>
<form method="post" action="upload.jsp" ENCTYPE="multipart/form-data">
<input type="hidden" name="name" value="test">
<br>1、<input type="file" name="file1" size="30">
<br>2、<input type="file" name="file2" size="30">
<br><input type="submit" name="submit" value="上传">
<br>
</form>
</body>
</html>
```

例程 9-12 upload.jsp

```
<%@ page contentType="text/html; charset=utf-8"%>
<%@ page import="com.jspsmart.upload.*"%>
<html>
<head><title>文件上传页面</title></head>
<body>
<%
    //新建 SmartUpload 对象
    SmartUpload su=new SmartUpload();
    //SmartUpload 对象初始化
    su.initialize(pageContext);
    //上传文件
    su.upload();
    //允许上传的文件类型
    su.setAllowedFilesList("txt,doc,jpge,gif");
    //禁止上传的文件类型
```

```
    su.setDeniedFilesList("jsp,html,exe,bat");
    //将上传文件全部保存到指定目录
    int count=su.save("/load/");
    out.println(count + "个文件上传成功！<br>");
    //利用 Request 对象获取参数值
    out.println("name=" + su.getRequest().getParameter("name")+ "<br>");
    //逐一提取上传文件信息，同时可保存文件。
    for(int i=0; i < su.getFiles().getCount(); i++) {
        com.jspsmart.upload.File file=su.getFiles().getFile(i);
        //若文件不存在则继续
        if(file.isMissing())
            continue;
        //显示当前文件信息
        out.println("<table border=1>");
        out.println("<tr><td>表单项名(fieldname)</td><td>"
        + file.getFieldName() + "</td></tr>");
        out.println("<tr><td>文件长度(size)</td><td>" + file.getSize()
        + "</td></tr>");
        out.println("<tr><td>文件名(filename)</td><td>"
        + file.getFileName() + "</td></tr>");
        out.println("<tr><td>文件扩展名(filetext)</td><td>"
        + file.getFileExt() + "</td></tr>");
        out.println("<tr><td>文件全名(filepathname)</td><td>"
        + file.getFilePathName() + "</td></tr>");
        out.println("</table><br>");
    }
%>
</body>
</html>
```

运行效果如图 9-10 和图 9-11 所示。

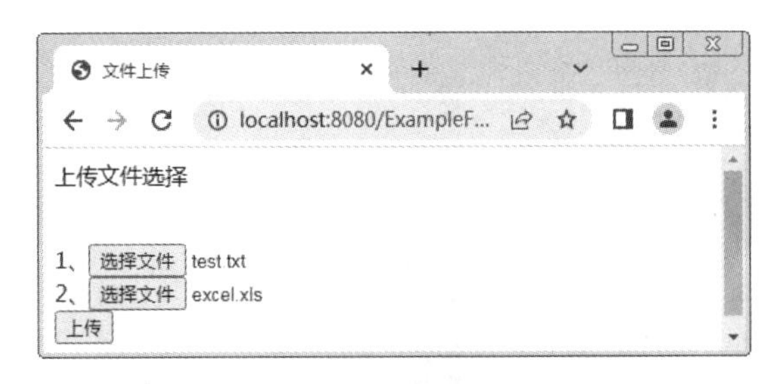

图 9-10 利用 jspsmartupload 上传

与此同时，jspsmartupload 还提供了其他一些上传限制的设定，例如 setMaxFileSize()限制每个上传文件的最大长度；setTotalMaxFileSize()限制上传数据的总长度。读者有兴趣可以尝试一下。

下面这个例程通过 jspsmartupload 实现从服务器端指定目录下载文件的功能。

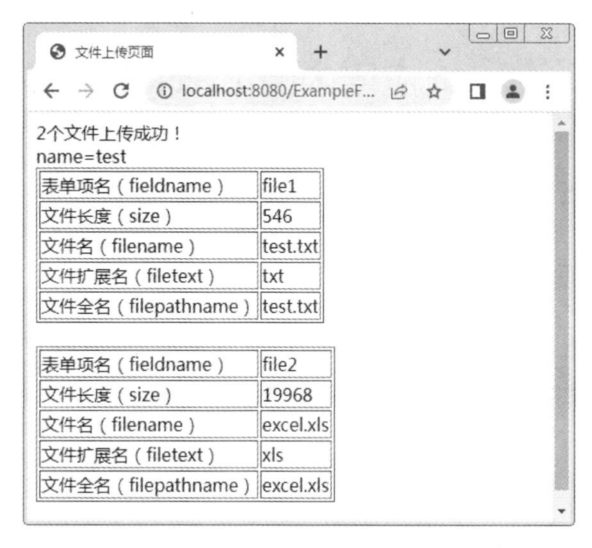

图 9-11 文件上传的结果

例程 9-13 smartdownloadDemo. html

```
<html>
<head><title>下载</title></head>
<body>
<a href="download.jsp">图片下载</a>
</body>
</html>
```

例程 9-14 download. jsp

```
<%@ page contentType="text/html;charset=utf-8"
import="com.jspsmart.upload.*"%>
<%
    //新建 SmartUpload 对象
    SmartUpload su=new SmartUpload();
    //SmartUpload 对象初始化
    su.initialize(pageContext);
    //设定 contentDisposition 为 null 以禁止浏览器自动打开文件
    su.setContentDisposition(null);
    //文件下载
    su.downloadFile("/load/leslie.jpg");
%>
```

运行效果如图 9-12 所示。

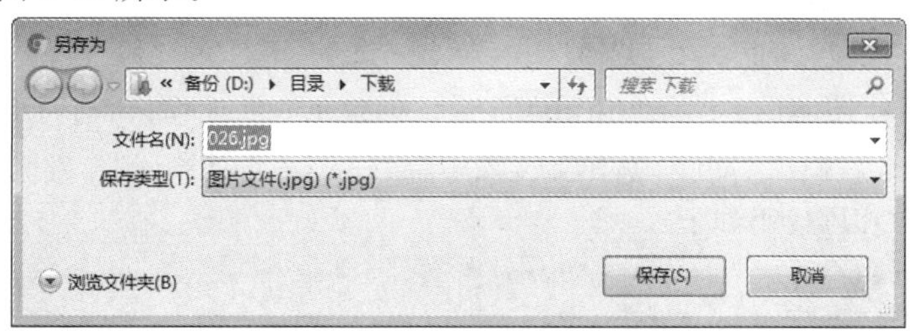

图 9-12 利用 jspsmartupload 下载

9.3 Java Web应用中的Excel文件读取操作

9.3.1 什么是JXL?

在商业系统开发中,数据采集是整个系统的应用数据支撑,系统希望总可以全方位地采集外部数据,希望提供报表或电子文档批量导入的方式进行数据的统一分类录入。而Excel在企业中是一种非常通用的电子文档格式,统计、打印和管理也比较方便。于是,怎样才能在一个Java Web应用中将一部分数据生成Excel格式,与其他系统无缝连接也就提上了日程。这也是商业系统开发中数据批量采集的重要途径。

Java Excel API是一开放源码项目,Java开发人员通过使用它可以读取Excel文件的内容、创建新的Excel文件、更新已经存在的Excel文件。而且使用该API非Windows操作系统也可以通过纯Java应用来处理Excel数据表。所以在Java Web应用中经常通过JSP、Servlet来调用此API来实现对Excel数据表的访问。

9.3.2 Excel文件的读取

Java Excel API能够通过输入流从本地文件系统的一个文件(.xls)读取Excel电子表格。在商业系统开发中,通常需要对Excel文件做如图9-13所示的应用操作。

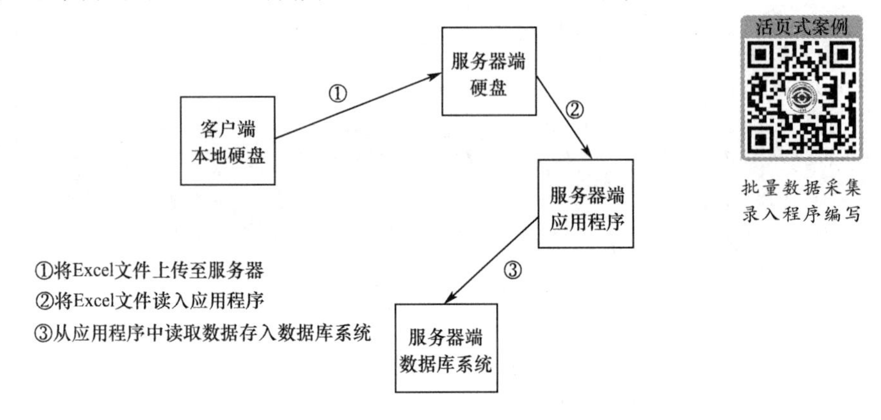

图9-13 Java Web应用中的Excel文件操作

①③两步分别使用了文件上传及数据库操作,这里不再过多讲解。而在读取Excel电子文档时,首先需下载sun公司提供的一个组件包jxl,并将jxl包存放在WEB-INF的classes文件夹下面(如果下载到的是.jar文件,只需存放在lib文件夹中)。同时将jxl包中的common文件夹也放在WEB-INF文件夹中。

读取Excel电子文档通常有以下步骤:使用Excel文件的File对象类型创建输入流InputStream,然后使用jxl包中的Workbook对象创建Excel工作簿,通过Sheet对象从工作簿中获取工作表,最后使用Cell对象在工作表中得到某个单元格。

实现此功能的片段代码如下:

```
<%@ page contentType="text/html; charset=utf-8"%>
<%@ page import="java.io.*,jxl.*"%>
<%
```

```
    String path="c:\\excel.xls"; //Excel 文件 URL
    InputStream is=new FileInputStream(new File(path)); //写入文件输入流
    jxl.Workbook wb=Workbook.getWorkbook(is); //得到工作簿
    jxl.Sheet st=wb.getSheet(0); //得到工作簿中的第一个工作表
    Cell cell=st.getCell(0,0); //得到工作表的第一个单元格,即 A1
    String content=cell.getContents(); //将 Cell 中的字符转为字符串
    wb.close(); //关闭工作簿
    is.close(); //关闭输入流
%>
```

如果需将 Excel 电子文档工作簿中所有数据批量导入时，还可以通过 Sheet 接口中的 getRows()和 getColumns()方法得到行列数，并使用循环控制输出一个 Sheet 中的所有内容。

9.3.3 Excel 文件的写入

其实，在使用 jxl 生成电子文档时，其主要过程与读取 Excel 文档类似，也分为以下几步：首先使用 OutputStream os=new FileOutputStream("c:\\excel2.xls")语句新建一个 Excel 文件，然后通过 jxl.write.WritableWorkbook wwb = Workbook.createWorkbook(new File(os))语句创建 Excel 文件的工作簿，最后向 Excel 文件中写入数据。

实现此功能的片段代码如下：

```
<%@ page contentType="text/html; charset=utf-8"%>
<%@ page import="java.io.*,jxl.*,jxl.write.*"%>
<%
    OutputStream os=new FileOutputStream("c:\\test.xls"); //形成输出流
    WritableWorkbook wwb=Workbook.createWorkbook(os); //创建可写工作簿
    WritableSheet ws=wwb.createSheet("Sheet1", 0); //创建可写工作表
    Label labelCF=new Label(0, 0, "hello"); //创建写入位置和内容
    ws.addCell(labelCF); //将 Label 写入 Sheet 中
%>
```

此外，Java Excel API 也提供了一些工厂方法，用于设定写入 Excel 电子文档中的数据的样式、类型及单元格样式。例如：添加的字体样式 jxl.write.WritableFont wf=new jxl.write.WritableFont(WritableFont.TIMES, 18, WritableFont.BOLD, true)；添加 Boolean 对象 jxl.write.Boolean labelB=new jxl.write.Boolean(0, 2, false)等。具体可参见 Java Excel API。

另外，在 Java 中操作 Excel 有两种比较主流的工具包:JXL 和 POI。JXL 只能操作 Excel 95、97、2000，也即以.xls 为后缀的 Excel；而 POI 可以操作 Excel 95 及以后的版本，可操作后缀为.xls 和.xlsx 两种格式的 Excel。

POI 全称为 Poor Obfuscation Implementation，利用 POI 接口可以通过 Java 操作 Microsoft Office 套件工具的读写功能。官网：http://poi.apache.org，POI 支持 Office 的所有版本。

9.3.4 一个读取 Excel 文件的应用程序体验

本例程将 E 盘上的 excel.xls 文件读入 JSP 程序，并以表格的形式呈现出来。

例程 9-15 test.jsp

```
<%@ page contentType="text/html; charset=utf-8"%>
<%@ page import="jxl.*"%>
<%@ page import="java.io.*"%>
<%
    try {
        String path="e:/excel.xls";
        InputStream is=new FileInputStream(new File(path));
        Workbook wb=Workbook.getWorkbook(is);
        Sheet sheet=wb.getSheet(0);
        String a[][]=new String[6][6];
        Cell cell=null;
        int rowCount=sheet.getRows();
        int columnCount=sheet.getColumns();
        out.print("<table border>");
        for(int i=0; i < rowCount; i++) {
            cell=sheet.getCell(0, i);
            String one=cell.getContents();
            cell=sheet.getCell(1, i);
            String two=cell.getContents();
            cell=sheet.getCell(2, i);
            String three=cell.getContents();
            out.print("<tr><td width=200>");
            out.print(one);
            out.print("</td>");
            out.print("<td width=100>");
            out.print(two);
            out.print("</td><td width=100>");
            out.print(three);
            out.print("</td></tr>");
        }
        out.print("</table>");
        wb.close();
        is.close();
    } catch(Exception e) {
        out.print(e);
    }
%>
```

运行效果如图 9-14 所示。

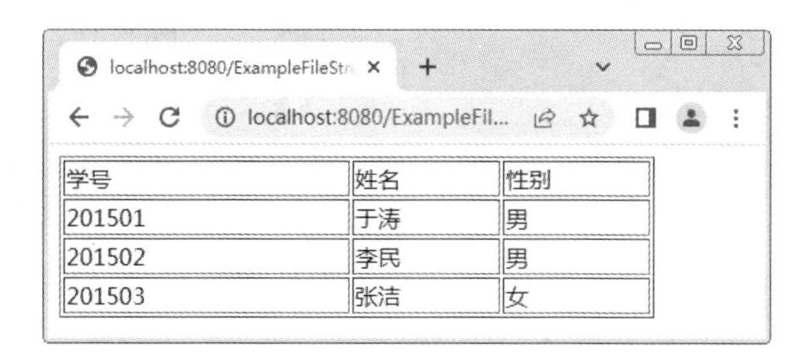

图9-14　读取Excel文件

9.4　Java Web应用中的动态生成图像

9.4.1　动态生成图像的技术设计思路

在商业系统开发中，除去在页面里以“img”等方式返回一幅静态图像外，有时候还需要在JSP页面中返回一幅动态生成的图像，例如验证码的实现、图片缩放等。当一个Web页面带有image/jpeg的MIME类型被发送时，浏览器将该返回结果显示为图像。

一般情况下，动态生成图像首先需要创建一个BufferedImage对象。

```
BufferedImage image=new BufferedImage(width,height, BufferedImage.TYPE_INT_RGB);
```

创建BufferedImage对象后，需要获得图像环境对象Graphics或Graphics2D进行绘制。

```
Graphics g=image.getGraphics();
Graphics2d g2d=image.createGraphics();
```

获得图像环境对象后就可以根据应用需要绘制图像内容了。

```
g.setFont(new Font("Times New Roman",Font.PLAIN,18));
g.setColor(getRandColor(160,200));
```

最后释放掉图像环境，并将所完成的BufferedImage对象使用ImageIO()类中的函数发送至页面。

```
g.dispose();
ImageIO.write(image,"JPEG",response.getOutputStream());
```

例程image.java的功能是随机产生一幅验证码的图像，并发送回浏览器，其本质就是在JSP中产生动态图像的程序。

验证码是指将一系列随机产生的数字或特殊符号叠加到一幅图像里，同时在图像里加上一些干扰信息，用于防止恶意用户利用机器人程序自动注册、登录、灌水，以达到防止无限申请帐号从而破坏服务器或暴力破解密码的目的。验证码测试程序包含的相关文件及功能见表9-2。

表9-2　验证码测试程序包含的相关文件及功能

文件名	功能描述
image.jsp	页面，将验证码输出到客户端
login.jsp	页面，注册页面，且显示验证码
handlingLogin.jsp	页面，注册处理页面，且核对验证码
image.java	JavaBean组件，产生四位数的随机验证码

例程 9-16 image. java

```
package filestreambean;
import java.awt.*;
import java.awt.image.*;
import java.io.*;
import java.util.*;
public class image {
    private String sRand="";
    //获取随机颜色
    public Color getRandColor(int fc, int bc) {
        Random random=new Random();
        if(fc> 255)
            fc=255;
        if(bc> 255)
            bc=255;
        int r=fc + random.nextInt(bc - fc);
        int g=fc + random.nextInt(bc - fc);
        int b=fc + random.nextInt(bc - fc);
        return new Color(r, g, b);
    }
    //生成验证码
    public BufferedImage getImage() throws IOException {
        int width=60, height=20;
        BufferedImage image=new BufferedImage(width, height, BufferedImage.TYPE_INT_RGB);
        Graphics g=image.getGraphics();
        Random random=new Random();
        g.setColor(getRandColor(200, 250));
        g.fillRect(0, 0, width, height);
        g.setFont(new Font("Times New Roman", Font.PLAIN, 18));
        g.setColor(getRandColor(160, 200));
        //定义 155 条随机干扰线
        for(int i=0; i < 155; i++) {
            int x=random.nextInt(width);
            int y=random.nextInt(height);
            int xl=random.nextInt(12);
            int yl=random.nextInt(12);
            g.drawLine(x, y, x + xl, y + yl);
        }
        //定义 4 位随机数
        for(int i=0; i < 4; i++) {
            String rand=String.valueOf(random.nextInt(10));
            sRand +=rand;
            g.setColor(new Color(20 + random.nextInt(110), 20 + random.nextInt(110),
            20 + random.nextInt(110)));
```

```
            g.drawString(rand, 13 * i + 6, 16);
        }
        g.dispose();
        return image;
    }
    //获取四位随机数
    public String getRand() {
        return sRand;
    }
}
```

例程 9-17　image.jsp

```
<%@ page contentType="image/jpeg"%>
<%@ page import="javax.imageio.*,java.awt.image.*"%>
<jsp:useBean id="img" class="filestreambean.Image"></jsp:useBean>
<%
    BufferedImage image=img.getImage();
    session.setAttribute("rand", img.getRand());
    ImageIO.write(image, "JPEG", response.getOutputStream());
    response.getOutputStream().close();
%>
```

例程 9-18　login.jsp

```
<%@ page language="java" contentType="text/html;charset=utf-8"%>
<html>
<head><title>注册</title></head>
<body>
武软读书频道
<br><hr noshade="noshade"/><br>
<font color="red">对不起,您还没注册! 请免费申请一个帐户吧:)</font><br>
<form method="post" action="HandlingLogin.jsp">
姓名:<input type="text" name="name">
密码:<input type="password" name="pwd"><br><br>
性别:
<input Type="Radio" Name="sex" Value="male" Checked>男
<input Type="Radio" Name="sex" Value="female">女<br><br>
户口所在城市:
<select name="City">
<option value="BeiJing">北京市</option>
<option value="ShangHai">上海市</option>
<option value="TianJin">天津市</option>
<option value="ChongQin">重庆市</option>
</select>
<p>如何找到本网站的:</p>
<input type="checkbox" name="Web" value="channelOne">通过同学介绍<br>
<input type="checkbox" name="Web" value="channelTwo">通过网上搜索<br>
```

```
<input type="checkbox" name="Web" value="channelThree">通过浏览杂志<br>
<p>个性宣言:</p>
<p><textarea name="message" rows="4" cols="60"></textarea></p>
输入认证码:
<input type=text name=rand value="">
<img border=0 src="image.jsp">
<input type="submit" name="submit" value="确定">
<input type="submit" name="submit" value="重置">
</form>
</body>
</html>
```

例程 9-19 handlingLogin.jsp

```
<%@ page language="java" contentType="text/html;charset=utf-8"%>
<html>
<head><title>My JSP 'login.jsp' starting page</title></head>
<body>
武软读书频道
<br><hr noshade="noshade"/>
<%
    String rand=(String)session.getAttribute("rand");
    String input=request.getParameter("rand");
    if(! rand.equals(input)) {response.sendRedirect("Login.jsp");}
    else{out.print("输入验证码正确");}
%>
</body>
</html>
```

运行效果如图 9-15 所示。

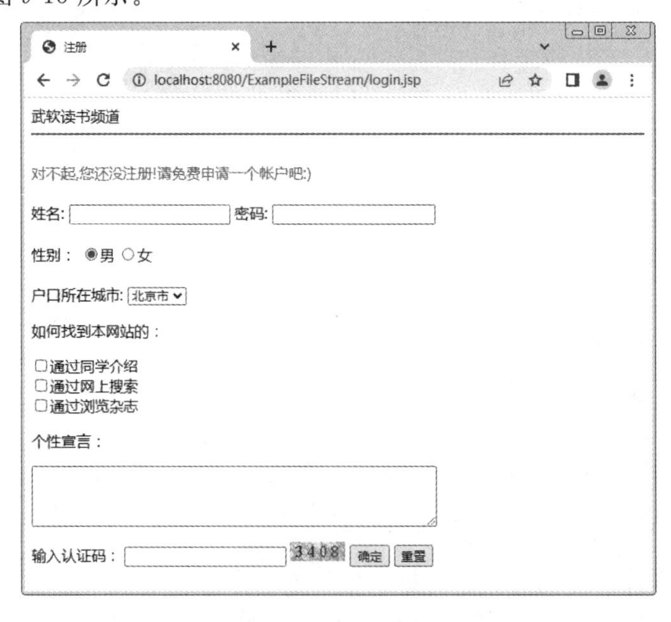

图 9-15 验证码实现

注意：随机码的生成、Image类的使用、session类的使用。

目前上面这种通过图像绘制形成验证码的技术被广泛应用。图像往往由随机大小写英文字母、随机数字、随机位置、随机长度等组成，较难破解。

延伸阅读

基于数据库的文件下载系统

在Java Web应用中对文件进行操作保存通常会使用到数据库。一般来说，上传到服务器中的文件信息有两种保存方案：

1. 文件路径保存在数据库中，具体文件保存在服务器特定的文件夹中。这种方式文件上传和程序设计都很方便，容易被开发人员掌握，但缺陷是数据备份比较麻烦，不仅需要做文件系统备份，又要做数据库备份，而且两者要同时做，并保持版本一致。

2. 文件路径和具体文件都保存在数据库中，且对应数据库中的两个不同字段。这种方式只需要做数据库备份即可，但在程序设计方法和逻辑上具有一定难度，涉及对数据库进行文件读写。

这两种方法在实际项目中都十分常用，读者可以根据项目需要恰当选用。考虑到本书篇幅，这里不再对这种系统的设计和实现进一步讨论，在“实战演练”中有相关练习，有兴趣的读者可以尝试一下。

典型模块应用

典型模块应用

采用ServletContext读取文件

案例9-1　采用ServletContext读取文件。

- servletContextDemo.jsp

```
<%@ page contentType="text/html;charset=utf-8"%>
<%@ page import="java.io.*"%>
<html>
<head><title>servletContext 案例</title></head>
<body>
<%
    try {
        //通过 ServletContext 来读取文件
        InputStream in=getServletContext().getResourceAsStream("/test.txt");
        //将文件中数据读取到缓冲区
        BufferedReader buffer=new BufferedReader(
        new InputStreamReader(new BufferedInputStream(in)));
        //按行读取数据
        String sf="";
        String str="";
        while((str=buffer.readLine())!=null) {
            sf +=str;
        }
        out.println(sf);
        buffer.close();
```

```
            in.close();
        } catch(IOException e) {
            e.printStackTrace();
        }
%>
</body>
</html>
```

典型模块应用

读取Web网站注册条款

案例9-2 读取注册条款。

- index.jsp

```
<%@ page contentType="text/html;charset=utf-8"%>
<%@ page import="java.io.FileReader"%>
<%@ page import="java.io.File"%>
<%! File file;
    FileReader reader;
    char[] buf;
%>
<%
    file=new File(getServletContext().getRealPath("agreement.txt"));
    buf=new char[(int)file.length()];
    reader=new FileReader(file);
    reader.read(buf);
%>
<html>
<head><title>从文本文件中读取注册服务条款</title></head>
<body>
<center>请仔细阅读并接受“会员服务条款”。<br>
单击“我接受”继续。<br><br>
<table width="100%" border="0" cellspacing="0" cellpadding="0">
<form name="form" method="post" action="">
<table width="88%" height="100" border="0" cellpadding="0" cellspacing="0">
<tr><td align="center">会员服务条款</td></tr>
<tr><td height="27" align="center">
<textarea name="artcle" cols="75" rows="14"
class="textarea"><%=String.valueOf(buf)%>
</textarea></td></tr>
<tr><td height="27" align="center">
<input name="Submit" type="button" value="我接受"> 
<input name="Submit2" type="button" value="我不接受" onClick="window.close();">
</td></tr>
</table>
</form>
</body>
</html>
```

案例 9-3　实现图片的缩放功能。

典型模块应用

实现 Web 页面图片的缩放功能

- imageScaled.java(缩放功能类)

```
package filestreambean;
import java.awt.Color;
import java.awt.Image;
import java.awt.image.BufferedImage;
import java.awt.Graphics2D;
public class ImageScaled {
    public static BufferedImage zoom(Image srcImage, int outputWidth,
    int outputHeight) {
        BufferedImage buffImg = new BufferedImage(outputWidth, outputHeight, BufferedImage.
        TYPE_INT_RGB);
        Graphics2D g=buffImg.createGraphics();
        g.setColor(Color.WHITE);
        g.fillRect(0, 0, outputWidth, outputHeight);
        //按指定大小重绘图像
        g.drawImage(srcImage, 0, 0, outputWidth, outputHeight, null);
        g.dispose();
        return buffImg;
    }
}
```

- SavePic.java

```
package filestreambean;
import java.sql.*;
import java.io.*;
import java.awt.Image;
import java.awt.image.BufferedImage;
import javax.imageio.ImageIO;
import javax.swing.ImageIcon;
public class SavePic {
    //数据库连接对象
    private ResultSet rs=null;
    private Connection con=null;
    private Statement sql=null;
    private PreparedStatement ps=null;
    //数据库连接的配置参数
    private String driver="com.mysql.jdbc.Driver";
    private String url="jdbc:mysql://localhost:3306/seven";
    private String user="root";
    private String password="1234";
    public SavePic()
    {
```

```
        try
        {
            Class.forName(driver);
        }
        catch(ClassNotFoundException ae)
        {
            System.err.println(ae.getMessage());
        }
        try
        {
            con=DriverManager.getConnection(url,user,password);
        }
        catch(SQLException ve)
        {
            System.err.println(ve.getMessage());
        }
    }
    public BufferedImage readPic()
    {
        BufferedImage bid=null;
        try
        {
            /** 将原图片写入数据库 */
            File f=new File("C:/Test/a.jpg");//输入流(这里采用了硬编码,具体项目中往往是读
                                                入图片存储地址)
            FileInputStream fis=new FileInputStream(f);
            String sql="insert into table1(name, image) values('leslie',?)";
            ps=con.prepareStatement(sql);
            ps.setBinaryStream(1, fis,(int)f.length());
            ps.executeUpdate();
            /** 将原图片形成缩略图 */
            File fo=new File("C:/Test/c.jpg");//缩略图
            ImageIcon imageIcon=new ImageIcon("C:/Test/a.jpg"); //原图
            Image image=imageIcon.getImage(); //使用原图文件名创建 Image 对象
            bid=ImageScaled.zoom(image, 150, 195);//按指定大小缩略(另有一种按比例)
            ImageIO.write(bid, "jpeg", fo);
            fis.close();
            ps.close();
            con.close();
        }
        catch(Exception e)
        {
            System.out.println(e.getMessage());
        }
```

```
        return bid;
    }
}
```

• imageScale. jsp

```
<%@ page contentType="image/jpeg"%>
<%@ page import="filestreambean. * "%>
<%@ page import="java. awt. image. * "%>
<%@ page import="javax. imageio. * "%>
<html>
<head><title>picture</title></head>
<body>
<%
    SavePic savePic=new SavePic();
    BufferedImage image=savePic. readPic();
    ImageIO. write(image, "JPEG", response. getOutputStream());
%>
</body>
</html>
```

案例 9-4 在网页中抓取代码。

• GetCode. java

```
package filestreambean;
import java. io. * ;
import java. net. * ;
public class getCode {
    String sCurrentLine="";
    String sTotalString="";
    InputStream urlStream;
    public String getcode() throws IOException {
        //指定 URL 并建立连接
        URL url=new URL("http://www. baidu. com/");
        HttpURLConnection connection=(HttpURLConnection) url. openConnection();
        connection. connect();
        urlStream=connection. getInputStream();
        //读出网页代码并保存在变量中
        BufferedReader reader=new BufferedReader(new InputStreamReader(urlStream));
        while((sCurrentLine=reader. readLine())!=null) {
            sTotalString +=sCurrentLine;
        }
        //返回所抓取的网页代码组成的字符串
        return sTotalString;
    }
}
```

情境案例提示

本书中的项目案例——生产性企业招聘管理系统的登录模块中并没有用到本任务的知识，但有一个求职者填写应聘信息的页面。在此页面中求职者除了要填写自己的一些基本信息外，很重要的一个步骤就是上传自己的照片。此功能是由 zpgl\upload.jsp 文件进行实现的。在这里对这个页面进行相关的介绍。

在 upload.jsp 中是通过 Java 常用的上传/下载组件 SmartUpload 实现照片上传的。在页面程序中，随机产生长度为 8 的字符串作为上传照片名，存储到/zpgl/upload/目录中。具体的过程见下面的代码注释。

```
<%@ page import="java.util.*,com.esoft.util.*"contentType="text/html; charset=utf-8"%>
<jsp:useBean id="smart" scope="page" class="org.lxh.smart.SmartUpload"/>
<html>
<head></head>
<body>
<%
    smart.initialize(pageContext);
    smart.upload();
    String ext=smart.getFiles().getFile(0).getFileExt();
%>
<%
    //随机产生长度为 8 的字符串作为上传照片名
    String name=RandomString.randomString(8);
    String name1=name + "." + ext;
%>
<%
    //存储到/zpgl/upload/目录中
    smart.getFiles().getFile(0).saveAs("/zpgl/upload/" + name1);
    request.setAttribute("photo", name1);
%>
<%
    request.setAttribute("message", "恭喜，上传成功！");
    //页面跳转
    request.getRequestDispatcher(
    "ApplierServlet? status=checkappliername").forward(request,response);
%>
</body>
</html>
```

任务小结

本任务详细讨论了文件系统操作技术在 Java Web 应用中的使用方法，包括使用字节流及字符流读取文件、文件的上传与下载、jspSmartUpload 插件的使用、Excel 文件读取操作及动态图像生成技术。在本任务"典型模块应用"中给出了在网页中抓取代码、读取注册条款、缩放图片大小等案例。文件系统的这种灵活性应用在 Java Web 开发中有着极为重要的意义。

本任务主要学习外部文件与 Java Web 代码之间的数据传输与交互、处理过程，这里需要读者站在整体架构的角度看待不同的模块是如何协同工作的，需要更加细致耐心地处理每个接口代码，从而达到运行效果。

实战演练

[实战 9-1]尝试使用 JavaBean 组件修改"例程 9-6 uploadCheckDemo. jsp""例程 9-8 downloadCheckDemo. jsp""例程 9-12 upload. jsp""例程 9-14 download. jsp"和"例程 9-14 test. jsp"，使其成为一个完整独立的功能模块，以便其他系统使用。

[实战 9-2] 制作一个小案例，能添加学生基本信息至数据库，并能查看每个学生的详细信息（包括照片）。分别采用两种方式保存照片：一种方式将图片保存在数据库中；另一种方式将图片上传到指定文件夹，在数据库中存放地址。数据库表结构见表 9-3、表 9-4。

表 9-3　student_class 表

班级	人数	辅导员	备注	毕业时间
BJ	RS	FDY	BZ	BYSJ

表 9-4　student 表

学号	姓名	班级	性别	出生日期	籍贯	专业方向	入学时间	照片
XH	XM	BJ	XB	CSRQ	JG	ZYFX	RXSJ	ZP

[实战 9-3] 尝试使用 JavaBean 制作一个日志记录组件，记录 Java Web 应用系统的方法执行情况及异常处理出错情况。例如 2021 年 9 月 12 日 8 点 38 分 21 秒，LoginServlet 类，doGet 方法被调用；2021 年 9 月 13 日 7 点 21 分 30 秒，LoginServlet 类，doGet 方法产生异常被捕获。

[实战 9-4] 尝试修改"例程 9-14 test. jsp"，使其将 excel. xls 中导入的数据存入数据库对应的表中。数据库表结构见表 9-5。

表 9-5　student 表

学号	姓名	班级	性别	出生日期	籍贯	专业方向	入学时间
XH	XM	BJ	XB	CSRQ	JG	ZYFX	RXSJ

知识拓展

影片在线观赏与 MP3 在线播放

在 Java Web 应用中，如何实现在线影片欣赏的功能呢？其实影片是利用用户自己在客户端所安装的播放器播放的。网络中播放的电影有些是 RMVB 格式的，所以在客户端首先得安装支持 RMVB 格式的播放器。然后利用 request 对象的 getRequestURL()方法获取请求页面的 URL 地址，利用 response 对象的 sendRedirect()方法重定向到要播放影片的 URL 地址，最终实现在线影片欣赏的功能。

实现例程如下所示：

- film.jsp

```
<%@ page contentType="text/html; charset=utf-8"%>
<html>
<head><title>在线影片欣赏</title></head>
<body>
<table width="600" height="50" border="1" align="center"
cellpadding="0" cellspacing="0" bordercolor="#FFFFFF"
bordercolordark="#FFFFFF" bordercolorlight="#297878">
<tr>
<td width="286" align="center" bgcolor="#D6F1F1">影片名称</td>
<td width="50" align="center" bgcolor="#D6F1F1">格式</td>
<td width="146" align="center" bgcolor="#D6F1F1">主演</td>
<td width="56" align="center" bgcolor="#D6F1F1">播放</td>
</tr>
<tr>
<td style="padding-left:10pt;"> 觉醒年代</td>
<td align="center"> rm</td>
<td style="padding-left:10pt;"> 于和伟、候京健</td>
<td align="center"><a href="film_deal.jsp?id=1">播放</a></td>
</tr>
</table>
</body>
</html>
```

- film_deal.jsp

```
<%@ page contentType="text/html; charset=utf-8"%>
<html>
<head><title>在线影片欣赏</title></head>
<body>
<%
    String filePath=request.getRequestURL().toString(); //获取请求页面的 URL 地址
    String id=request.getParameter("id");
    String url=filePath.substring(0, filePath.lastIndexOf("/") + 1)
    + "film/" + id + ".rmvb";//获取要播放电影的 URL 地址
    response.sendRedirect(url); //播放电影
%>
</body>
</html>
```

在 Java Web 应用中，如何实现在线 MP3 播放功能呢？其实现原理是用户将其选择的音乐选单提交到服务器，在服务器中生成.m3u 文件，并将该文件通过 HTTP 协议下载到客户端，客户端则调用相应的播放器执行该文件实现在线播放 MP3 歌曲列表的功能。支持.m3u 的文件播放器有很多，这里不再一一详述。

知识产权保护

习近平总书记强调，创新是引领发展的第一动力，保护知识产权就是保护创新。知识产权保护工作关系国家治理体系和治理能力现代化，关系高质量发展，关系人民生活幸福，关系国家对外开放大局，关系国家安全。加强版权保护、促进版权事业高质量发展，对于实施知识产权强国战略，加快建设科技强国、文化强国、版权强国，具有十分重要的意义。

在全球信息化、数字化、智能化进程中，互联网成为版权保护主战场，版权保护新技术重要性日益凸显。数字经济飞速发展，正在成为重组全球要素资源、重塑全球经济结构、改变全球竞争格局的关键力量。我国数字内容产业蓬勃发展，区块链、大数据、人工智能等在版权保护中的应用日趋广泛。随着人工智能技术的发展，涉及文学艺术、新闻资讯、互动娱乐等领域的人工智能生成物不断涌现。人工智能生成物已超出现著作权法所考虑和规制的范围，这既是版权保护领域出现的“新客体”，也是版权保护需要解决的“新课题”。

近年来，中国对著作权法体系进行了全面修订，完善了著作权的法律内容，增加了作者、表演者、录音录像制作者的信息网络传播权，从立法层面上解决了网络著作权的保护问题。对于我们个人而言，也要重视版权，树立版权意识，共同营造良好的文化环境。

数字经济下的
知识产权保护问题

任务10 EL与JSTL应用

能力目标

1. 掌握 EL 表达式运算符、EL 隐含对象、JSTL 核心标签的使用方法。
2. 理解 JSTL 的 XML 标签、JSTL 的格式化标签和 JSTL 的函数标签的应用。
3. 了解 EL 表达式特点,JSTL 国际化标签的使用及在 EL 中如何定义使用函数。

素质目标

1. 培养用发展的观点来看待新技术出现与应用的能力。
2. 提升学习新技术的能力。

10.1 表达式语言(EL)

JSP 表达式语言(EL)

10.1.1 表达式语言简介

EL(Expression Language)是表达式语言的英文缩写,结合了 ECMAScript 和 XPath 表达式语言的特点,使页面设计者无须掌握复杂的编程语言就可以方便地访问和使用 Web 应用数据。EL 最初是在 JSTL 1.0 中(基于 JSP 1.2)定义的,随着其逐渐被广泛使用,EL 成为 JSP 规范的一部分,而不仅仅只作为 JSTL 的属性。

EL 是为了满足 Web 应用中显示层的开发而设计的语言,其特点有:

- 简单的语法。
- 提供变量和嵌套属性。
- 提供算术运算符、关系运算符、逻辑运算符、Empty 运算符和条件运算符等。
- 自定义函数。
- 提供一系列隐含对象。
- 提供类型转换和缺省值处理机制,尽可能少地将错误暴露给最终用户。

在 JSP 页面中可以直接使用 EL 语句,JSP 容器在编译时会对 EL 语句进行处理,但如果 Web 应用使用版本低于 Servlet 2.3 的 web.xml 文件进行配置,默认情况下 JSP 容器会对 EL 语句进行忽略。此时需要在 web.xml 文件中加入如下片段:

```
<jsp-property-group>
<url-pattern>*.jsp</url-pattern>
<el-ignored>false</el-ignored>
</jsp-property-group>
```

JSP 页面设计者也可以在编辑 JSP 页面时使用 page 指令的 isELIgnored 属性设置是否忽略 EL 语句(参阅 5.1.4)。当 web.xml 中的设置与 JSP 页面中的设置不一致时,以 JSP 页面中的设置为准。

10.1.2 表达式语言的使用

加减法口算
应用程序编写

EL 表示方法很简单，其语法如下：

```
${expression}
```

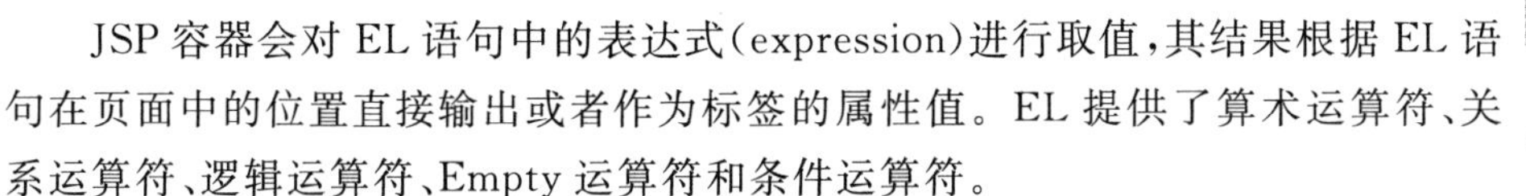

JSP 容器会对 EL 语句中的表达式(expression)进行取值，其结果根据 EL 语句在页面中的位置直接输出或者作为标签的属性值。EL 提供了算术运算符、关系运算符、逻辑运算符、Empty 运算符和条件运算符。

1. 算术运算符

算术运算符用于整数和浮点数的运算。在 EL 中定义了五个算术运算符，见表 10-1。

表 10-1　　算术运算符

运算符	含　义
+	加法
-	减法
*	乘法
/ 或 div	除法
% 或 mod	模运算

例程 10-1　arithDemo.jsp

```
<%@ page language="java" contentType="text/html;charset=UTF-8"%>
<html><head><title>EL 算术运算符</title></head>
<body>
20+5= ${20+5} <br>
20-5= ${20-5} <br>
20 * 5= ${20 * 5} <br>
20/5= ${20/5} <br>
20%5= ${20%5}
</body>
</html>
```

运行效果如图 10-1 所示。

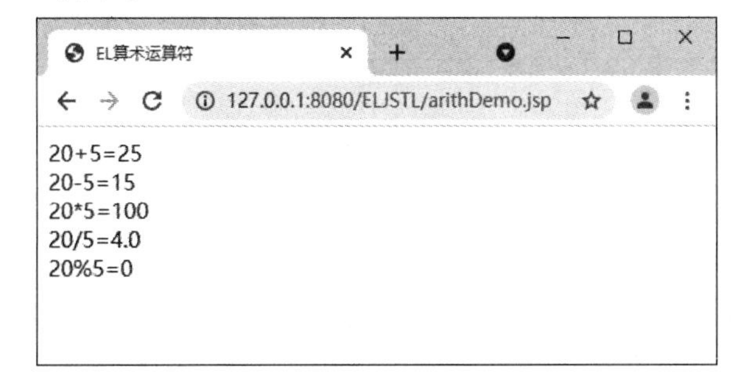

图 10-1　arithDemo.jsp 的运行效果

2. 关系运算符

关系运算符用于比较两个值之间的关系。在 EL 中共定义了六个关系运算符，见表 10-2。

表 10-2　　关系运算符

运算符	含　义
==或 eq	等于
!=或 ne	不等于
< 或 lt	小于
> 或 gt	大于
<=或 le	小于或等于
>=或 ge	大于或等于

为避免与 HTML 或 XML 语法中的“<”和“>”符号发生冲突，后四个关系运算符建议使用第二种形式表示，例如“小于”运算符使用“lt”表示。

例程 10-2　relationDemo.jsp

```
<%@ page language="java" contentType="text/html;charset=UTF-8"%>
<html><head><title>EL 关系运算符</title></head>
<body>
20==5 is ${20==5} <br>
20!=5 is ${20!=5} <br>
20 < 5 is ${20 lt 5} <br>
20> 5 is ${20 gt 5} <br>
20 <=5 is ${20 le 5} <br>
20>=5 is ${20 ge 5} <br>
</body>
</html>
```

运行效果如图 10-2 所示。

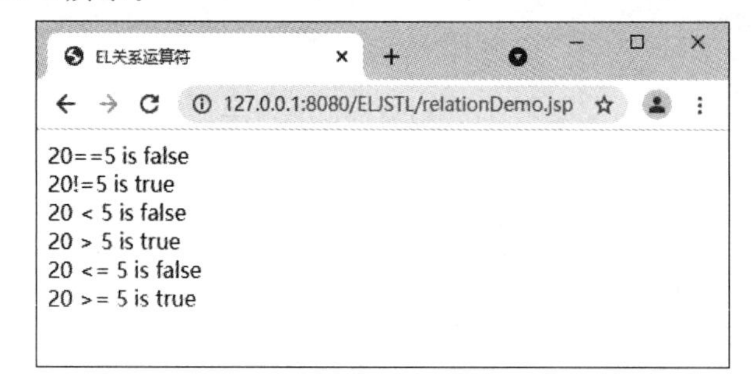

图 10-2　relationDemo.jsp 的运行效果

3. 逻辑运算符

逻辑运算符用于布尔型(Boolean)的值运算。在 EL 中共定义了三个关系运算符，见表 10-3。

表 10-3　　逻辑运算符

运算符	含　义
&& 或 and	逻辑与
|| 或 or	逻辑或
! 或 not	逻辑非

在表达式的运算过程中，如果表达式的值已经能够被确定了，则不会继续后面的运算而直接返回结果，这种处理方式称为短路，可以提高运算效率。例如：A && B && C && D，如果B为false，则只有A&&B会被求值，得到整个表达式的值为false。

例程10-3　logicDemo.jsp

```
<%@ page language="java" contentType="text/html;charset=UTF-8"%>
<html><head><title>EL 逻辑运算符</title></head>
<body>
20>5 && 20<5 is ${20>5 && 20<5} <br>
20>5 || 20<5 is ${20>5 || 20<5} <br>
! (20<5) is ${! (20<5)} <br>
</body>
</html>
```

运行效果如图10-3所示。

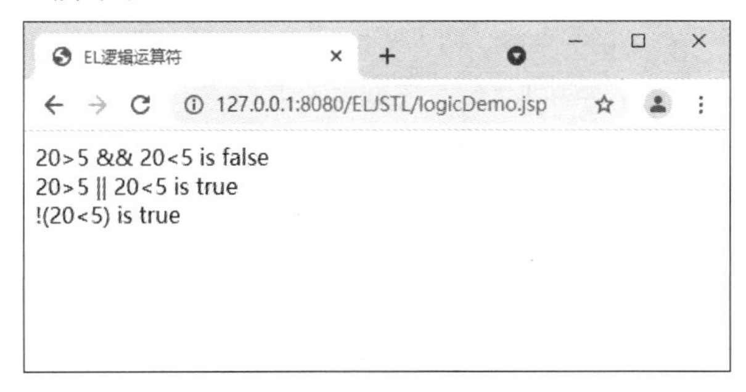

图10-3　logicDemo.jsp的运行效果

4. Empty运算符

Empty运算符是一个前缀运算符，用于判定后面的值是否为null或空，如果是则返回true。变量为null或空有不同的含义：null表示该变量不引用任何对象，而空表示该变量引用对象的内容为空，例如空字符串以及没有元素的数组、Map和Collection。Empty运算符的例子请参看10.1.4的参数访问隐含对象中的例子。

5. 条件运算符—A ? B:C

根据表达式A的结果，EL表达式取值为B或C。表达式A的取值应该为布尔型，如果不是则会进行强制类型转换。当表达式A取值为true时，则EL表达式的值为B，否则EL表达式的值为C。例如EL表达式${7%2==0 ? '偶数':'奇数' }的值为奇数。

10.1.3　访问对象属性和集合

在EL中，使用符号“.”或“[ ]”来访问对象的属性。例如变量student引用类Student的一个实例对象，则可以通过表达式${student.name}或者${student["name"]}来访问其name属性。当然对于Student类来说，name属性必须存在，而且提供了可访问的getName()方法。除此之外，以上语法还可以访问Map、List、Array中所含的对象，例如表达式${myArray[8]}用来访问myArray数组中的第九个元素。

10.1.4　隐含对象

EL中提供了11个隐含对象，通过这些隐含对象，Web页面设计人员可以采取一种简单的方式获取相关的值和属性。这些隐含对象可以分为五类：

隐含对象

1. JSP隐含对象

EL中的JSP隐含对象是pageContext，与同名的JSP内置对象是同一个对象。在EL中可以通过pageContext对象获取servletContext、session、request和response等对象，然后通过这些对象得到相关的信息。

例程10-4 ELobjpage.jsp

```
<%@ page language="java" contentType="text/html;charset=UTF-8"%>
<html><head><title>EL隐含对象pageContext</title></head>
<body>
服务器信息：${pageContext.servletContext.serverInfo}<br><br>
Session ID：${pageContext.session.id}<br><br>
客户端IP：${pageContext.request.remoteAddr}<br><br>
内容类型：${pageContext.response.contentType}<br><br>
</body>
</html>
```

运行效果如图10-4所示。

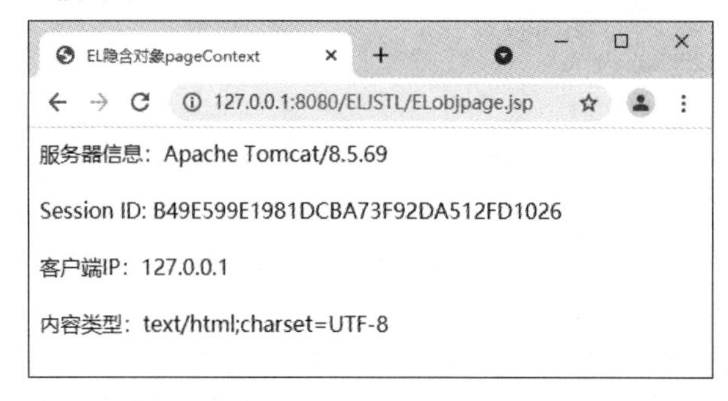

图10-4 ELobjpage.jsp的运行效果

2. 作用域访问隐含对象

EL中共有四个作用域访问隐含对象，分别是pageScope、requestScope、sessionScope和applicationScope。通过这些隐含对象可以很方便地访问对应作用域中的属性。

例程10-5和例程10-6演示了作用域访问隐含对象的用法。

例程10-5 ELobjscope1.jsp

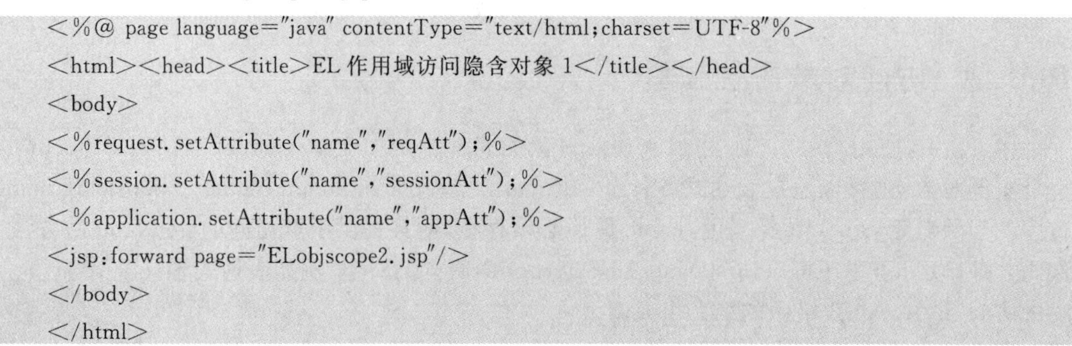

```
<%@ page language="java" contentType="text/html;charset=UTF-8"%>
<html><head><title>EL作用域访问隐含对象1</title></head>
<body>
<%request.setAttribute("name","reqAtt");%>
<%session.setAttribute("name","sessionAtt");%>
<%application.setAttribute("name","appAtt");%>
<jsp:forward page="ELobjscope2.jsp"/>
</body>
</html>
```

例程10-6 ELobjscope2.jsp

```
<%@ page language="java" contentType="text/html;charset=UTF-8"%>
<html><head><title>EL作用域访问隐含对象2</title>
```

```
<%pageContext.setAttribute("name","pageAtt");%></head>
<body>
<br> page 范围中的 name 属性值：${pageScope.name}<br><br>
request 范围中的 name 属性值：${requestScope.name}<br><br>
session 范围中的 name 属性值：${sessionScope.name}<br><br>
application 范围中的 name 属性值：${applicationScope.name}
</body>
</html>
```

运行效果如图 10-5 所示。

图 10-5　作用域访问隐含对象演示页面

3. 参数访问隐含对象

在 EL 中可以通过 param 和 paramValues 两个隐含对象获取 HTTP 请求参数。

param：获取的参数只有一个值，返回值的类型为 String，其作用相当于 request.getParameter 方法。

paramValues：获取的参数可能有多个值，返回值的类型为 String 数组，其作用相当于 request.getParameterValues 方法。

例程 10-7　ELobjparam.jsp

```
<%@ page language="java" contentType="text/html;charset=UTF-8"%>
<html><head><title>EL 参数访问隐含对象</title></head>
<body>
str is empty：${empty str}<br>
str：${str} <br>
param.str is empty：${empty param.str} <br>
param.str：${param.str} <br>
param.name is empty：${empty param.name} <br>
param.name：${param.name} <br>
</body>
</html>
```

在 URL 路径后加入 str 参数值，例如 http://localhost:8080/ELJSTL/ELobjparam.jsp?str=hello，运行效果如图 10-6 所示。

4. 头部访问隐含对象

在 EL 中通过 header、headerValues 和 cookie 隐含对象访问 HTTP 请求中头部或 cookie 中的信息。Header 与 headerValues 的不同在于 header 返回值的类型为 String，headerValues 返回值的类型为 String 数组。

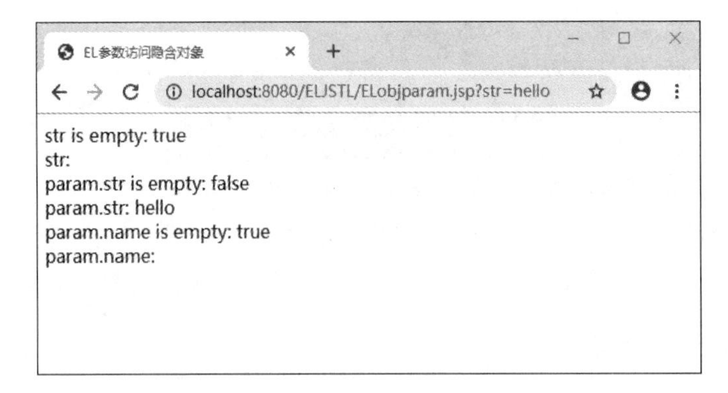

图 10-6 ELobjparam.jsp 的运行效果

例程 10-8 ELobjheader.jsp

```
<%@ page language="java" contentType="text/html;charset=UTF-8"%>
<html>
<head>
<title>轮椅上的爱心使者</title>
</head>
<body>
<%response.addCookie(new Cookie("username","董明"));%>
轮椅上的爱心使者：${cookie.username.value}    <br>
您当前访问的主机名：${header.host}<br>
</body>
</html>
```

运行效果如图 10-7 所示。

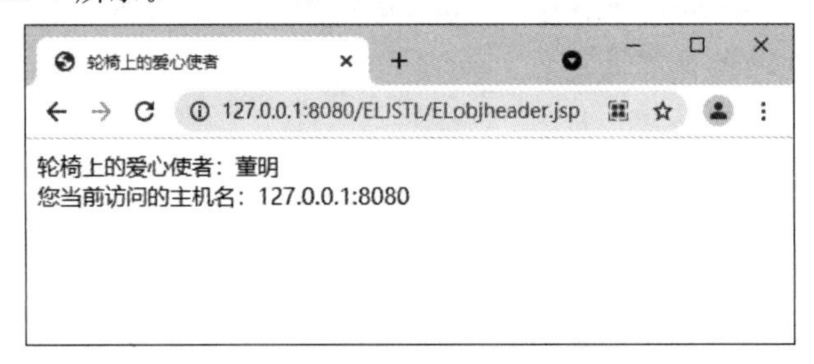

图 10-7 ELobjheader.jsp 的运行效果

5. 初始化参数访问隐含对象

Web 应用的一些初始化参数通常在 Web 应用的 web.xml 文件中进行设置，EL 中可以通过初始化参数访问隐含对象 iniParam 来进行访问。例如在 web.xml 文件里面设置了初始化参数公司 company 的属性值为 sun，即在 web.xml 文件中加入下列代码：

```
<context-param>
    <param-name>company</param-name>
    <param-value>sun</param-value>
</context-param>
```

通过 ${iniParam.company} 就可以取得值 sun。

例程 10-9 ELobjinipar.jsp

```
<%@ page language="java" contentType="text/html;charset=UTF-8"%>
```

```
<html><head><title>EL初始化参数访问隐含对象</title></head>
<body>
web.xml文件中定义的公司名称:${initParam.company}
</body>
</html>
```

运行效果如图10-8所示。

图10-8　ELobjinipar.jsp的运行效果

10.1.5　定义使用函数

在设计JSP页面时，可以通过自定义EL函数来实现代码重用的功能，从而提高开发效率。自定义的EL函数对应Java类中定义的静态方法，Java类可以自己设计，也可以直接使用JDK API中提供的类。在这里关键是如何将EL表达式与Java类中的静态方法关联起来，下面通过一个实例来说明。JDK API中的java.lang.Math类提供了random()方法来随机产生大于0小于1的数，如果我们要通过EL表达式调用这个方法，首先需要定义标记库描述文件(Tag Library Descriptor，TLD)。在标记库描述文件中，可以列出此标记库的所有函数，并且指定每个函数与Java方法的对应关系，如例程10-10所示。

例程10-10　math.tld

```
<?xml version="1.0" encoding="UTF-8" ?>
<taglib xmlns="http://java.sun.com/xml/ns/j2ee"
    xmlns:xsi="http://www.w3.org/2001/XMLSchema-instance"
    xsi:schemaLocation="http://java.sun.com/xml/ns/j2ee
    web-jsptaglibrary_2_0.xsd" version="2.0">
    <tlib-version>1.0</tlib-version>
    <function>
    <description>create random double</description>
    <name>random</name>
    <function-class>java.lang.Math</function-class>
    <function-signature>double random()</function-signature>
    </function>
</taglib>
```

在tld文件中，标记<function>用来描述EL自定义函数的相关信息，<function>标记由多个子标记组成，其主要子标记的作用见表10-4。

表10-4　function主要子标记

标记名称	含　义
description	函数说明(可省略)

（续表）

标记名称	含　义
name	函数名称
function-class	实现此函数的 Java 类的名称
function-signature	函数对应于 Java 类的方法名
example	此函数的使用范例(可省略)

注意在同一个标记库中函数名称必须是唯一的，Java 语言中方法的重载在这里是不适用的。将创建好的 math. tld 文件放到 Web 应用的 WEB-INF 文件夹中，然后创建 jsp 文件，如例程 10-11 所示。

例程 10-11　funcDemo. jsp

```
<%@ page language="java" contentType="text/html;charset=UTF-8"%>
<%@ taglib uri="/WEB-INF/math.tld" prefix="func"%>
<html><head><title>自定义 EL 函数</title></head>
<body>
随机数 1：${func:random()}<br>
随机数 2：${func:random()}
</body>
</html>
```

上面例子中的<%@ taglib uri="/WEB-INF/math. tld" prefix="func"%>用来指定自定义函数 tld 文件的位置(/WEB-INF/math. tld)以及使用时用到的前缀 func，运行效果如图 10-9 所示。

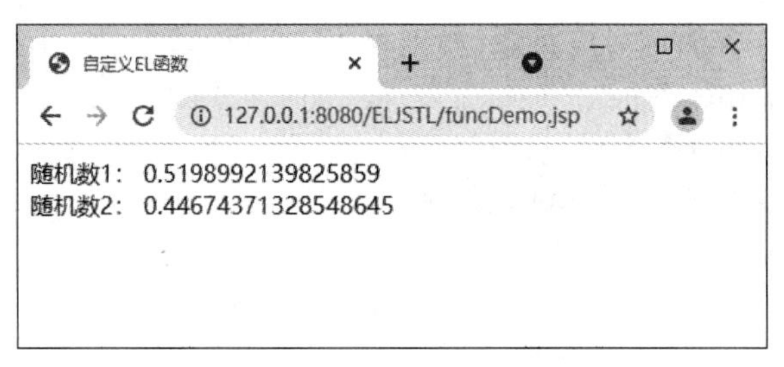

图 10-9　funcDemo. jsp 的运行效果

10. 2　JSP 标准标签库(JSTL)

JSP 标准标签库(JSTL)

10. 2. 1　JSTL 简介

JSTL 的全称是 Java Server Pages Standard Tag Library，即 JSP 标准标签库。它的出现是为了使那些不熟悉 Java 语法的页面设计者更高效地开发出 JSP 页面。通过 JSTL，页面设计者可以用他们熟悉的标签方式来操纵动态数据。

与 JSP 和 Servlet 一样，JSTL 只是一种 Java 技术规范，要使用它需安装实现该规范的软件。Apache 软件组织开发设计了 Apache 标准标记库来实现 JSTL 规范，并提供源代码文件和编译后的二进制文件压缩包，其下载网址为 http://tomcat. apache. org/taglibs/standard/。

网站上提供了两种形式的压缩包文件，后缀名为.zip 的压缩包在 Windows 系统环境下使用，后缀名为.tar.gz 的压缩包在 Linux 系统环境下使用。以 Windows 系统为例，下载 jakarta-taglibs-standard-current.zip 文件后进行解压，在解压的 lib 文件夹中有 jstl.jar 和 standard.jar 两个 Java 归档文件，jstl.jar 里面包含 JSTL 规范定义的 API 类，standard.jar 里面包含 Apache 标准标记库的 JSTL 实现类。要在 JSP 中使用 JSTL，只需将这两个 jar 文件复制到 Web 应用根目录下的/WEB-INF/lib 目录内就可以了。

JSTL 中的标记对应实现不同的功能，在 JSTL 规范中将其分为五类，构成五个子标记库，见表 10-5。

表 10-5　JSTL 子标记库

功能类型	URI	前缀	例子
核心功能	http://java.sun.com/jsp/jstl/core	c	<c:tagname...>
XML 文件处理	http://java.sun.com/jsp/jstl/xml	x	<x:tagname...>
Web 应用国际化	http://java.sun.com/jsp/jstl/fmt	fmt	<fmt:tagname...>
数据库存取	http://java.sun.com/jsp/jstl/sql	sql	<sql:tagname...>
函数	http://java.sun.com/jsp/jstl/functions	fn	fn:functionName(…)

其中 tagname 表示具体的标记名，functionName 表示具体的函数名。在 JSP 中使用 JSTL 标记需要通过 taglib 指令指定子标记库的 URI 和前缀，例如要使用核心功能库中的标记则需要在 Jsp 文件中加入下面的语句：

```
<%@ taglib uri="http://java.sun.com/jsp/jstl/core" prefix="c"%>
```

由于使用 JavaBean 进行数据库存取更加灵活和方便，因此不推荐使用 JSTL 中的数据库存取功能，在这里只介绍 JSTL 其他的四个子标记库。

10.2.2　JSTL 的核心标签

抢红包应用程序编写

核心功能标记库中包含一组最常用的 JSTL 标签，这些标签按照功能被分为四类，分别是：

- 普通功能标签：<c:out>、<c:set>、<c:remove>、<c:catch>
- 流程控制标签：<c:if>、<c:choose>、<c:when>、<c:otherwise>
- 遍历操作标签：<c:forEach>、<c:forTokens>
- URL 操作标签：<c:import>、<c:url>、<c:redirect>、<c:param>

下面对常用的核心标签进行介绍：

1. <c:out>

计算表达式的值，并将结果输出到网页中。

语法：

（1）无标记体时

```
<c:out value="value" [escapeXml="{true|false}"] [default="default value"]/>
```

（2）有标记体时

```
<c:out value="value" [escapeXml="{true|false}"]>
default value
</c:out>
```

语法符号说明见表10-6。

表 10-6　　语法符号说明

语法符号	说　明
[...]	方括号中的内容是可选的，可以省略
{选项 1|选项 2|选项 3|...}	只能在给定的选项中进行取值
value	有下划线的值为缺省值

例如<c:out value="value" [escapeXml="{true|false}"] [default="default value"]/>表示属性escapeXml和default是可以省略的，escapeXml的值只能是true或false，默认情况下的值为true。

属性说明见表10-7。

表 10-7　　<c:out>属性说明

属性名称	类　型	描　述
value	Object	要输出的值
escapeXml	boolean	指定在输出字符串中，字符<，>，&，'，"是否要转换成相应的代码。缺省值为 true
default	Object	当属性 value 的值为 null 时，属性 default 的值为输出值

在使用<c:out>标记输出特殊字符时，有时需要进行代码转换，否则会和这些字符原有的功能发生冲突，使浏览器无法按Web页面设计者的意图正确解析显示网页。可以通过escapeXml属性进行指定，当escapeXml为true时，表10-8中的字符会转换成相应的代码。

表 10-8　　字符转换代码

字　符	转换代码
<	<
>	>
&	&
'	'
"	"

例程 10-12　coutDemo.jsp

```
<%@ taglib uri="http://java.sun.com/jsp/jstl/core" prefix="c"%>
<%@ page language="java" contentType="text/html;charset=UTF-8"%>
<html><head><title>&lt;c:out&gt;标记</title></head>
<body>
<c:out value="20>5"/><br>
<c:out value="20>5" escapeXml="false"/><br>
<c:out value="${null}" default="20"/><br>
<c:out value="${null}">5</c:out>
</body>
</html>
```

countDemo.jsp执行后的网页源文件如下：

```
<html>
```

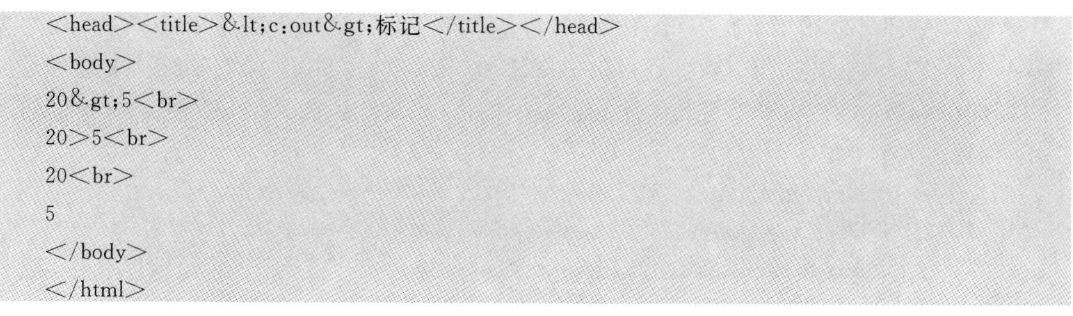

```
<head><title>&lt;c:out&gt;标记</title></head>
<body>
20&gt;5<br>
20>5<br>
20<br>
5
</body>
</html>
```

运行效果如图 10-10 所示。

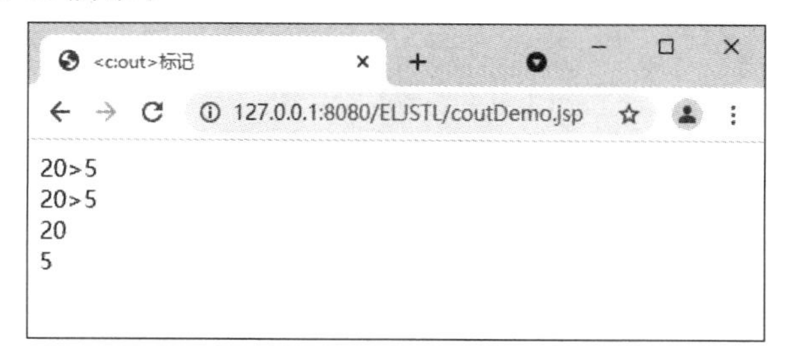

图 10-10　coutDemo.jsp 的运行效果

2. <c:set>

给范围变量或对象属性赋值。

语法：

(1)设置范围变量值为属性 value 的值

```
<c:set value="value" var="varName" [scope="{page|request|session|application}"] />
```

(2)设置范围变量值为标记体内容(body content)

```
<c:set var="varName" [scope="{page|request|session|application}"]/>
    body content
</c:set>
```

(3)设置对象属性值为属性 value 的值

```
<c:set value="value" target="target" property="propertyName"/>
```

(4)设置对象属性值为标记体内容(body content)

```
<c:set target="target" property="propertyName">
    body content
</c:set>
```

属性说明见表 10-9。

表 10-9　<c:set>属性说明

属性名称	类　型	描　述
value	Object	要设定的值
var	String	要设定的范围变量名
scope	String	变量的使用范围
target	Object	要设定属性的对象名。此对象要设置值的属性(property)必须有可访问的 set 方法，或者是 java.util.Map 对象
property	String	要设定的 target 对象的属性名称

在为对象属性赋值时，如果 target 指定的是一个 Map 对象，则设定其中键名(key)为 property 的元素值，如键名不存在，则将键值对添加到 Map 对象中。如果 target 指定的是一个普通的 JavaBean 对象，则设定其属性 property 的值，如设定值的类型与属性 property 的类型不符，将会进行类型转换。

例程 10-13 csetDemo.jsp

```
<%@ taglib uri="http://java.sun.com/jsp/jstl/core" prefix="c"%>
<%@ page language="java" contentType="text/html;charset=UTF-8"%>
<%@ page import="java.util.*"%>
<html><head><title>&lt;c:set&gt;标记</title></head>
<body>
<!-- 使用 value 属性设置 page 范围变量值 -->
<c:set value="value in page" var="vAttrPage"/>
<!-- 使用标记体内容设置 session 范围变量值 -->
<c:set var="vBodySess" scope="session"> value in session </c:set>
vAttrPage in session:<%=session.getAttribute("vAttrPage")%> <br>
vAttrPage in page:<%=pageContext.getAttribute("vAttrPage")%><br>
vBodySess in session:<%=session.getAttribute("vBodySess")%> <br>
vBodySess in page:<%=pageContext.getAttribute("vBodySess")%><br>
<br>
<%
    Map vMap=new HashMap();
    //使 vMap 变量在 page 范围内有效，从而可以通过 EL 表达式 ${vMap}进行访问
    pageContext.setAttribute("vMap", vMap);
%>
使用 set 标记前 vKey 的值: ${vMap.vKey}
<br><c:set target="${vMap}" property="vKey">value of vKey
</c:set>使用 set 标记后 vKey 的值: ${vMap.vKey}<br>
</body>
</html>
```

运行效果如图 10-11 所示。

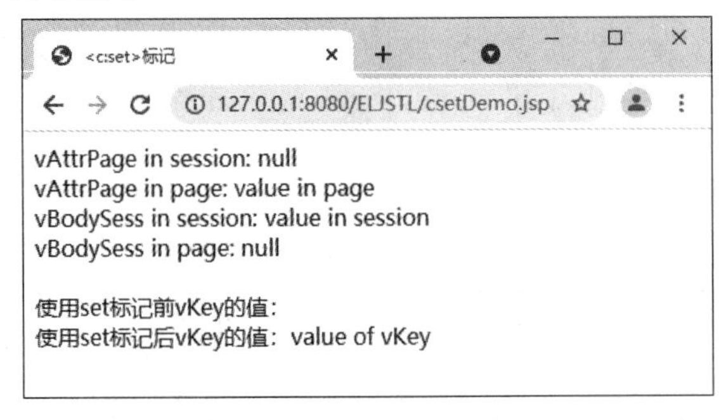

图 10-11 csetDemo.jsp 的运行效果

3. <c:remove>

移出范围变量。

语法如下：

```
<c:remove var="varName" [scope="{page|request|session|application}"] />
```

属性说明见表 10-10。

表 10-10　<c:remove>属性说明

属性名称	类　型	描　述
var	String	要设定的范围变量名
scope	String	变量的使用范围

如果省略 scope 属性，则所有范围中名为 varName 的变量都会被移出。

例程 10-14　cremoveDemo. jsp

```
<%@ taglib uri="http://java.sun.com/jsp/jstl/core" prefix="c"%>
<%@ page language="java" contentType="text/html;charset=UTF-8"%>
<html><head><title>&lt;c:remove&gt;标记</title></head>
<body>
<c:set value="valpage" var="str" scope="page"/>
<c:set value="valsess" var="str" scope="session"/>
remove 变量前:str= ${str}<br>
<c:remove var="str" scope="page"/>
remove page 范围中的变量 str 后:str= ${str}<br>
<c:remove var="str"/>
remove 所有范围中的变量 str 后:str= ${str}<br>
</body>
</html>
```

运行效果如图 10-12 所示。

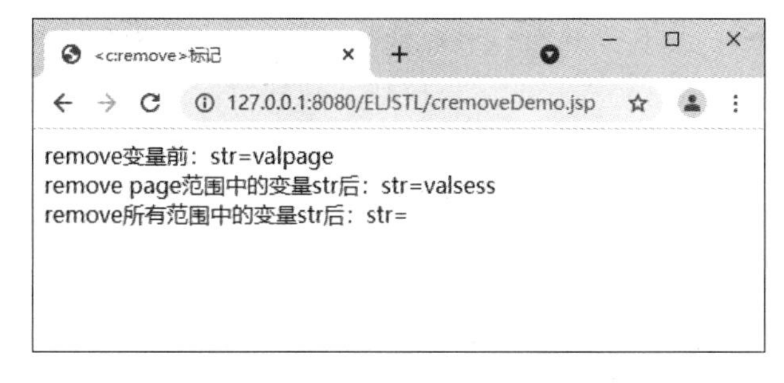

图 10-12　cremoveDemo. jsp 的运行效果

4. <c:catch>

捕获嵌套在其中所有动作(nested actions)产生的异常。

语法如下：

```
<c:catch [var="varName"]>
    nested actions
</c:catch>
```

属性见表 10-11。

表 10-11　<c:catch>属性说明

属性名称	类　型	描　述
var	String	存储异常对象的变量名

名称为 varName 的变量，其有效范围为 page，如果没有异常产生，则此变量会被移出。如

果省略 var 属性,则只会捕获异常对象而不会存储它。

例程 10-15 ccatchDemo. jsp

```
<%@ taglib uri="http://java.sun.com/jsp/jstl/core" prefix="c"%>
<%@ page language="java" contentType="text/html;charset=UTF-8"%>
<html><head><title>&lt;c:catch&gt;标记</title></head>
    <body>
    <c:catch var="excep">
        <c:set target="${vMap}" property="vKey">value of vKey</c:set>
    </c:catch>
   ${excep}
</html>
```

在此例程中,使用<c:set>标记对没有定义的变量 vMap 的 vKey 属性进行赋值时会抛出异常,使用变量 excep 捕获其异常,并打印出来,运行效果如图 10-13 所示。

图 10-13 ccatchDemo. jsp 的运行效果

5. <c:if>

此标记为条件控制标记,如果其属性 test 的值为 true,JSP 容器则处理标记体中的内容并输出结果。

语法如下:

```
<c:if test="testCondition" [var="varName"] [scope="{page|request|session|application}"]>
body content
</c:if>
```

属性见表 10-12。

表 10-12 **<c:if>属性说明**

属性名称	类 型	描 述
test	boolean	决定标记体(body content)是否被处理
var	String	存储测试条件(testCondition)结果的范围变量名,其类型为 Boolean
scope	String	变量的有效范围

此标记可以没有标记体,其功能只是将测试条件的结果存储到指定的范围变量中,其语法为:

```
<c:if test="testCondition" var="varName" [scope="{page|request|session|application}"]/>
```

例程 10-16 cifDemo. jsp

```
<%@ taglib uri="http://java.sun.com/jsp/jstl/core" prefix="c"%>
<%@ page language="java" contentType="text/html;charset=UTF-8"%>
<html><head><title>&lt;c:if&gt;标记</title></head>
```

```
<body>
<c:if test="${empty param.name}">用户名为空！</c:if>
<c:if test="${! empty param.name}">用户名：${param.name}</c:if>
</body>
</html>
```

当在浏览器的地址栏中直接输入此 JSP 文件的访问路径时其运行效果如图 10-14 所示。

图 10-14　cifDemo.jsp 的运行效果 1

当在此 JSP 文件的访问路径后面加上 name 参数值后，例如 http://127.0.0.1:8080/ELJSTL/cifDemo.jsp?name=YYL，其运行效果如图 10-15 所示。

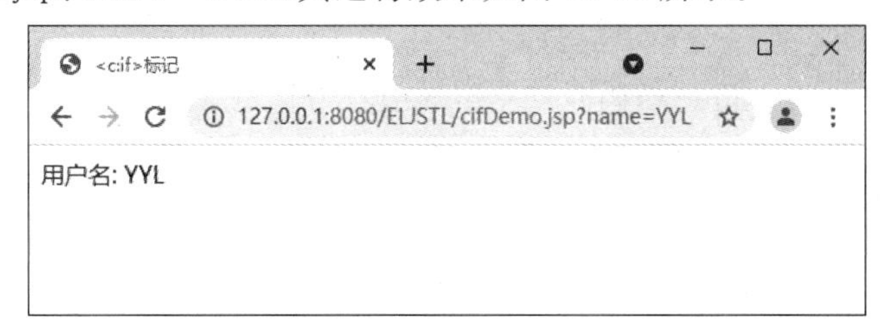

图 10-15　cifDemo.jsp 的运行效果 2

6. <c:choose>、<c:when>和<c:otherwise>

通过这三个标记的组合可以进行多分支执行控制。

语法如下：

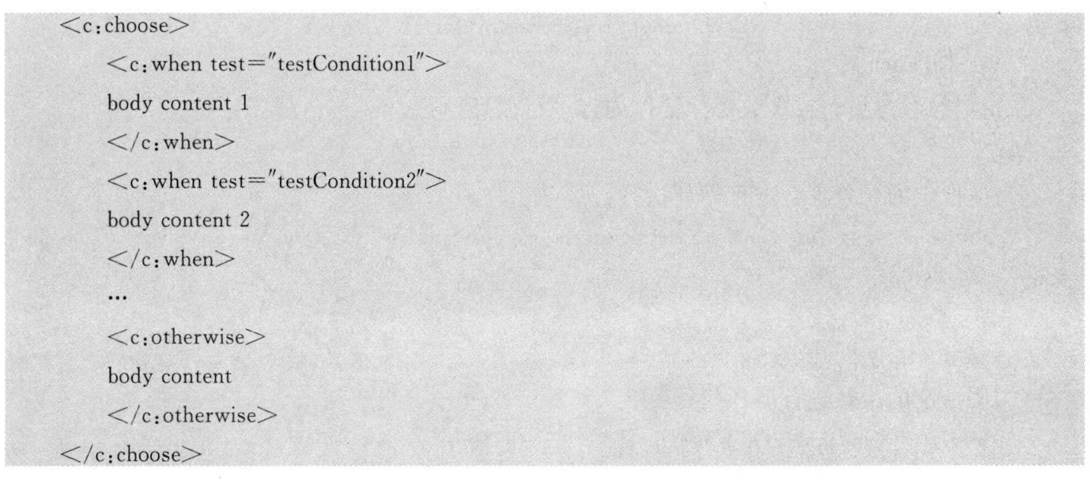

```
<c:choose>
    <c:when test="testCondition1">
    body content 1
    </c:when>
    <c:when test="testCondition2">
    body content 2
    </c:when>
    ...
    <c:otherwise>
    body content
    </c:otherwise>
</c:choose>
```

在此标记组合中由上而下判断<c:when>标记中的 test 属性值，如果为 true 则处理此<c:when>标记体中的内容，处理完后跳出整个<c:choose>标记，否则继续往下执行。如果所有<c:when>标记中的 test 属性值都为 false，则处理<c:otherwise>标记体中的内容。

在<c:choose>标记中必须包含一个或多个<c:when>标记，可以不包含<c:otherwise>标记，如果包含，最多只能包含一个<c:otherwise>标记，而且只能放在所有<c:when>标记的后面。<c:when>和<c:otherwise>标记只能作为<c:choose>的子标记，不能单独使用。

例程 10-17 cchooseDemo.jsp

```
<%@ taglib uri="http://java.sun.com/jsp/jstl/core" prefix="c"%>
<%@ page language="java" contentType="text/html;charset=UTF-8"%>
<html><head><title>&lt;c:choose&gt;标记</title></head>
<body>
<c:choose>
    <c:when test="${param.score>=80}">优秀</c:when>
    <c:when test="${param.score>=60}">合格</c:when>
    <c:otherwise>不合格</c:otherwise>
</c:choose>
</body>
</html>
```

此例对传递过来的 score 参数值进行判断，如果分数大于或等于 80 分的则显示优秀，分数大于或等于 60 分的显示合格，其他的分数则显示为不合格。

例如 http://127.0.0.1:8080/ELJSTL/cchooseDemo.jsp?score=80 的运行效果如图 10-16 所示。

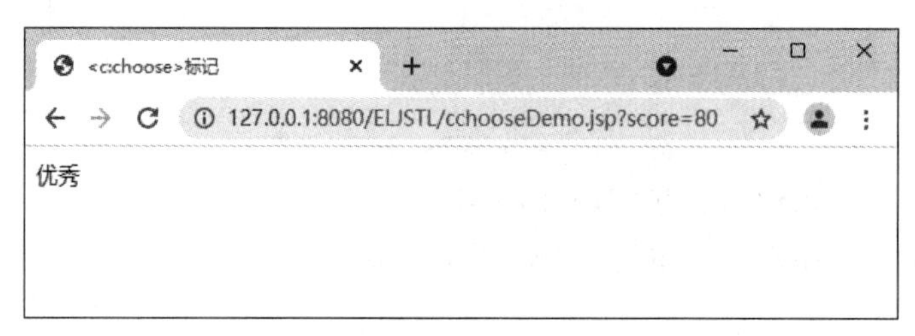

图 10-16 cchooseDemo.jsp 的运行效果

7. <c:forEach>

按指定的对象集合或次数对标记体内容进行循环执行。

语法：

(1)按指定的对象集合进行循环执行：

```
<c:forEach [var="varName"] items="collection" [varStatus="varStatusName"] [begin="begin"]
[end="end"] [step="step"]>
    body content
</c:forEach>
```

(2)按指定的次数进行循环执行：

```
<c:forEach [var="varName"] [varStatus="varStatusName"]
    begin="begin" end="end" [step="step"]>
    body content
</c:forEach>
```

属性见表 10-13。

表 10-13　<c:forEach>属性说明

属性名称	类　型	描　述
var	String	当前处理对象的变量名，只在标记内有效
items	数组 Collection Iterator Enumeration Map String	对象集合；如果 items 类型为 String，则表示一系列以逗号为分隔符的子字符串集合
varStatus	String	循环状态变量名，只在标记内有效，变量类型为 javax. servlet. jsp. jstl. core. LoopTagStatus
begin	int	开始处理对象的位置。begin 必须>=0
end	int	结束处理对象的位置。如果 end<begin，循环不会执行
step	int	每次循环间隔对象数。step 必须>=1

下面通过一个用户兴趣调查功能来演示<c:forEach>标签的用法。

例程 10-18　register. jsp

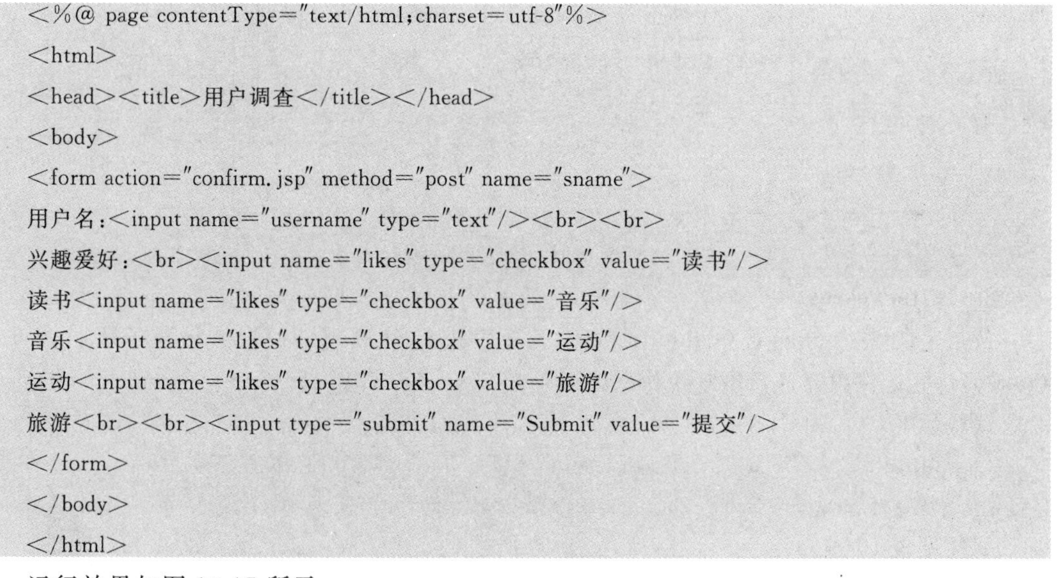

```
<%@ page contentType="text/html;charset=utf-8"%>
<html>
<head><title>用户调查</title></head>
<body>
<form action="confirm.jsp" method="post" name="sname">
用户名:<input name="username" type="text"/><br><br>
兴趣爱好:<br><input name="likes" type="checkbox" value="读书"/>
读书<input name="likes" type="checkbox" value="音乐"/>
音乐<input name="likes" type="checkbox" value="运动"/>
运动<input name="likes" type="checkbox" value="旅游"/>
旅游<br><br><input type="submit" name="Submit" value="提交"/>
</form>
</body>
</html>
```

运行效果如图 10-17 所示。

图 10-17　用户调查页面

用户调查页面中的相关信息填写好后，将提交到 confirm. jsp 页面进行处理。

例程 10-19 confirm.jsp

```
<%@ page contentType="text/html;charset=utf-8"%>
<%@taglib uri="http://java.sun.com/jsp/jstl/core" prefix="c"%>
<html><head><title>用户确认</title></head>
<body>
<%
    request.setCharacterEncoding("utf-8");
%>
${param.username}的兴趣爱好有：
<c:forEach items="${paramValues.likes}" var="like">
${like}
</c:forEach>
</body>
</html>
```

运行效果如图 10-18 所示。

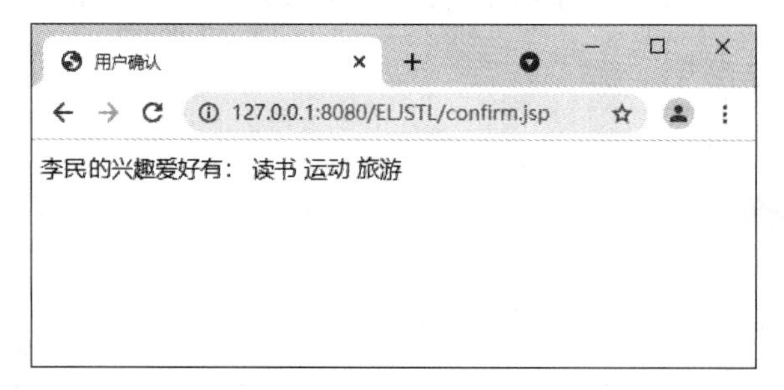

图 10-18 用户确认页面

8. <c:forTokens>

按指定的多个分隔符(delimiters)对字符串进行分隔，然后通过分隔子字符串集合(token)对标记体内容进行重复执行。

语法如下：

```
<c:forTokens items="stringOfTokens" delims="delimiters" [var="varName"]
[varStatus="varStatusName"] [begin="begin"] [end="end"] [step="step"]>
```

属性见表 10-14。

表 10-14 **<c:forTokens>属性说明**

属性名称	类型	描述
var	String	当前处理对象的变量名，只在标记内有效
items	String	要处理的字符串
delims	String	分隔符集合。用来分隔字符串的字符集合
varStatus	String	循环状态变量名，只在标记内有效，变量类型为 javax.servlet.jsp.jstl.core.LoopTagStatus
begin	int	开始处理分隔子字符串的位置。begin 必须>=0
end	int	结束处理分隔子字符串的位置。如果 end<begin，循环不会执行
step	int	每次循环间隔分隔子字符串数。step 必须>=1

例程 10-20　cftDemo. jsp

```
<%@ taglib uri="http://java.sun.com/jsp/jstl/core" prefix="c" %>
<%@ page language="java"  contentType="text/html;charset=UTF-8"%>
<html>
<head><title>社会主义核心价值观</title></head>
<body>
<center> 社会主义核心价值观</center><br>
<center>
<c:forTokens items="富强、民主、文明、和谐;自由、平等、公正、法治;爱国、
敬业、诚信、友善" delims=";" var="token">
${token}<br>
</c:forTokens>
</center>
</body>
</html>
```

运行效果如图 10-19 所示。

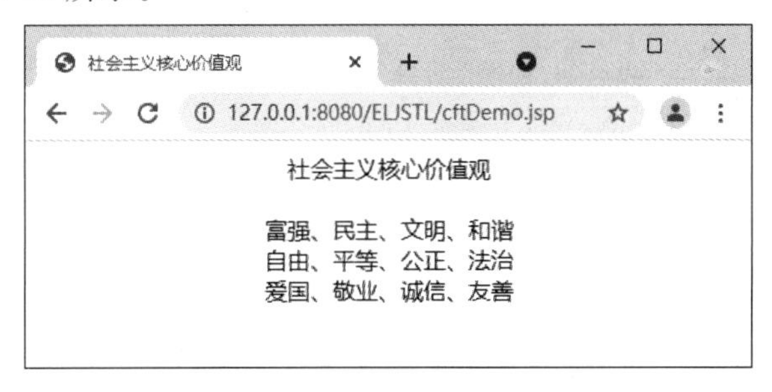

图 10-19　cforTokens. jsp 的运行效果

9. <c:import>

引入基于 URL 的资源内容。引入的资源可以直接作为 JSP 文件的一部分显示出来，也可以作为 String 类型的对象或 Reader 类型的对象做进一步的处理。

语法：

资源内容直接引入处理，或输出为 String 类型的对象。标记体中可嵌入子标记<c:param>来定义请求字符串参数。

```
<c: import url="url" [context="context"] [var="varName"]
    [scope="{page|request|session|application}"]
    [charEncoding="charEncoding"]>
    Optional body content for <c:param> subtags
</c:import>
```

资源内容输出为 Reader 类型的对象。在标记体中对 Reader 对象做进一步的处理。

```
<c: import url="url" [context="context"] varReader="varReaderName"
    [charEncoding="charEncoding"]>
    body content where varReader is consumed by another action
</c:import>
```

属性见表 10-15。

表 10-15 <c:import>属性说明

属性名称	类 型	描 述
url	String	要引入资源的 URL
context	String	当 url 为相对地址指向外部 Web 应用资源时，使用 context 表示外部 Web 应用名称
var	String	引入资源内容的范围变量名，变量类型为 String
scope	String	var 的有效范围
charEncoding	String	引入资源内容的字符编码方式
varReader	String	存储引入资源内容的范围变量名，变量类型为 Reader，只在标记内有效

在<c:import>标签中，被引入的文件可以是 String 类型（var 属性）或 Reader 类型（varReader 属性）。Reader 类型适用于引入文件较大的情况。使用 Reader 类型时，其对象只在<c:import>标签内才有效。

例程 10-21 cimportDemo.jsp

```
<%@ taglib uri="http://java.sun.com/jsp/jstl/core" prefix="c" %>
<%@ page language="java"  contentType="text/html;charset=UTF-8"%>
<html>
<head><title>党的十九大主题</title></head>
<body>
<hr>
<c:import url="request.txt" var="req" charEncoding="UTF-8"/>
<c:out value="${req}"/>
<hr>
</body>
</html>
```

- request.txt

```
中国共产党第十九次全国代表大会的主题是：不忘初心，牢记使命，高举中国特色社会主义伟大旗帜，决胜全面建成小康社会，夺取新时代中国特色社会主义伟大胜利，为实现中华民族伟大复兴的中国梦不懈奋斗。
```

运行效果如图 10-20 所示。

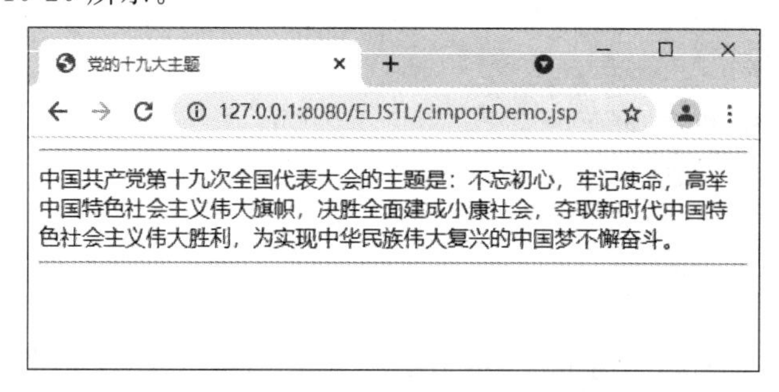

图 10-20 cimportDemo.jsp 的运行效果

10. <c:url>

创建 URL 链接。此标签的一个重要功能就是在指定资源的相对路径前加上其所在 Web 应用的路径名称。例如图片 menu.jpg 的相对路径为/pic/menu.jpg。如果其所在 Web 应用的路径为/ELJSTL，通过使用<c:url>标签，其路径会被改写成/ELJSTL/pic/menu.jpg。

语法：

(1)无标记体

```
<c:url value="value" [context="context"][var="varName"]
[scope="{page|request|session|application}"]/>
```

(2)通过标记体定义 URL 请求字符串参数

```
<c:url value="value" [context="context"][var="varName"]
[scope="{page|request|session|application}"]>
<c:param> subtags
</c:url>
```

属性见表 10-16。

表 10-16　<c:url>属性说明

属性名称	类　型	描　述
url	String	要处理的 URL
context	String	当 url 为相对地址指向外部 Web 应用资源时，使用 context 表示外部 Web 应用名称
var	String	处理后的 URL 的范围变量名，变量类型为 String
scope	String	var 的有效范围

例程 10-22　curlDemo. jsp

```
<%@ taglib uri="http://java.sun.com/jsp/jstl/core" prefix="c"%>
<%@ page language="java" contentType="text/html;charset=UTF-8"%>
<html><head><title>&lt;c:url&gt;标记</title></head>
<body>
<c:url value="/pic/menu.jpg"/><br>
<c:url value="/pic/menu.jpg" context="/otherWebApp"/><br>
<c:url value="/pic/menu.jpg" var="menu"/>
<img src="${menu}">
</body>
</html>
```

此 jsp 文件生成的 HTML 网页源文件如下：

```
<html>
<head><title>&lt;c:url&gt;标记</title></head>
<body>
/ELJSTL/pic/menu.jpg<br>
/otherWebApp/pic/menu.jpg<br>
<img src="/ELJSTL/pic/menu.jpg">
</body>
</html>
```

11. <c:redirect>

向客户端发送 HTTP 重定向响应。

语法：

(1)无标记体

```
<c:redirect url="value" [context="context"]/>
```

(2)通过标记体定义 URL 请求字符串参数

```
<c:redirect url="value" [context="context"]>
<c:param> subtags
</c:redirect>
```

属性见表 10-17。

表 10-17　　<c:redirect>属性说明

属性名称	类　型	描　述
url	String	要重定向资源的 URL
context	String	当 url 为相对地址指向外部 Web 应用资源时，使用 context 表示外部 Web 应用名称

12. <c:param>

<c:import>,<c:url>和<c:redirect>的子标记，定义 URL 请求字符串参数。

语法：

(1)通过属性 value 来定义参数值

```
<c:param name="name" value="value"/>
```

(2)通过标记体来定义参数值

```
<c:param name="name"> parameter value </c:param>
```

属性见表 10-18。

表 10-18　　<c:param>属性说明

属性名称	类　型	描　述
name	String	参数的名称
value	String	参数的值

下面通过例程 10-23 来演示<c:redirect>和<c:param>标签的用法。

例程 10-23　cparamDemo. jsp

```
<%@ taglib uri="http://java.sun.com/jsp/jstl/core" prefix="c"%>
<%@ page language="java" contentType="text/html;charset=UTF-8"%>
<html><head><title>&lt;c:param&gt;标记</title></head>
<body>
<c:redirect url="confirm.jsp">
    <c:param name="username" value="Tom"/>
    <c:param name="likes" value="Book"/>
    <c:param name="likes" value="Sport"/>
</c:redirect>
</body>
</html>
```

在此例程中将浏览器重定向到 confirm. jsp，并传入 username 和 likes 参数。confirm. jsp 的源代码在上文中有介绍。运行效果如图 10-21 所示。

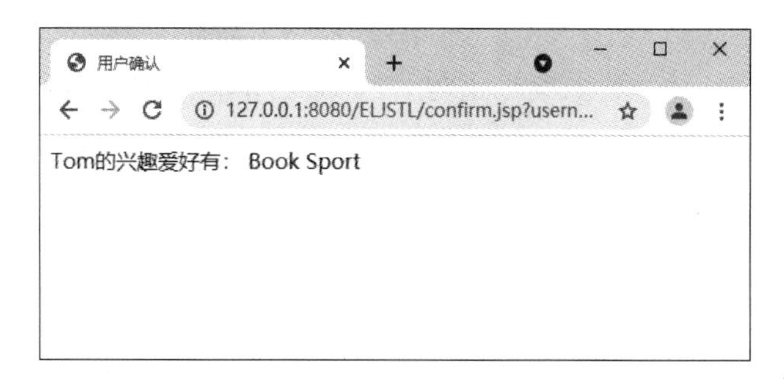

图 10-21　cparamDemo. jsp 的运行效果

10.2.3　JSTL 的 XML 标签

JSTL 为 Web 应用设计者提供了对 XML 格式文件进行基本操作的子标签库。该标签库中的标签按照功能被分为了三类，分别是：

- XML 核心标签：<x:parse>、<x:out>、<x:set>
- XML 流控制标签：<x:if>、<x:choose>、<x:when>、<x:otherwise>、<x:forEach>
- XML 转换标签：<x:transform>、<x:param>

使用 JSTL 的 XML 标签需要 XML 文档解析程序的支持，这里可以使用 Apache 的开源项目 Xalan-Java。Xalan-Java 是一个将 XML 文档转换成 HTML、text 或其他 XML 文档类型的 XSLT 处理程序。在 http://labs. renren. com/apache-mirror/xml/xalan-j/页面中下载 xalan-j_2_7_1-bin. zip，解压此文件将其中的 xalan. jar 和 serializer. jar 文件复制到 Web 应用的 lib 文件夹中或将其路径设置到 Eclipse 项目的编译路径中。

下面以一个简单的 XML 文档 user. xml 解析为例，说明常见的 XML 标签用法。

```
<? xml version="1.0" encoding="UTF-8"? >
<users>
    <role name="管理员">拥有管理权限</role>
    <user name="root" password="123456" role="管理员"/>
    <role name="普通用户">只能使用基本的查询功能</role>
    <user name="zs" password="zs1234" role="普通用户"/>
    <user name="ls" password="ls1234" role="普通用户"/>
    <user name="ww" password="ww1234" role="普通用户"/>
</users>
```

例程 10-24 中演示了常见 XML 核心标签的用法。

例程 10-24　xCoreDemo. jsp

```
<%@ taglib uri="http://java.sun.com/jsp/jstl/core" prefix="c"%>
<%@ taglib uri="http://java.sun.com/jsp/jstl/xml" prefix="x"%>
<%@ page language="java" contentType="text/html;charset=UTF-8"%>
<html>
<head><title>XML 核心标签</title></head>
<body>
<! -- 将 user.xml 文件以 UTF-8 编码方式导入页面，并使用变量 uxmlDoc 对其进行引用 -->
```

```
<c:import url="user.xml" charEncoding="UTF-8" var="uxmlDoc"/>
<!-- 对导入的 user.xml 文件进行解析,并使用变量 uxml 对解析结果进行引用 -->
<x:parse doc="${uxmlDoc}" var="uxml"/>
管理员:
<!-- 输出 user.xml 文件根节点 users 下第一个 role 子节点的内容 -->
<x:out select="$uxml/users/role"/><br><br>
用户姓名:
<!-- 输出 user.xml 文件根节点 users 下第二个 user 子节点的 name 属性值 -->
<x:out select="$uxml/users/user[2]/@name"/><br>
用户权限:
<!-- 输出 user.xml 文件根节点 users 下最后一个 role 子节点的内容 -->
<x:out select="$uxml/users/role[last()]"/><br>
</body>
</html>
```

运行效果如图 10-22 所示。

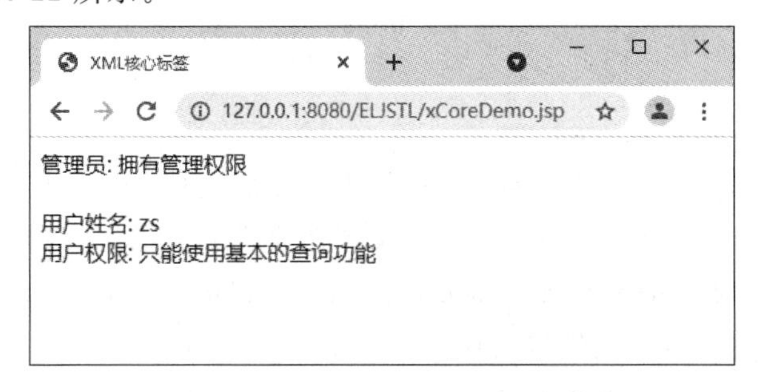

图 10-22 xCoreDemo.jsp 的运行效果

使用 JSTL 处理 XML 文档时,通常先用<c:import>标签读入一个 XML 文件,通过属性 var 设置的变量名对其进行引用。<c:import>标签的 charEncoding 属性可以指定 XML 文件的编码方式。<x:parse>标签用来分析 XML 文件,并将其转换成方便存储的数据结构,doc 属性指定要分析的 XML 文件,var 属性用来指定分析后的 XML 文件变量名,此变量名将会被其他 XML 标签使用。<x:out>标签将 Xpath 表达式所指定的内容输出到网页,select 属性指定 Xpath 表达式,select 属性的值只能是 Xpath 表达式,而不能是 EL 表达式。Xpath 表达式类似于表示目录结构的方式,例如 $uxml/users/role 表示 uxml 文档中根节点 users 下 role 子节点的内容。在 Xpath 中,节点属性以@符号开头,例如 $uxml/users/user/@name 表示 user 节点的 name 属性。有关 Xpath 表达式的详细介绍请参考 http://www.w3.org/TR/xpath/。

例程 10-25 中演示了常见 XML 流控制标签的用法。

例程 10-25 xFlowDemo.jsp

```
<%@ taglib uri="http://java.sun.com/jsp/jstl/core" prefix="c"%>
<%@ taglib uri="http://java.sun.com/jsp/jstl/xml" prefix="x"%>
<%@ page language="java" contentType="text/html;charset=UTF-8"%>
<html>
<head><title>XML 流控制标签</title></head>
<body>
```

```
<c:import url="user.xml" charEncoding="UTF-8" var="uxmlDoc"/>
<x:parse doc="${uxmlDoc}" var="uxml"/>
<!-- 判断在根节点 users 下是否存在属性 name='root'的 user 子节点 -->
<x:if select="$uxml/users/user[@name='root']">
用户 root 的密码:
<!-- 输出属性 name='root'的 user 节点的 password 属性值 -->
<x:out select="$uxml/users/user[@name='root']/@password"/><br><br>
</x:if>
<!-- 判断在根节点 users 下是否存在属性 name='admin'的 user 子节点 -->
<x:choose>
<x:when select="$uxml/users/user[@name='admin']">
用户 admin 存在<br><br>
</x:when>
<x:otherwise>
用户 admin 不存在<br><br>
</x:otherwise>
</x:choose>
普通用户列表:<br>
<!-- 遍历根节点 users 下所有属性 role='普通用户'的 user 子节点,并将其
name 属性值赋给变量 username -->
<x:forEach select="$uxml/users/user[@role='普通用户']/@name"
var="username">
${username}<br>
</x:forEach>
</body>
</html>
```

运行效果如图 10-23 所示。

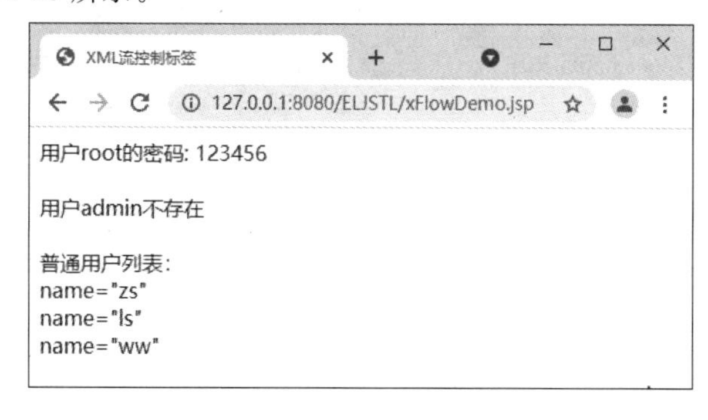

图 10-23 xFlowDemo.jsp 的运行效果

<x:if>标签会在其 select 属性的 Xpath 表达式为 true 时,处理其 body 内容。在 Xpath 表达式中可使用 nodeName[@attributeName=attributeValue]来获取指定属性值的节点,例如 $uxml/users/user[@name='root']表示属性 name 的值为 root 的 user 节点。<x:choose>、<x:when>和<x:otherwise>标签用来控制互斥条件的内容,作用类似于 Java 语法中的 if 与 else。<x:forEach>标签可遍历 select 属性指定的 Xpath 表达式内容,其值的变量名可用 var 属性值指定。

10.2.4 JSTL 的格式化/国际化标签

JSTL 提供了格式化/国际化标签库，在该标签库中的标签一共有 12 个，被分为了两类，分别是：

- 格式化标签：<fmt:timeZone>、<fmt:setTimeZone>、<fmt:formatNumber>、<fmt:parseNumber>、<fmt:formatDate>、<fmt:parseDate>
- 国际化标签：<fmt:setLocale>、<fmt:bundle>、<fmt:setBundle>、<fmt:message>、<fmt:param>、<fmt:requestEncoding>

1. 格式化标签

格式化标签使 Web 页面设计者能够很方便地在 JSP 页面中对日期型和数值型进行格式化输出，例程 10-26 演示了常见格式化标签的用法。

例程 10-26 fmtDemo.jsp

```
<%@ taglib uri="http://java.sun.com/jsp/jstl/fmt" prefix="fmt"%>
<%@ page language="java" contentType="text/html;charset=UTF-8"%>
<html><head><title>fmt 格式化</title></head>
<body>
<jsp:useBean id="now" class="java.util.Date"/>
<fmt:formatDate value="${now}" dateStyle="long"/><br>
<fmt:timeZone value="GMT+8">
<fmt:formatDate value="${now}" type="both"
dateStyle="full" timeStyle="full"/><br>
</fmt:timeZone>
<fmt:formatNumber value="500" type="currency" pattern="￥.00"/><br>
<fmt:formatNumber value="0.12" type="percent"/><br>
<fmt:parseNumber value="15%" type="percent" var="num"/>
${num}
</body>
</html>
```

运行效果如图 10-24 所示。

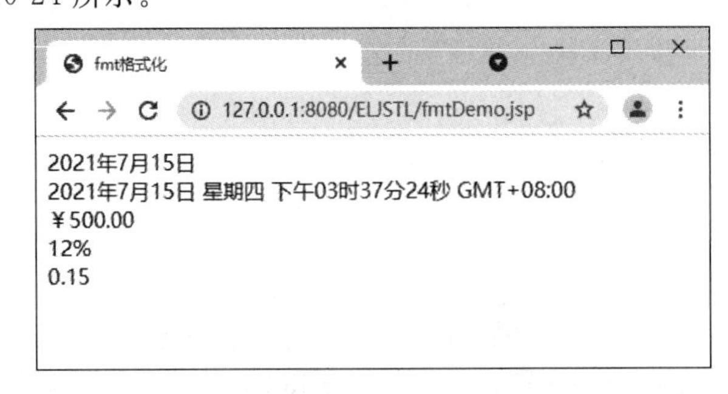

图 10-24 fmtDemo.jsp 的运行效果

<fmt:formatDate>标签用来设置日期和时间的格式，属性 value 为要设定格式的日期和时间，其类型为 java.util.Date。属性 type 指定要设定的格式部分为时间(time)、日期(date)或者全部(both)。属性 dateStyle 设置日期格式，属性 timeStyle 设置时间格式，这两个属性取值需符合类 java.text.DateFormat 的定义，有 default、short、medium、long 和 full。

<fmt:timeZone>标签用来设定时区，属性 value 的类型为 String 或 java. util. TimeZone，如果使用 String 型表示时区 ID，则依据 Java 平台的时区 ID 定义(例如：Asia/Shanghai)或常见的时区 ID(GMT+8)。

<fmt:formatNumber>标签用来将数值的格式设置为数字、金额或百分比，属性 value 为要设定格式的数值，属性 type 定义格式类型，包括数值(number)、金额(currency)和百分比(percent)，属性 pattern 为自定义格式模板。

<fmt:parseNumber>标签用来分析代表数字、金额或百分比的字符串，属性 value 为要分析的字符串，属性 type 定义格式类型，有数值(number)、金额(currency)和百分比(percent)，属性 var 指定引用分析结果的变量名，其变量类型为 java. lang. Number。

2. 国际化标签

国际化(Internationalization)又称为 I18N，这是因为国际化的英文单词以字母 I 开头，字母 N 结尾，中间共有 18 个字母。Web 应用进行国际化，是为了让不同国家和地区的用户访问网站时，能够看到以本国语言显示的内容。JSTL 提供了几种国际化标签，使设计者很方便地实现 Web 应用国际化功能。

在 JSP 页面中使用国际化标签前，需要先创建不同语种的 properties 配置文件。以一个用中英文显示欢迎语的国际化页面为例，首先创建一个英文的默认配置文件 appStr. properties，内容如下：

```
welcome=welcome to our Web!
```

然后创建一个中文配置文件 appStr_zh. properties，内容如下：

```
welcome=欢迎光临本网站!
```

此文件需要使用 jdk 自带的程序 native2ascii，将其转换成 Unicode 编码。此程序在 jdk 安装目录的 bin 子目录下，执行如下命令：

```
native2ascii appStr_zh. properties appStr_zh_CN. properties
```

将 appStr_zh. properties 文件转换成 Unicode 编码文件 appStr_zh_CN. properties，转换后的文件内容如下：

```
welcome=\u6B22\u8FCE\u5149\u4E34\u672C\u7F51\u7AD9\!
```

将 appStr. properties 和 appStr_zh_CN. properties 文件复制到 Web 应用下的 WEB-INF\classes 文件夹中，如使用 Eclipse，则直接复制到该项目的源代码文件夹(src)中。最后编辑 JSP 页面，源码如例程 10-27 所示。

例程 10-27 I18NDemo. jsp

```
<%@ taglib uri="http://java. sun. com/jsp/jstl/fmt" prefix="fmt"%>
<%@ page language="java" contentType="text/html;charset=UTF-8"%>
<html><head><title>国际化演示</title></head>
<body>
<fmt:setLocale value="zh_CN"/>
<fmt:bundle basename="appStr">
    <fmt:message key="welcome"/><br>
</fmt:bundle>
<fmt:setBundle basename="appStr" var="vappStr"/>
<fmt:message key="welcome" bundle="${vappStr}"/>
```

```
</body>
</html>
```

运行效果如图 10-25 所示。

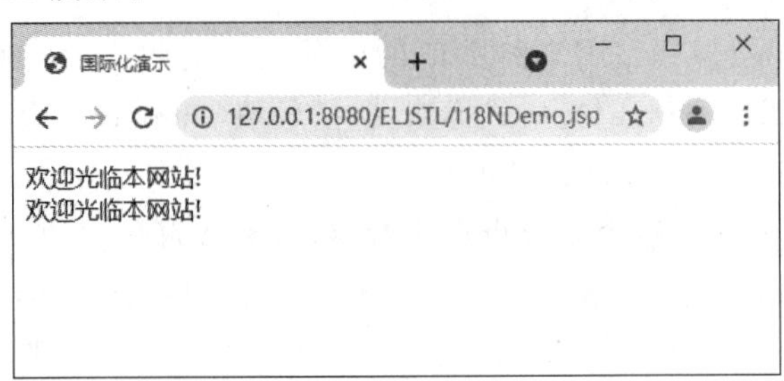

图 10-25 I18NDemo.jsp 的运行效果

<fmt:setLocale>标签用来指定语言和区域(Locale),属性 value 设置为 Locale,其类型可以是 String 或 java.util.Locale,如果是 String 类型必须包含两个小写英文字母的语言代号(需符合 ISO-639 标准,如 zh 代表中文),另外可以包含两个大写英文字母的国家代号(需符合 ISO-3166 标准,如 CN 代表中国),语言和国家代号之间要以符号"-"或"_"隔开。

<fmt:bundle>建立国际化环境,以供嵌入其中的子标签使用,属性 basename 指定 properties 配置文件的名称,注意不包括后缀名,其格式与 class 文件全名一样。

<fmt:message>查询 properties 配置文件中的国际化信息字符串,属性 key 指定信息的键值,属性 bundle 指定国际环境变量名,如果<fmt:message>作为<fmt:bundle>的子标签则无须设置 bundle 属性。

<fmt:setBundle>建立国际化环境,并且存储到范围变量中,属性 basename 指定 properties 配置文件的名称,属性 var 指定变量名。

10.2.5 JSTL 的函数标签

在 JSTL 中为 EL 提供了一些实用的函数标签来实现相应的功能。

- 获取 collection 接口实例对象的元素个数或字符串的长度:length
- 字符串大小写转换:toLowerCase、toUpperCase
- 获取子字符串:substring、substringAfter、substringBefore
- 去除字符串两端空格:trim
- 替换字符串中的字符:replace
- 检查字符串中是否包含指定的字符串:indexOf、startsWith、endsWith、contains、containsIgnoreCase
- 分割字符串(split)到数组,以及连接数组元素组成数值(join)
- 转换字符串中的 XML 特殊字符:escapeXml

例程 10-28 中演示了部分常用标签的用法。

例程 10-28 fnDeom.jsp

```
<%@ taglib uri="http://java.sun.com/jsp/jstl/core" prefix="c"%>
<%@ taglib uri="http://java.sun.com/jsp/jstl/functions" prefix="fn"%>
<%@ page language="java" contentType="text/html;charset=UTF-8"%>
<html><head><title>fn 标记</title></head>
```

```
<body>
name="www. baidu. com"<br>
<c:set value="www. baidu. com" var="name"/>year=" 2010 "<br><br>
<c:set value=" 2010 " var="year" scope="request"/>
变量 name 的字符串长度:${fn:length(name)}<br><br>
截取变量 name 第 4 个到第 9 个字符间的子字符串,并将其全部转换成大写:
${fn:toUpperCase(fn:substring(name, 4, 9))}<br><br>
截取变量 name 中第一个'.'字符前的子字符串:
${fn:substringBefore(name, '.')}<br><br>
去除字符串两端空格:${fn:trim(year)} ${"0808"}<br><br>
变量 name 中第一个'.'字符的位置:${fn:indexOf(name,'.')}<br><br>
<%-- 如果变量 name 中含有'com'子字符串,则将 name 显示出来 --%>
<c:if test="${fn:containsIgnoreCase(name, 'com')}">
Found name: ${name}
</c:if><br><br>
将变量 name 中所有的'.'字符替换为'-':${fn:replace(name, '.', '-')}
<br><br>
<%--转换字符串中的 XML 特殊字符 --%>
${fn:escapeXml("<h5>五级标题</h5>")}:${"<h5>五级标题</h5>"}
</body>
</html>
```

运行效果如图 10-26 所示。

图 10-26　fnDemo. jsp 的运行效果

典型模块应用

Web 页面用户投票功能实现

案例 10-1　用户投票。

用户投票是网站中一个常见的功能,本节以一个简单的用户投票功能实现来综合应用本任务讲解的知识和技术。在这个用户投票功能中，用户首先在用户投票页面选择最喜欢的休闲方式，提交后会看到投票统计结果。

- vote.jsp

```
<%@ page contentType="text/html;charset=UTF-8"%>
<html>
<head>
<title>用户投票</title>
</head>
<body>
<form name="vote" method="Post" action="voteResult.jsp">
你最喜欢的休闲方式:<br>
<input type="radio" name="favor" value="book" checked />
读书<input type="radio" name="favor" value="sport"/>
运动<input type="radio" name="favor" value="net"/>
上网<input type="radio" name="favor" value="movie"/>
电影<input type="radio" name="favor" value="other"/>
其他<br><input type="submit" value="投票">
</form>
</body>
</html>
```

运行效果如图10-27所示。

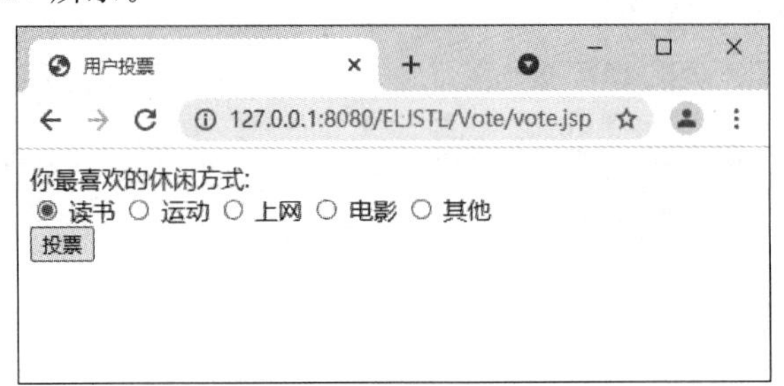

图10-27 用户投票页面1

- voteResult.jsp

```
<%@ taglib uri="http://java.sun.com/jsp/jstl/core" prefix="c"%>
<%@ taglib uri="http://java.sun.com/jsp/jstl/fmt" prefix="fmt"%>
<%@ page language="java" contentType="text/html;charset=UTF-8"%>
<html>
<head><title>投票统计结果</title></head>
<body>
<h3>网友最喜欢的休闲方式</h3>
<!-- 设置application范围变量cnt存储参加投票总人数-->
<c:set value="${applicationScope.cnt+1}"
var="cnt" scope="application"></c:set>
<!-- 根据参数favor值判断用户选择的休闲方式,并将对应的application范围计数变量加1-->
<c:choose>
<c:when test="${param.favor=='book'}">
```

```
<c:set value="${applicationScope.bookcnt+1}"
var="bookcnt" scope="application"></c:set>
</c:when>
<c:when test="${param.favor=='sport'}">
<c:set value="${applicationScope.sportcnt+1}"
var="sportcnt" scope="application"></c:set>
</c:when>
<c:when test="${param.favor=='net'}">
<c:set value="${applicationScope.netcnt+1}"
var="netcnt" scope="application"></c:set>
</c:when>
<c:when test="${param.favor=='movie'}">
<c:set value="${applicationScope.moviecnt+1}"
var="moviecnt" scope="application"></c:set>
</c:when>
<c:when test="${param.favor=='other'}">
<c:set value="${applicationScope.othercnt+1}"
var="othercnt" scope="application"></c:set>
</c:when>
</c:choose>
读书:
${empty applicationScope.bookcnt? 0:applicationScope.bookcnt}
(
    <!-- 使用百分比方式显示统计结果 -->
    <fmt:formatNumber
    value="${applicationScope.bookcnt/applicationScope.cnt}"
    type="percent"></fmt:formatNumber>
)
<br>运动:
${empty applicationScope.sportcnt? 0:applicationScope.sportcnt}
(
    <fmt:formatNumber
    value="${applicationScope.sportcnt/applicationScope.cnt}"
    type="percent"></fmt:formatNumber>
)
<br>上网:
${empty applicationScope.netcnt? 0:applicationScope.netcnt}
(
    <fmt:formatNumber
    value="${applicationScope.netcnt/applicationScope.cnt}"
    type="percent"></fmt:formatNumber>
)
<br>电影:
${empty applicationScope.moviecnt? 0:applicationScope.moviecnt}
```

```
(
    <fmt:formatNumber
    value="${applicationScope.moviecnt/applicationScope.cnt}"
    type="percent"></fmt:formatNumber>
)
<br>其他:
${empty applicationScope.othercnt? 0:applicationScope.othercnt}
(
    <fmt:formatNumber
    value="${applicationScope.othercnt/applicationScope.cnt}"
    type="percent"></fmt:formatNumber>
)
</body>
</html>
```

运行效果如图10-28所示。

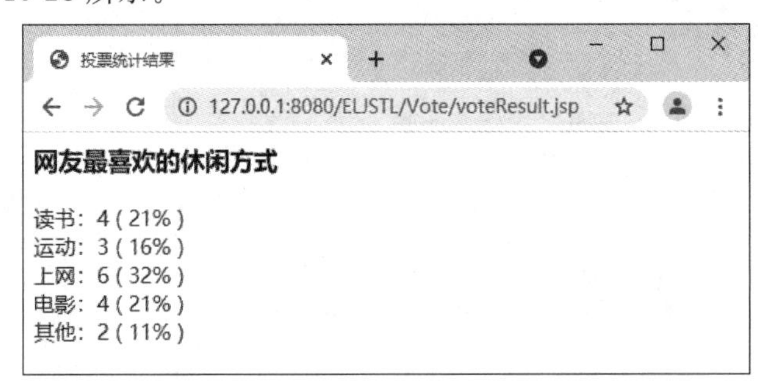

图10-28 用户投票页面2

JSTL数据有效性校验

案例10-2 JSTL数据有效性校验。

使用JSTL技术可以校验用户输入数据的有效性,本案例演示校验用户输入是否为空,密码和确认密码是否一致以及E-mail地址中是否包含有效字符"@"。

- jstlverify.jsp

```
<%@ page language="java" contentType="text/html; charset=UTF-8"%>
<%@ taglib uri="http://java.sun.com/jsp/jstl/fmt" prefix="fmt"%>
<%@ taglib uri="http://java.sun.com/jsp/jstl/core" prefix="c"%>
<%@ taglib uri="http://java.sun.com/jsp/jstl/functions" prefix="fn"%>
<HTML>
<HEAD>
<TITLE>用户注册</TITLE>
</HEAD>
<BODY>
<H1>
用户注册
</H1>
<c:if test="${param.submitted}">
<c:if test="${empty param.name}" var="noName"/>
<c:if test="${empty param.pwd}" var="noPwd"/>
```

```
<c:if test="${empty param.email}" var="noEmail"/>
<c:if test="${param.pwd!=param.conpwd}" var="notsame"/>
<c:if test="${not(fn:contains(param.email,\"@\"))}"
var="invalidemail"/>
<c:if test="${not(noName or noEmail or noPwd or notsame or invalidemail)}">
<c:redirect url="success.jsp">
<c:param name="username" value="${param.name}"/>
</c:redirect>
</c:if>
</c:if>
<form method="post">
<input type="hidden" name="submitted" value="true"/>
<p>
用户名：
<input type="text" name="name" value="${param.name}"/>
<br />
<c:if test="${noName}">
<small><font color="red"> 用户名不能为空！</font> </small>
</c:if>
</p>
<p>
密 码：
<input type="password" name="pwd" value="${param.pwd}"/>
<br />
<c:if test="${noPwd}">
<small><font color="red"> 密码不能为空！</font> </small>
</c:if>
</p>
<p>
确认密码：
<input type="password" name="conpwd" value="${param.conpwd}"/>
<br />
<c:if test="${notsame}">
<small><font color="red"> 两次密码输入不一致！</font> </small>
</c:if>
</p>
<p>
E-mail 地址：
<input type="text" name="email"
value="<c:out value="${param.email}"/>"/>
<br />
<c:if test="${noEmail}">
<small><font color="red"> E-mail 地址不能为空！</font> </small>
</c:if>
```

```
<c:if test="${invalidemail}">
<small><font color="red"> E-mail 地址格式不对！</font> </small>
</c:if>
</p>
<input type="submit" value="注册"/>
</form>
</BODY>
</HTML>
```

- success.jsp

```
<%@ page contentType="text/html;charset=UTF-8"%>
<HTML>
<HEAD>
<TITLE>注册成功</TITLE>
</HEAD>
<BODY>
用户 ${param.username}注册成功！
</BODY>
</html>
```

运行效果如图10-29所示。

图10-29　用户注册校验页面

常见问题释疑

1. 以下哪个EL表达式可以替换JSP代码<%request.getRemoteAddr();%>？（　　）

A. ${remoteAddr}

B. ${requestScope.request.remoteAddr}

C. ${request.remoteAddr}

D. ${pageContext.request.remoteAddr}

E. ${requestScope.remoteAddr}

答案：D

解释：在EL中可以通过pageContext对象获取servletContext、session、request和response等对象，然后通过这些对象得到相关的信息。

2. 对于下面这段代码：

```
<html><body>
${(3 + 6 + a > 0) ?'positive' : 'negative'}
</body></html>
```

以下说法哪个正确？（ ）

A. 输出 positive

B. 输出 negative

C. 会抛出异常，因为变量 a 没有定义

D. 会抛出异常，因为 EL 表达式有语法错误

答案：A

解释：在 EL 表达式中，变量名可以不定义而直接使用，此时如果在 EL 表达式的 4 个作用域访问隐含对象中都没有此变量名指定的属性，则此变量名会被忽略而不会抛出异常。上面的代码也没有语法错误。因此选项 C 和选项 D 是错误的。变量 a 被忽略后表达式(3+6>0)的值为 true，因此选项 A 是正确答案。

3. 以下哪两项正确设置了有效范围为 request 的属性 priority 的值为 medium？（ ）

A. <c:set property="priority" scope="request">medium</c:set>

B. <c:set property="priority" value="medium" scope="request" />

C. <c:set var="priority" value="medium" />

D. <c:set var="priority" scope="request">medium</c:set>

E. <c:set var="priority" value="medium" scope="request" />

答案：D，E

解释：<c:set>标记的 property 属性与 target 属性一起用来为对象属性赋值，不能单独使用，因此选项 A 和 B 不正确。在<c:set>标记中如果不使用 scope 属性指定变量的有效范围，则默认有效范围为 page，因此选项 C 也不正确。

4. 以下哪项 JSTL 中的 forEach 标记使用正确？（ ）

A. <c:forEach varName="count" begin="1" end="10" step="1">

B. <c:forEach var="count" begin="1" end="10" step="1">

C. <c:forEach test="count" beg="1" end="10" step="1">

D. <c:forEach var="count" start="1" end="10" step="1">

答案：B

解释：JSTL 中的<c:forEach>标记与 Java 中的 for 语句功能类似。在<c:forEach>标记中使用属性 var 来设置循环变量，因此选项 A 和 C 是错误的。当标记执行时，循环变量从 begin 属性值开始以 step 属性值递增，直到 end 属性值为止，因此选项 B 是正确的。

5. 以下哪项不是 EL 表达式的隐含对象？（ ）

A. param

B. cookie

C. header

D. pageContext

E. contextScope

答案：E

解释：在上面5个选项中，只有contextScope不是EL中的隐含对象。

6.以下哪项表达式无法返回header对象的accept属性？（　　）

A. ${header.accept}

B. ${header[accept]}

C. ${header['accept']}

D. ${header["accept"]}

答案：B

解释：在EL中，可以使用符号"."或"[ ]"来访问对象的属性。在使用"[ ]"访问对象属性时必须用单引号或双引号围住属性名。因此选项B是错误的。

7.用c表示JSTL库，以下哪项输出结果和JSP代码<%= var %>一样？（　　）

A. <c:set value=var>

B. <c:var out= ${var}>

C. <c:out value= ${var}>

D. <c:out var="var">

答案：C

解释：<c:out>标记计算表达式的值，并将结果输出到网页中。其语法如下：

```
<c:out value="value" [escapeXml="{true|false}"] [default="default value"]/>
```

可以使用EL表达式作为其输出值，所以选项C是正确的。

8.<c:if>的哪个属性定义了条件表达式？（　　）

A. cond

B. value

C. check

D. test

答案：D

解释：<c:if>标记为条件控制标记，如果其属性test的值为true，JSP容器则处理标记体中的内容并输出结果。所以选项D是正确的。

情境案例提示

本书中的项目案例——生产性企业招聘管理系统在JSP页面设计中大部分都是采用JSTL和EL来处理和显示视图层中的数据。例如在添加应聘信息页面（applier_add.jsp）中，填写应聘信息的可能是管理员也可能是普通应聘者，此时就需要判断填写者的身份，如果是管理员则在注册名文本框中显示系统自动生成，否则就显示普通应聘者的注册名。具体的过程见下面的代码注释：

```
<td class="STYLE19" width="18%" height="30" align="right">注册名：
</td>
<td class="STYLE19" width="32%" >
    <input type="text" name="username" readonly
    <c:choose>
        //判断登录的角色
        <c:when test="${mes_user.role.rolename eq '管理员' }">
            //是管理员显示"系统自动生成"
```

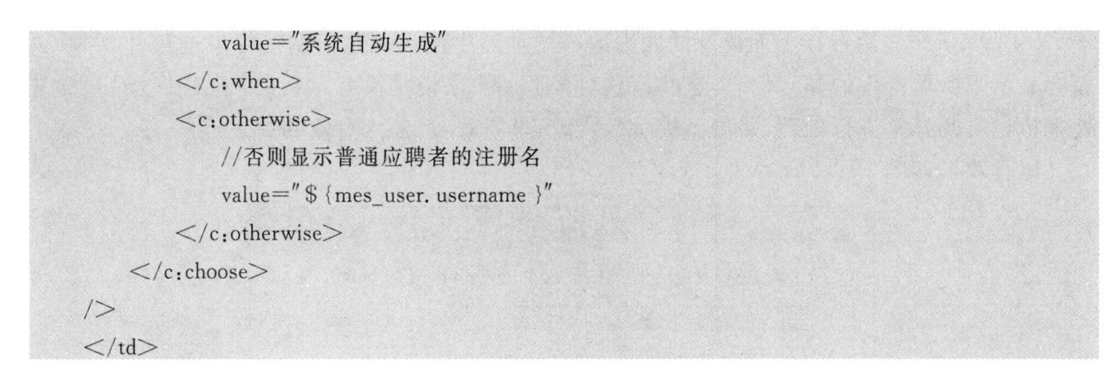

```
            value="系统自动生成"
        </c:when>
        <c:otherwise>
            //否则显示普通应聘者的注册名
            value="${mes_user.username}"
        </c:otherwise>
    </c:choose>
/>
</td>
```

任务小结

EL和JSTL使那些不熟悉Java语法的页面设计者能更高效地开发出JSP页面。EL语法简单，提供了多种运算符进行表达式运算，提供了简单的范围变量获取方式，提供了一系列隐含对象增强其数据处理和显示功能，用户还可以通过自定义函数来扩展EL的功能。JSTL提供了功能强大的标签来处理显示数据，其中包括核心标签、XML标签、格式化/国际化标签、数据库存取标签和函数标签。

JSP技术解决了Servlet输出Web页面代码繁琐复杂的问题，而EL与JSTL技术的出现，通过EL表达式取值，通过JSTL来处理Web页面展示逻辑，使得Web页面设计更为简洁方便。IT技术是不断发展的，因此我们需要培养用发展的观点来看待新技术出现与应用的能力，不断提升学习新技术的能力。

实战演练

[实战10-1]请使用本任务学习的EL和JSTL技术设计一个网页四则运算器，用户可以输入两个数字，并选择运算符号，当用户单击等号按钮时，在本网页下方能出现运算结果。

运行效果如图10-30和图10-31所示。

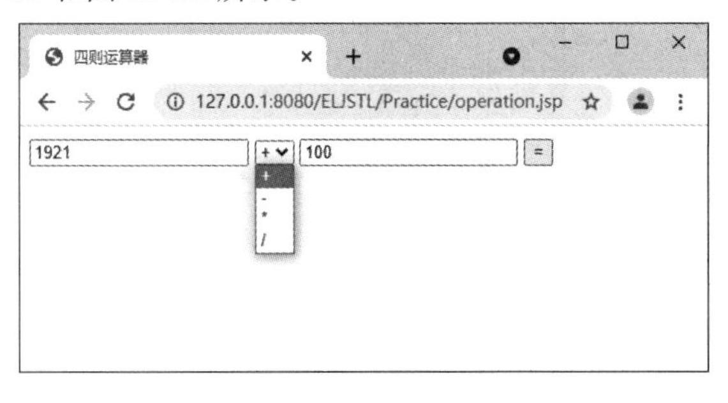

图10-30　四则运算器页面1

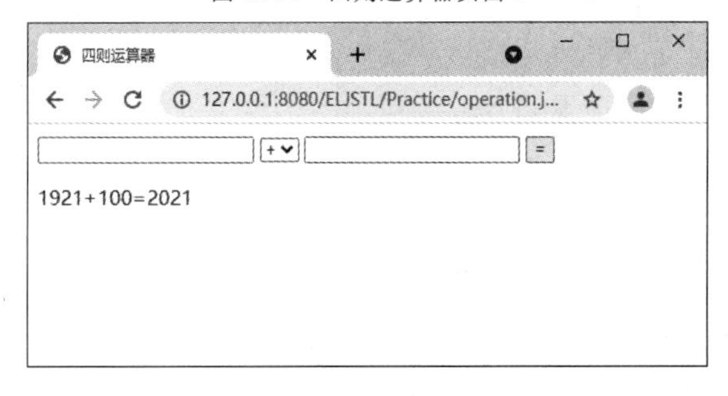

图10-31　四则运算器页面2

[实战10-2]当用户在上面设计的四则运算器页面中输入非数值型字符串进行计算时，页面会显示服务器产生的异常信息，这些信息对普通用户来说是没有意义的，请使用JSTL异常处理标记对此异常进行处理，并给出提示“运算结果无效，请输入有效的数字！”

运行效果如图10-32所示。

图10-32 错误提示

[实战10-3]设计一个网页加法表达式计算器，可对类似“1＋2＋3＋4”的加法表达式进行计算。提示：可通过<c:forTokens>标签对表达式进行解析。运行效果如图10-33所示。

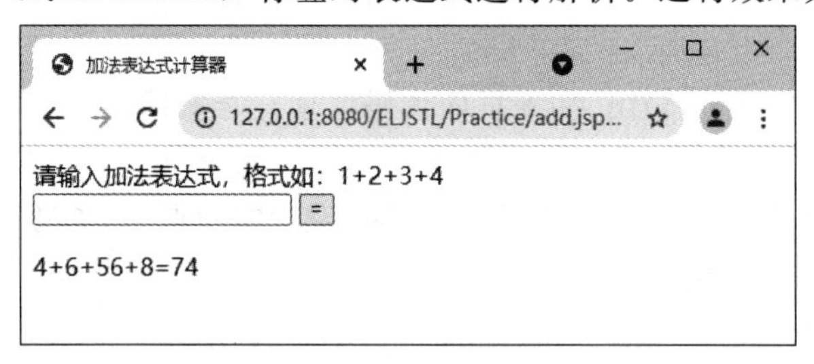

图10-33 加法表达式计算器

[实战10-4]使用JSTL中的XML标签对下面的store.xml文件进行解析，将其中所有的食品类别商品显示出来。

```
<?xml version="1.0" encoding="UTF-8"?>
<store>
    <category name="食品">
    <item name="面包" price="1.00"/>
    <item name="蛋糕" price="1.50"/>
    <item name="薯片" price="5.00"/>
    </category>
    <category name="日用品">
    <item name="牙膏" price="3.00"/>
    <item name="毛巾" price="2.00"/>
    </category>
</store>
```

知识拓展

JSP自定义标签

JSTL提供了丰富的标签来实现各种常用的功能，但有时用户需要通过自定义JSP标签来满足一些特殊的功能需求。自定义JSP标签首先要设计一个Java类来具体实现自定义标签的功能，这个Java类必须实现接口Tag，但为了设计方便通常是直接继承该接口的实现类TagSupport。自定义标签Java类需重写TagSupport类的doStartTag和doEndTag方法来实现具体的功能。doStartTag方法会在标签开始时执行，而doEndTag方法则在标签结束时执行。下面的PressTag类重写了doEndTag方法，也就是在标签结束时输出字符串“大连理工大学出版社”。

- PressTag.java

```
package bean;
import java.io.IOException;
import javax.servlet.jsp.tagext.TagSupport;
public class PressTag extends TagSupport {
    public int doEndTag() {
        try {
            pageContext.getOut().println("大连理工大学出版社");
        } catch(IOException e) {
            e.printStackTrace();
        }
        return EVAL_PAGE;
    }
}
```

自定义标签Java类设计好后，接着需要设计标签库描述文件(Tag Library Descriptor)。该文件是一个XML类型的配置文件，其中描述了自定义标签库和标签的相关信息，并提供了Java类和标签的映射关系。下面的mytaglib.tld文件将press标记与PressTag类进行了映射。

- mytaglib.tld

```
<?xml version="1.0" encoding="UTF-8"?>
<!DOCTYPE taglib PUBLIC "-//Sun Microsystems, Inc.//DTD JSP Tag Library 1.2//EN" "http://
java.sun.com/j2ee/dtds/web-jsptaglibrary_1_2.dtd">
<taglib>
    <!-- 该标记库的版本号为1.0 -->
    <tlibversion>1.0</tlibversion>
    <!-- JSP版本为2.3 -->
    <jspversion>2.3</jspversion>
    <!-- 该标记库简称 -->
    <shortname>MyTagLib</shortname>
    <tag>
    <!-- 标记名 -->
    <name>press</name>
    <!-- 实现标记功能的Java类 -->
    <tagclass>bean.PressTag</tagclass>
    </tag>
</taglib>
```

将 mytaglib.tld 文件部署在目录 WEB-INF\tlds 中，就可以在 JSP 页面中使用自定义标记 press 了。myTag.jsp 页面演示了自定义标记 press 的用法，首先通过 taglib 指令指定子标记库的 URI 和前缀，然后在页面中就可以直接使用 press 标记输出字符串“大连理工大学出版社”。

- myTag.jsp

```
<%@ taglib uri="WEB-INF/tlds/mytaglib.tld" prefix="mytaglib"%>
<%@ page language="java" contentType="text/html;charset=UTF-8"%>
<html><head><title>自定义标签</title></head>
<body>
<mytaglib:press />
</body>
</html>
```

第三部分 情境案例分析篇

生产性企业招聘管理系统

本部分是一个应用于实际的生产性企业的招聘管理系统，在任务1项目概述之后，前面的每个任务里已详细讲解了其中重要的知识点，这里综述此系统，并详解每个功能模块，综合运用JSP技术、Servlet技术、JSTL技术、过滤器、MVC模式、数据库开发与连接技术。

任务11 生产性企业招聘管理系统开发

能力目标

1. 掌握 JSP 开发技术、Servlet 开发技术、JSTL 技术、数据库开发技术、JDBC 技术。
2. 理解 MVC 模式工作原理。

素质目标

1. 培养工程意识思维，铸就工匠精神。
2. 培养业务情境中高效沟通能力。
3. 分析问题以及拟定可能的解决方案的能力。
4. 用科学的方法全面、清晰地表述系统架构。
5. 培养乐观坚韧专业的职业态度。

11.1 用例设计

11.1.1 用例模型

在经过任务 1 对于生产性企业招聘管理系统功能进行分析后，这里可以通过统一建模语言(UML)来分析设计招聘管理系统。首先，使用用例模型详细描述各个模块用例之间的关系。图 11-1 为参考用的系统用例图。

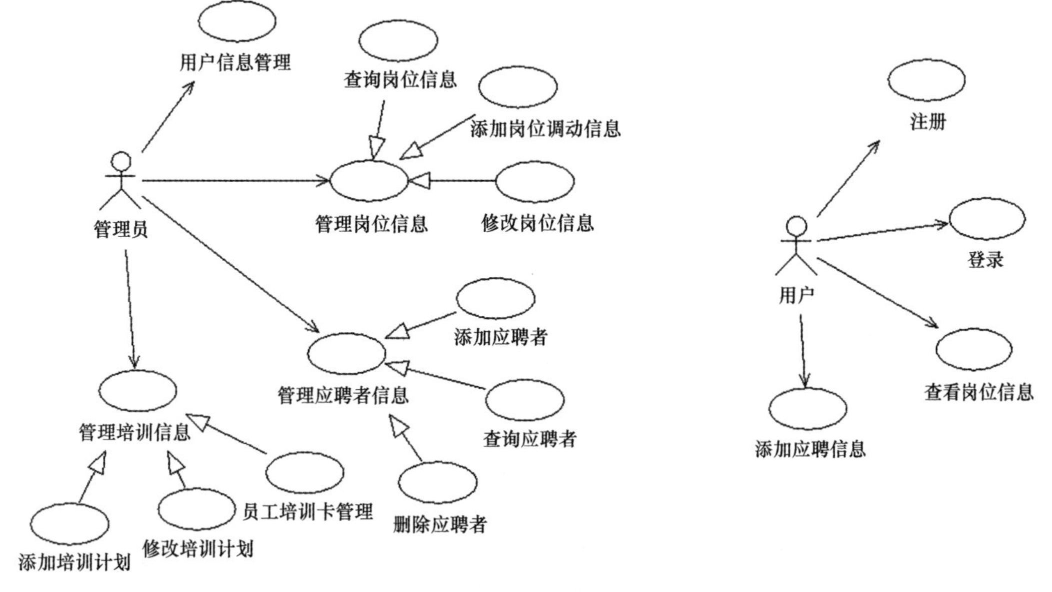

图 11-1 用例模型

11.1.2 用例规约

从用例图中，仅能看出各个用例之间的关系，但不足以帮助编码，还需详细描述每个用例的事件流，即用例规约。这里仅以求职者“添加应聘者信息”用例为例。

用例编号：001

用例名：添加应聘者信息

参与者：应聘者

前置条件：应聘者已登录

后置条件：应聘者应聘信息保存成功

事件路径：

1. 上传照片。
2. 填写应聘信息。
3. 选择保存信息。
4. 系统更新数据。
5. 显示个人应聘信息详情。

补充说明：注意部分信息需填写完全。

这里读者可自行完善代码，完成添加应聘者信息的异常事件流及可选事件流。

11.2 数据库设计

11.2.1 数据库总体设计

根据系统功能要求及数据流图设计出参考数据库见表11-1。

表11-1 数据库的说明表

数据库表	表　名	功能描述
系统用户表	t_user	记录系统所有的用户信息
用户权限表	t_role	记录系统用户的权限
应聘申请信息	t_applier	记录应聘者的应聘信息
档案接收登记表	t_accept	记录员工的档案借调信息
学历表	t_degree	记录相关的学历信息
部门表	t_depertment	记录公司相关的部门
待聘职位表	t_job	记录公司待聘职位信息
牌号表	t_paihao	记录工号牌牌号类别信息
培训计划表	t_pxjh	记录公司的培训计划信息
培训卡表	t_peixunka	记录公司员工的培训记录信息
岗位表	t_post	记录公司的岗位信息
单位表	t_unit	记录公司的所有单位信息
基本信息表	t_ygjbxx	记录员工的基本信息
个人简历表	t_yggrjl	记录员工的个人简历信息

11.3　详细设计

11.3.1　权限说明

经过对需求的反复推敲，修改权限范围及其职责，系统分为两个角色：管理员、应聘者。见表 11-2。

表 11-2　　权限说明表

部　门	角　色	权限规划
人力资源部	管理员	(1)空缺岗位管理 (2)员工培训管理 (3)员工招聘管理 (4)用户基本信息管理
应聘者	应聘者	(1)个人招聘维护

11.3.2　目录功能对照表

在任务 6 已经详细地阐述了本系统是如何使用 MVC 模式的，这里仅列出具体的项目框架，如图 11-2 和图 11-3 所示。

EHRM
src
com.esoft.dao
com.esoft.dao.impl
com.esoft.factory
com.esoft.filter
com.esoft.jdbc
com.esoft.page
com.esoft.servlet
com.esoft.util
com.esoft.vo
Web App Libraries
Apache Tomcat v9.0 [Apache Tomcat v9.0]
JRE System Library [jdk-10]
build
WebContent

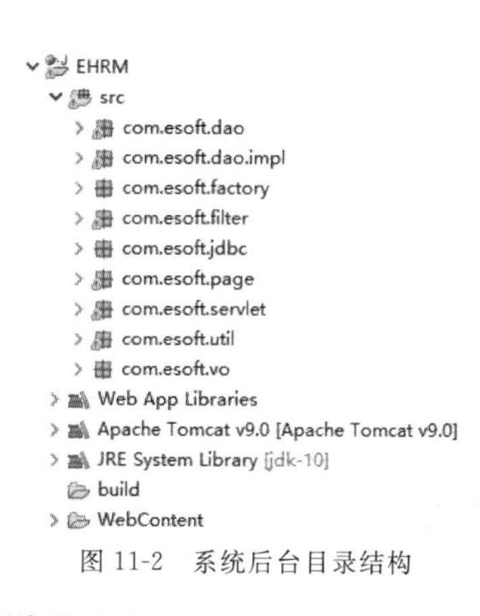

图 11-2　系统后台目录结构

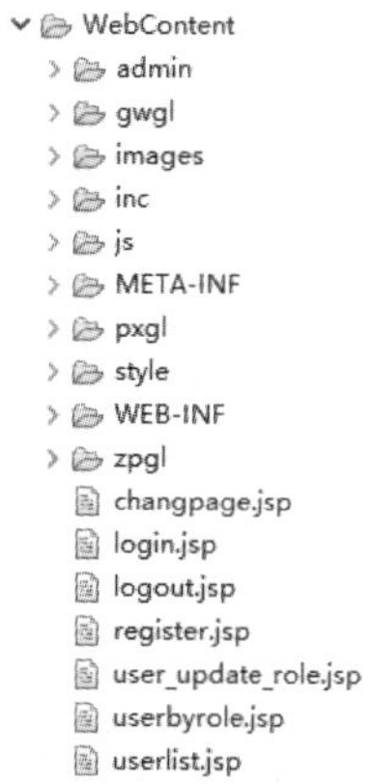

WebContent
admin
gwgl
images
inc
js
META-INF
pxgl
style
WEB-INF
zpgl
changpage.jsp
login.jsp
logout.jsp
register.jsp
user_update_role.jsp
userbyrole.jsp
userlist.jsp

图 11-3　系统前台目录结构

目录功能对照说明见表 11-3。

表 11-3　　目录功能对照表

对应目录	功能说明	备　注
com. esoft. dao	用于存放所有模型对象数据库操作 DAO 的接口集合	后台
com. esoft. dao. impl	用于存放所有模型对象实现数据库操作接口的类集合	后台
com. esoft. factory	用于存放数据库操作的工厂方法	后台
com. esoft. filter	用于存放过滤器	后台
com. esoft. jdbc	用于存放底层连接数据库的公共代码	后台
com. esoft. page	用于存放分页显示的 JavaBean 组件	后台

（续表）

对应目录	功能说明	备　注
com. esoft. servlet	用于存放所有 Servlet 组件	后台
com. esoft. util	用于存放实用工具类	后台
com. esoft. vo	用于存放实体对象	后台
/WEB-/INF/lib	用于存放公用的库文件，例如，MySQL 的驱动程序	后台
admin	用于存放所有公共页面	前台
gwgl	用于存放岗位管理所有前台页面	前台
images	用于存放图片	前台
inc	用于存放分页显示的 JSP 文件	前台
js	用于存放所有 JS 文件	前台
pxgl	用于存放培训管理所有前台页面	前台
zpgl	用于存放招聘管理所有前台页面	前台
style	用于存放所有的样式表	前台

11.3.3 前台/后台界面设计及实现

前台页面设计成如图 11-4 所示的页面布局，其中页眉部分、页脚部分为各页面相同的内容，内容部分为各页不同部分。

页眉部分
内容部分
页脚部分

图 11-4　页面布局

登录页面如图 11-5 所示。

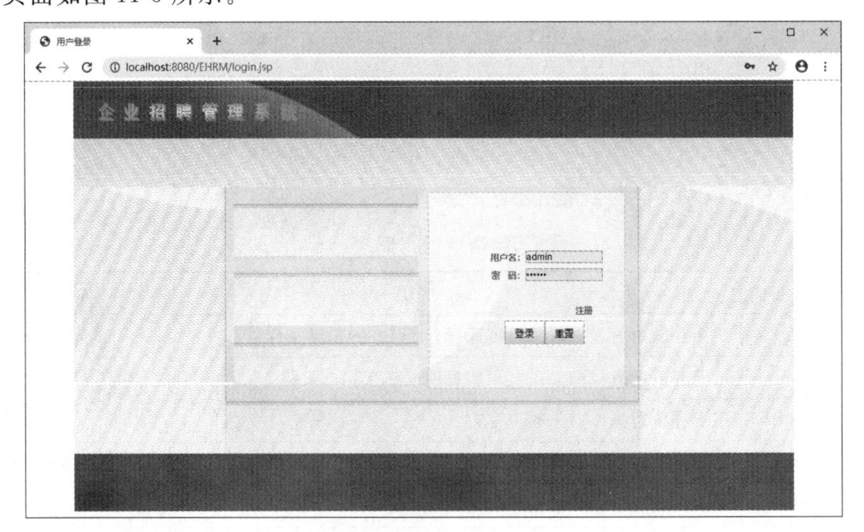

图 11-5　登录页面

后台所有页面都是如图 11-6 所示的页面布局，其中页眉部分、导航栏为各页面相同的内容，内容部分为各页不同部分。

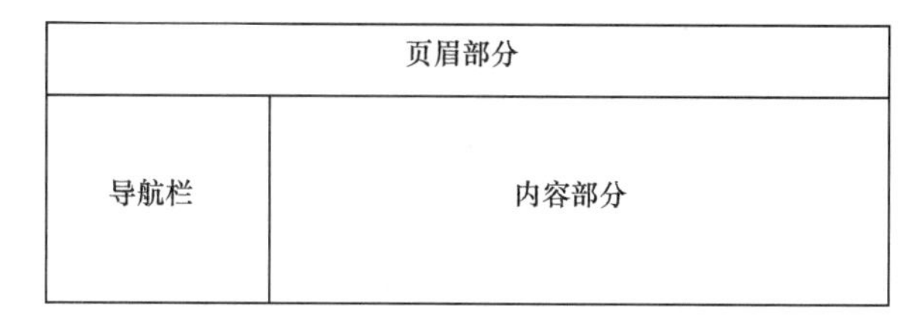

图 11-6　页面布局

系统功能请参见系统示例部署后的运行效果如图 11-7 所示

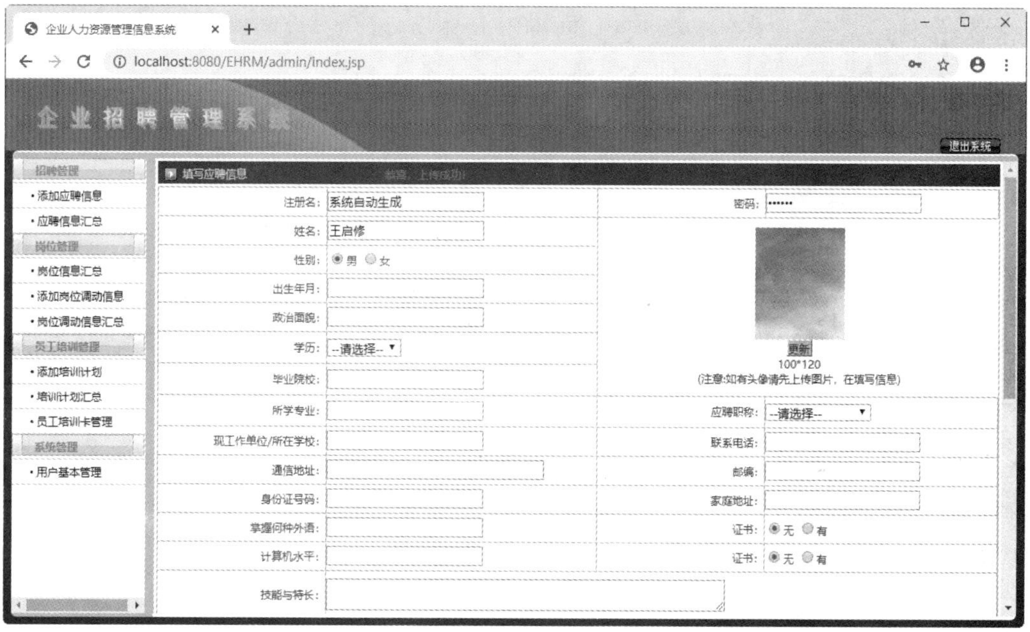

图 11-7　招聘信息列表

页面设计的详细代码请查询配套资源。

11.4　编程实现

11.4.1　公共模块设计及实现

MD5. java 用于加密系统里用户名及密码，MD5 的典型应用是对一段 Message(字节串)产生指纹，以防止被“篡改”。MD5. java 已是被广泛应用的插件程序，本系统里，我们只需调用其相应方法即可。

RandomString. java 用于当管理员输入应聘信息时，自动生成用户注册名和默认密码。其代码段如下：

```
package com.esoft.util;
import java.util.Random;
public class RandomString {
    private static Random randGen=null;
```

```
    private static char[] numbersAndLetters=null;
    private static Object initLock=new Object();
    public static String randomString(int length) {
        if(length < 1) {
            return null;
        }
        if(randGen==null) {
            synchronized(initLock) {
                if(randGen==null) {
                    randGen=new Random();
                    numbersAndLetters=("0123456789abcdefghijklmnopqrstuvwxyz" +
                    "0123456789ABCDEFGHIJKLMNOPQRSTUVWXYZ").toCharArray();
                }
            }
        }
        char [] randBuffer=new char[length];
        for(int i=0; i<randBuffer.length; i++) {
            randBuffer[i]=numbersAndLetters[randGen.nextInt(71)];
        }
        return new String(randBuffer);
    }
}
```

11.4.2 后台框架设计及实现

后台框架使用了 MVC 模式，该系统控制层所有的类如图 11-8 所示，该系统显示层岗位管理、培训管理所有的页面如图 11-9 所示。

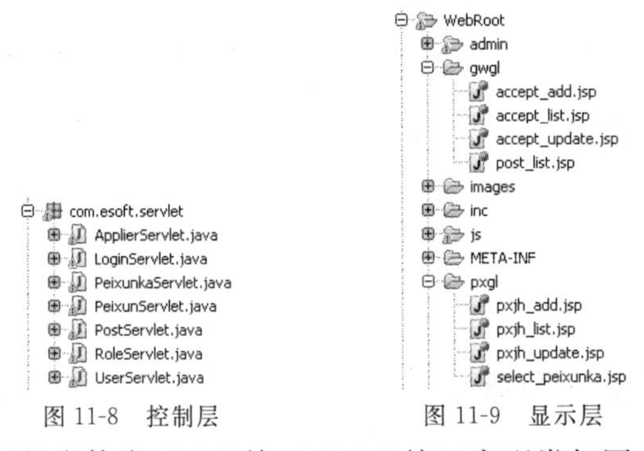

com.esoft.servlet
ApplierServlet.java
LoginServlet.java
PeixunkaServlet.java
PeixunServlet.java
PostServlet.java
RoleServlet.java
UserServlet.java
图 11-8 控制层

WebRoot
admin
gwgl
accept_add.jsp
accept_list.jsp
accept_update.jsp
post_list.jsp
images
inc
js
META-INF
pxgl
pxjh_add.jsp
pxjh_list.jsp
pxjh_update.jsp
select_peixunka.jsp
图 11-9 显示层

该系统模型层所使用的实体类、DAO 接口、DAO 接口实现类如图 11-10～图 11-12 所示。

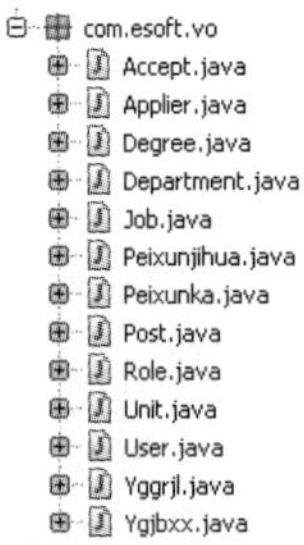

com.esoft.vo
Accept.java
Applier.java
Degree.java
Department.java
Job.java
Peixunjihua.java
Peixunka.java
Post.java
Role.java
Unit.java
User.java
Yggrjl.java
Ygjbxx.java
图 11-10 实体对象

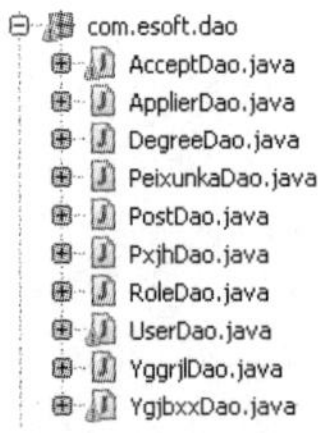

com.esoft.dao
AcceptDao.java
ApplierDao.java
DegreeDao.java
PeixunkaDao.java
PostDao.java
PxjhDao.java
RoleDao.java
UserDao.java
YggrjlDao.java
YgjbxxDao.java
图 11-11 DAO 接口

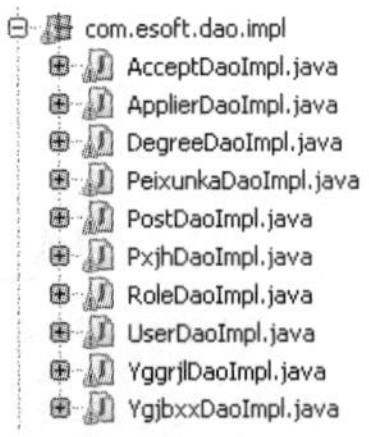

com.esoft.dao.impl
AcceptDaoImpl.java
ApplierDaoImpl.java
DegreeDaoImpl.java
PeixunkaDaoImpl.java
PostDaoImpl.java
PxjhDaoImpl.java
RoleDaoImpl.java
UserDaoImpl.java
YggrjlDaoImpl.java
YgjbxxDaoImpl.java
图 11-12 DAO 接口实现

DateBaseConnection.java 负责创建数据源，与底层数据库进行连接。代码如下：

```
package com.esoft.jdbc;
import java.sql.*;
public class DateBaseConnection {
    private Connection conn=null;
    public DateBaseConnection() {
        try {
            Class.forName("com.mysql.jdbc.Driver");
            this.conn=DriverManager.getConnection(
            "jdbc:mysql://localhost:3306/db_EHRM", "root","1234");
        } catch(ClassNotFoundException e) {
            e.printStackTrace();
        } catch(SQLException e) {
            e.printStackTrace();
        }
    }
    public Connection getConnection() {
        return this.conn;
    }
    public void close() {
        try {
            this.conn.close();
        } catch(SQLException e) {
            e.printStackTrace();
        }
    }
}
```

FactoryDao.java 负责实现所有的 DAO 方法对象，代码如下：

```
package com.esoft.factory;
import com.esoft.dao.*;
import com.esoft.dao.impl.*;
public class FactoryDao {
    public static UserDao getInstanceUserDao(){
        return new UserDaoImpl();
    }
    public static RoleDao getInstanceRoleDao(){
        return new RoleDaoImpl();
    }
    public static ApplierDao getInstanceApplierDao(){
        return new ApplierDaoImpl();
    }
    public static DegreeDao getInstanceDegree(){
        return new DegreeDaoImpl();
    }
```

```
    public static PostDao getInstancePostDao(){
        return new PostDaoImpl();
    }
    public static AcceptDao getInstanceAcceptDao(){
        return new AcceptDaoImpl();
    }
    public static PxjhDao getInstancePxjhDaoImpl(){
        return new PxjhDaoImpl();
    }
    public static YgjbxxDao getInstanceYgjbxxDaoImpl(){
        return new YgjbxxDaoImpl();
    }
    public static YggrjlDao getinstanceYggrjlDaoImpl(){
        return new YggrjlDaoImpl();
    }
    public static PeixunkaDao getInstancePeixunkaImpl(){
        return new PeixunkaDaoImpl();
    }
}
```

RightsFilter.java 防止用户非法访问后台页面，代码如下：

```
package com.esoft.filter;
import java.io.*;
import javax.servlet.*;
import javax.servlet.http.*;
import com.esoft.vo.User;
public class RightsFilter implements Filter {
    public void destroy() {
    }
    public void doFilter(ServletRequest request, ServletResponse resp, FilterChain chain)
    throws IOException, ServletException {
        HttpServletRequest request=(HttpServletRequest) request;
        HttpServletResponse response=(HttpServletResponse) resp;
        String uri=request.getRequestURI();//获取请求的 uri
        String ctx=request.getContextPath();
        uri=uri.substring(ctx.length());
        User user=(User) request.getSession().getAttribute("mes_user");
        if(uri.startsWith("/RoleServlet") || uri.startsWith("/UserServlet")) {
            if(!"管理员".equals(user.getRole().getRolename())) {
                response.sendRedirect("changpage.jsp");
                return;
            }
        }
        if(uri.startsWith("/admin")) {
            if(user==null || !"管理员".equals(user.getRole().getRolename())) {
```

```
                response.sendRedirect("http://localhost:8080/EHRM/login.jsp");
                return;
            }
        }
        if(uri.startsWith("/zpgl/ApplierServlet")) {
            if(!("管理员".equals(user.getRole().getRolename()) ||
            "应聘者".equals(user.getRole().getRolename()))) {
                response.sendRedirect("../changpage.jsp");
                return;
            }
        }
        chain.doFilter(request, resp);
    }
    public void init(FilterConfig arg0) throws ServletException {
    }
}
```

系统中另外一个过滤器为 FilterServlet.java，它是中文乱码处理过滤器，在任务 7 已有详细介绍。

下面以添加应聘者信息为例进行说明，其中视图(V)为 applier_add.jsp，模型(M)为 ApplierDao.java，控制器为 ApplierServlet.java。其方法调用过程的顺序图如图 11-13 所示。

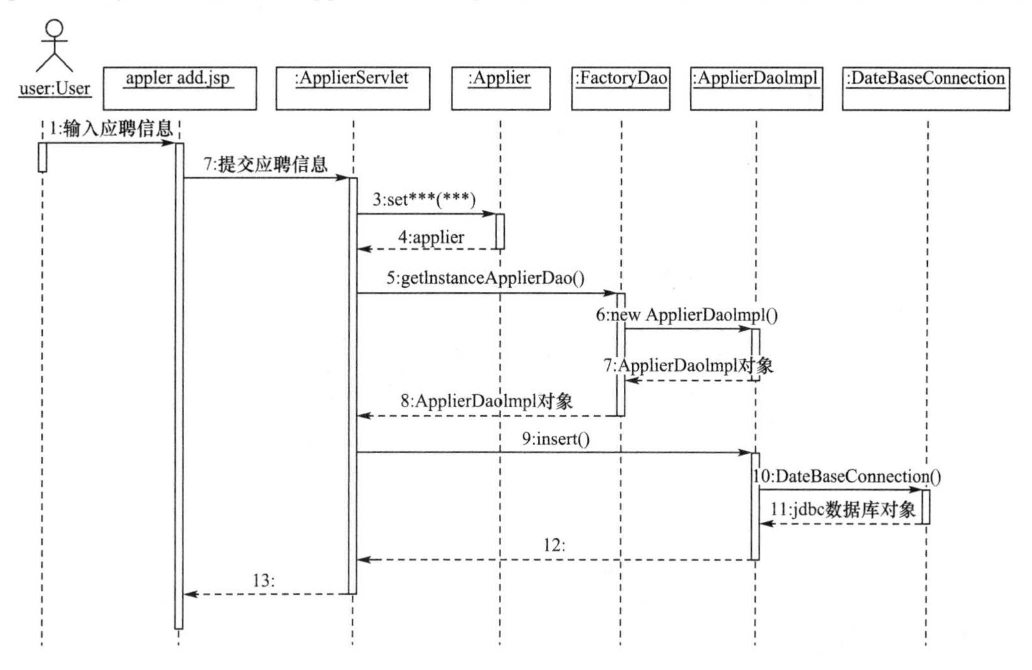

图 11-13　添加应聘者信息的顺序图

首先，通过视图 applier_add.jsp 页面填写应聘者的详细信息，在 form 表单中指定提交给控制器 ApplierServlet 处理。

```
<form action="ApplierServlet" method="post">
    <table width="100%" border="0" cellpadding="0" cellspacing="1" bgcolor="#a8c7ce">
    <tr>
```

```
<td class="STYLE19" width="18%" height="30" align="right">注册名:</td>
<td class="STYLE19" width="32%">
<input type="text" name="username" readonly
<c:choose>
<c:when test="${mes_user.role.rolename eq '管理员' }"> value="系统自动生成"</c:when>
<c:otherwise> value="${mes_user.username }"</c:otherwise>
</c:choose>
/></td>
<td class="STYLE19" align="right">密码:</td>
<td class="STYLE19" width="36%">
<input type="password" name="password" readonly
<c:choose>
<c:when test="${mes_user.role.rolename eq '管理员' }"> value="******" </c:when>
<c:otherwise>value="${mes_user.password }"</c:otherwise>
</c:choose>
/></td>
</tr>
<tr>
<td height="30" align="right" class="STYLE19">姓名:</td>
<td class="STYLE19"><input type="text" name="applier_name"/></td>
<td colspan="3" rowspan="6" align="center" class="STYLE19">
<c:choose>
<c:when test="${empty photo}">
<img src="upload/man.gif" width="100" height="120"/>
<input type="hidden" name="photograph" value="man.gif"/>
<br>
<input type="button" value="上传" onclick="showPopup(300,300);" class="btnClass"/>
</c:when>
<c:otherwise>
<img src="upload/${photo }" width="100" height="120"/>
<input type="hidden" name="photograph" value="${photo}"/>
<br>
<input type="button" value="更新" onclick="showPopup(300,300);" class="btnClass"/>
</c:otherwise>
</c:choose><br>
100*120<br>
<font class="STYLE19">(注意:如有头像请先上传图片,再填写信息)</font>
</td>
</tr>
<tr>
<td height="30" align="right" class="STYLE19">性别:</td>
<td class="STYLE19">
<input type="radio" name="sex" value="男" checked>男
<input type="radio" name="sex" value="女">女
```

```
        </td>
    </tr>
    <tr>
        <td height="30" align="right" class="STYLE19">出生年月：</td>
        <td class="STYLE19"><input type="text" name="birth_date"/></td>
    </tr>
    <tr>
        <td class="STYLE19" height="30" align="right">政治面貌：</td>
        <td class="STYLE19"><input type="text" name="politics_status"/></td>
    </tr>
    <tr>
        <td class="STYLE19" height="33" align="right">学历：</td>
        <td class="STYLE19">
        <select name="degree">
            <option value="">--请选择--</option>
            <c:forEach items="${alldegree}" var="degree">
            <option value="${degree.degreename}">${degree.degreename }</option>
            </c:forEach>
        </select>
        </td>
    </tr>
    <tr>
        <td class="STYLE19" height="33" align="right">毕业院校：</td>
        <td class="STYLE19"><input type="text" name="graduate_school"/></td>
    </tr>
    <tr>
        <td class="STYLE19" width="20%" height="33" align="right">所学专业：</td>
        <td class="STYLE19" width="30%"><input type="text" name="thespeciality"/></td>
        <td class="STYLE19" width="20%" align="right">应聘职称：</td>
        <td class="STYLE19" width="30%">
        <select name="jobtitle">
            <option value="">--请选择--</option>
            <c:forEach items="${alljob}" var="job">
            <option value="${job.jobname}"
            <c:if test="${job.jobname eq requestScope.jobname}">selected</c:if>
            >${job.jobname }</option>
            </c:forEach>
        </select>
    </td>
    </tr>
    <tr>
        <td class="STYLE19" align="right">现工作单位/所在学校：</td>
        <td class="STYLE19"><input type="text" name="nowaddress"/></td>
        <td class="STYLE19" height="30" align="right">联系电话：</td>
```

```
        <td class="STYLE19"><input type="text" name="telephone"/></td>
    </tr>
    <tr>
        <td class="STYLE19" height="30" align="right">通信地址:</td>
        <td class="STYLE19"><input type="text" style="width:240px;" name="address"/></td>
        <td class="STYLE19" align="right">邮编:</td>
        <td class="STYLE19"><input type="text" name="post_code"/></td>
    </tr>
    <tr>
        <td class="STYLE19" height="30" align="right">身份证号码:</td>
        <td class="STYLE19"><input type="text" name="identity_card"/></td>
        <td class="STYLE19" align="right">家庭地址:</td>
        <td class="STYLE19"><input type="text" name="home_address"/></td>
    </tr>
    <tr>
        <td class="STYLE19" height="30"align="right">掌握何种外语:</td>
        <td class="STYLE19"><input type="text" name="language_level"/></td>
        <td class="STYLE19" align="right">证书:</td>
        <td class="STYLE19">
        <input type="radio" name="lang_cate" value="无" checked>无
        <input type="radio" name="lang_cate" value="有">有
        </td>
    </tr>
    <tr>
        <td class="STYLE19" height="30" align="right">计算机水平:</td>
        <td class="STYLE19"><input type="text" name="computer_level"/></td>
        <td class="STYLE19" align="right">证书:</td>
        <td class="STYLE19">
        <input type="radio" name="computer_cate" value="无" checked>无
        <input type="radio" name="computer_cate" value="有">有
        </td>
    </tr>
    <tr>
        <td class="STYLE19" height="50" align="right">技能与特长:</td>
        <td class="STYLE19" colspan="3">
        <textarea rows="2" cols="60" name="suit"></textarea>
        </td>
    </tr>
    <tr>
        <td class="STYLE19" height="30" align="right">个人兴趣:</td>
        <td class="STYLE19"><input type="text" style="width:240px;" name="interest"/></td>
        <td class="STYLE19" align="right">身高:</td>
        <td class="STYLE19"><input type="text" name="height" value="0"/>  cm </td>
    </tr>
```

```
<tr>
    <td class="STYLE19" height="30" align="right">体重:</td>
    <td class="STYLE19"><input type="text" name="weight" value="0"/> kg</td>
    <td class="STYLE19" align="right">健康状况:</td>
    <td class="STYLE19">
    <select name="health">
        <option value="">--请选择--</option>
        <option value="较差">较差</option>
        <option value="一般">一般</option>
        <option value="良好">良好</option>
        <option value="健康">健康</option>
    </select>
    </td>
</tr>
<tr>
    <td class="STYLE19" height="150" align="right">个人简历:</td>
    <td class="STYLE19" colspan="3">
    <textarea rows="8" cols="60" name="vita"></textarea>
    </td>
</tr>
<tr>
    <td class="STYLE19" height="30" align="right">现收入水平:</td>
    <td class="STYLE19"><input type="text" name="income" value="0"/>元/月</td>
    <td class="STYLE19" align="right">加入本公司的主要原因:</td>
    <td class="STYLE19"><input type="text" style="width:240px;" name="reason"/></td>
</tr>
<tr>
    <td class="STYLE19" height="30" align="right">收入期望值:</td>
    <td class="STYLE19"><input type="text" name="expected_income" value="0"/>元/月</td>
    <td class="STYLE19" align="right">可以开始新工作的日期:</td>
    <td class="STYLE19"><input type="text" name="work_date"/></td>
</tr>
<tr>
    <td class="STYLE19" height="30" align="right">期望职位、工作地点:</td>
    <td class="STYLE19"><input type="text" name="hope"/></td>
    <td class="STYLE19" align="right">是否服从分配:</td>
    <td class="STYLE19">
    <input type="radio" name="ifobey" value="是" checked>是
    <input type="radio" name="ifobey" value="否">否
    </td>
</tr>
<tr>
    <td class="STYLE19" height="30" align="right">对本公司的其他期望:</td>
    <td class="STYLE19" colspan="3"><input type="text" name="other_hope" style=
```

```
        "width:240px;"/></td>      </tr>
    <tr>
        <td class="STYLE19" height="30" align="right">备注:</td>
        <td class="STYLE19" colspan="3">
        <textarea rows="2" cols="60" name="remark"></textarea>
        </td>
    </tr>
    <tr>
        <td colspan="4" class="STYLE19" height="50" align="center">
        <input type="hidden" name="status" value="insert">
        <input type="submit" value="确定" class="btnClass"/>  
        <input type="reset" value="重置" class="btnClass"/>
        </td>
    </tr>
    </table>
</form>
```

控制器 ApplierServlet 会根据用户请求对象 request 中的 status 参数进行功能的调用和页面的跳转，通过调用模型 ApplierDao 分别进行删除、增加、查询和修改的操作。具体的过程见下面的代码注释。

```
public void doPost(HttpServletRequest request, HttpServletResponse response)
throws ServletException, IOException {
    String status=request.getParameter("status");
    //删除应聘者信息
    if("delete".equals(status)) {
        String checkbox[]=request.getParameterValues("checkbox");
        for(int i=0; i < checkbox.length; i++) {
            try {
                //调用访问数据库的方法 delete 进行处理
                FactoryDao.getInstanceApplierDao().delete(Integer.parseInt(checkbox[i]));
            } catch(NumberFormatException e) {
                e.printStackTrace();
            } catch(Exception e) {
                e.printStackTrace();
            }
        }
        //给出提示信息
        request.setAttribute("message", "删除应聘信息成功!");
        request.getRequestDispatcher("ApplierServlet? status=selectall").forward(request, response);
    }
    //增加应聘者信息
    if("insert".equals(status)) {…}
    //查询所有应聘者信息
    if("selectall".equals(status)) {…}
```

```
    //修改应聘者信息
    if("applieredit".equals(status)) {…}
}
```

对应于控制器 ApplierServlet，在功能 bean 接口 ApplierDao 中都定义了相应的方法供其调用，具体的过程见下面的代码注释。

```
public interface ApplierDao {
    //添加招聘信息
    public void insert(Applier applier) throws Exception;
    //检查是否已经填写过应聘信息
    public boolean selectbyusername(String username) throws Exception;
    //按注册号查询招聘信息(便于更新和预览)
    public Applier selectbyud(String username) throws Exception;
    //更新招聘信息
    public void update(Applier applier) throws Exception;
    //查询所有人才信息
    public PageBean selectall(String curPage) throws Exception;
    //查询所有职位
    public PageBean selectalljob(String curPage) throws Exception;
    //查询所有职位
    public List selectalljob() throws Exception;
    //应聘信息搜索
    public PageBean search(String degree, String applier_date, String jobtitle,String keyword, String
    curPage) throws Exception;
    //删除应聘信息
    public void delete(int id) throws Exception;
}
```

整个系统严格采用 MVC 模式，代码工整严谨。这里限于篇幅原因，不一一贴出代码，可阅读配套资源。

如何确保软件产品的质量及开发效率

知识拓展

如何确保软件产品质量及开发效率

软件开发个性化的时代已永远成为过去，在网络、硬件等软件支持环境的迅猛发展下，软件规模不断扩大，复杂程度显著提高。如何更经济、高效地开发出高质量、可维护、可重用的软件，一直是软件业广受关注的问题。

软件是计算机系统中与硬件相互依存的另一部分，与硬件合为一体完成系统功能。软件不仅仅是程序。

软件 ＝ 程序 ＋ 数据 ＋ 文档

这里的数据包括初始化数据、测试数据、研发数据、运行数据、维护数据，以及软件企业积累的项目工程数据和项目管理数据。文档是开发、使用和维护程序所需要的图文资料。

著名的软件工程专家 B. W. Boehm 综合众多学者们的意见，于 1983 年提出了为确保软件产品质量和开发效率的 7 条基本原理，这 7 条基本原理至今依然具有很强的现实指导意义。

1. 用分阶段的生命周期计划严格管理

统计发现，不成功的软件项目中有一半左右是由于计划不周造成的。因此，有必要制订完善的计划，分阶段地进行管理和控制。

2. 坚持进行阶段评审

软件中的大部分错误是在编码之前造成的；错误发现与改正得越晚，所需付出的代价也越高。因此，在每个阶段都进行严格评审，以便尽早发现在软件开发过程中所犯的错误，是一条必须遵循的重要原则。

3. 实行严格的产品控制

软件开发过程中，需求的变更往往需要付出较高的代价，但这种改变又是难以避免的，因此不能硬性禁止客户提出改变需求的要求，而要依靠科学的产品控制技术来顺应这种要求，按照严格的规程进行变更控制。

4. 采用现代程序设计技术

如“清晰第一、效率第二”的程序风格；面向对象的分析方法；各种框架技术的使用、模式的应用；软件建模方法的运用等。实践表明，采用先进的技术不仅可以提高软件开发和维护的效率，而且可以提高软件产品的质量。

5. 结果应能清楚地审查

软件是脑力劳动的逻辑产品，应该根据软件开发项目的总目标及完成期限，规定开发组织的责任和产品标准，制定出完备的文档，从而提高其“可见性”。

6. 开发小组的人员应该少而精

软件开发小组的组成人员的素质应该好，而人数则不宜过多。开发小组人员的素质和数量是影响软件产品质量和开发效率的重要因素。素质高的人员的开发效率比素质低的人员的开发效率可能高几倍至几十倍，而且素质高的人员所开发的软件中的错误明显少于素质低的人员所开发的软件中的错误。此外，随着开发小组人员数目的增加，因为交流情况讨论问题而造成的通信开销也急剧增加。

7. 不断改进软件工程实践的经验和技术

同时随着软件工程的不断发展，软件技术的不断更新迭代也为我们提供了一些新的思路及方法。

(1)概念的一致性

在系统分析和设计过程中，我们使用了和现实世界相同的概念，对高层类进行的分析和建模是行业用户可以理解的，我们往往可以和他们一道建立领域类模型，从而更准确地理解行业概念。在整个开发过程中实现了各阶段的平滑过渡和无缝衔接。

(2)文档可视化

面对现代社会庞大而繁杂的信息事务，用户和开发团队渴望使信息变得简单易懂，建模技术为文档的可视化提供了很好的途径。软件开发的产品从形式上看只是程序代码和技术文档，并没有其他的物质结果。与文字相比，图形更直观、更简洁，模型可以使设计者从全局上把握系统及其内部的联系，而不至于陷入每个模块的细节之中。

(3)迭代式开发

迭代式开发是指对一个系统进行连续的扩充和精化。由于迭代方法将一个工程分解成几个开发周期，使我们可以在最初时集中精力分析一个较准确的版本。

迭代开发带来了如下好处：

- 大量的资金投资可以在关键风险解决后进行，这样可以大大降低资金的投资风险。
- 可以使开发者更早地获得用户的反馈。
- 采用迭代，测试和集成是持续的。
- 里程碑可以让我们明白在短期内所应该关注的焦点。
- 可以让我们集中精力解决现阶段的问题。

(4)使用设计模式

设计模式指一套被反复使用、经过分类编目的代码设计经验的总结。使用设计模式是为了吸收前人的成果，减少重复劳动。统一建模语言可以非常清晰地表述模式的内涵。

(5)基于组件的架构

统一建模过程强调“用例驱动，以架构为中心，迭代和增量”，一个好的架构不仅要满足需求，还要是灵活的和基于组件的。

灵活的架构是指：

- 具有很好的可维护性和可扩展性。
- 能充分利用重用缩短开发周期，节省开发资金。
- 能指导项目组的工作划分。良好的架构对开发人员的分工具有很大的影响。
- 封装了对硬件和系统的依赖性。

基于组件的架构是指：

- 可以重用或定制现有的组件。这就要求在平时的工作中，能形成一些组件库，一方面可以共享好的劳动成果，另一方面避免重复性劳动。
- 可以购买、重用资源丰富的商业组件来加快开发进度。
- 对现有软件的改进比较方便。

软件系统中，架构设计将对整个系统有举足轻重的影响。

(6)允许变更

传统的项目管理通常具有几个固定的阶段，即启动、计划、执行、控制、结束，整个团队对各阶段的任务有非常明确的目标。事实上，面对庞大而复杂的信息世界，软件开发过程中常常会有各种变更发生，我们已不可能完全遵循这种古老的固定模式了。相反地，应该采取积极主动的态度对变更进行有效的管理。

参考文献

[1] 高洪岩. Java Web 实操:基于 IntelliJ IDEA、JDBC、Servlet、Ajax、Nexus、Maven[M]. 北京:中国工信出版集团,电子工业出版社,2021.

[2] [加]Budi Kurniawan,[美]Paul Deck. Servlet JSP 和 Spring MVC 初学指南[M]. 林仪明,俞黎敏,译. 北京:人民邮电出版社,2016.

[3] 林龙,刘华贞. JSP+Servlet+Tomcat 应用开发从零开始学[M]. 2 版. 北京:清华大学出版社,2019.

[4] 黑马程序员. Java Web 程序设计任务教程[M]. 2 版. 北京:人民邮电出版社,2021.

[5] 孙卫琴. Tomcat 与 Java Web 开发技术详解[M]. 3 版. 北京:电子工业出版社,2019.

[6] 孙鑫. Servlet/JSP 深入详解:基于 Tomcat 的 Web 开发[M]. 北京:中国工信出版集团,电子工业出版社,2019.

[7] 林信良. Servlet&JSP 学习笔记:从 Servlet 到 Spring Boot[M]. 3 版. 北京:清华大学出版社,2019.

[8] 方振宇. Java Web 开发从初学到精通[M]. 北京:电子工业出版社,2010.

[9] 栗菊民. Java Web 应用程序设计[M]. 北京:机械工业出版社,2009.

[10] [美]Marty Hall,Larry Brown. Servlet 与 JSP 核心编程[M]. 2 版. 赵学良,译. 北京:清华大学出版社,2004.